W0244706

UFOs:
So rund wie Untertassen

UFOs
So rund wie Untertassen

Unbekannte Flugobjekte

mit 295 Abbildungen

Einführung von Illo Brand

Prisma Verlag Gütersloh

Bildnachweis

Die Abbildungen dieses Bandes entstammen folgenden Quellen: AP, Aerofilms, Aerospace Publishing, Agence France Press, Airviews Ltd, Aldus Archive, C. Berlita, British Army Magazine, Bufora, Centre for UFO Studies, Centre National D'Etudes Spatiales, Bill Chalker/Australian Centre for UFO Studies, Charnwood Audio Visual, Chronicle Publishing, Bruce Coleman, Philip Daly, Arnold Desser, Paul Devereux, EFE, ET Archive, Robert Estall, Europa Press, Euston Films, Mary Evans Picture Library, Examiner, Ferranti, French Government Tourist Office, Joel Finler, Flying Saucer Review, Fortean Picture Library, Fort Worth Star Telegraph, Foto Monsted, GEOS, Gramma, John Glover, Goodyear Co, Henry Gris, Ground Saucer Watch, Robert Harding Associates, Hawker-Siddeley Aviation, Betty Hill, Michael Holford, Mike Hooks, Robert Hunt Library, Anwar Hussein, Nat Irvine, Guy Jouhaud, Kobal Collection, Frank Lane, A. Lawson/Mary Evans Picture Library, Library of Congress, London Express, MARS, Colin Mahar, Manchester International Airport, Marconi Research, Martin Aircraft Co, McDonnell Douglas Corp, GT Meaden, NASA, Personality Picture Library, John Pett, Photri, M. Piccin, Popperfoto, Press Association, Probe, Jenny Randles and P. Whetnall, Rex Features, August C. Roberts, D. Scott Rogo, Rolls Royce, Roswell Daily Record, Santus-Dumont, Science Museum London, Science Photo Library, J. Schuessler, Robert Sheaffer, Paul Snelgrove, Space Frontiers, Spectrum Colour Library, Steiger Agency, Johan Taylor, John Topham Picture Library UPI, United International Pictures, United Nations, United States Air Force, Valle Collection, Velstein, T. Verdal, Peter Warrington Library, Westland Helicopters, J.J. Wheeler, ZEFA.

Titel der englischen Originalausgabe:
The Age of the UFO
herausgegeben von Peter Brookesmith
Übertragung aus dem Englischen: Ulrike Jacob

Bearbeitung der deutschen Ausgabe:
Dr. Wilhelm Ziehr

Gestaltung der deutschen Ausgabe:
Hannes Opitz

© 1984 by Orbis Book Publishing Corporation, London
© 1986 der deutschen Ausgabe by
   Motovun (Schweiz) Verlagsgesellschaft AG, Luzern
Alle Rechte vorbehalten

ISBN 3-570-09882-6

Biographie

Illobrand von Ludwiger (Illo Brand), Diplomphysiker, geboren am 20. 7. 1937 in Stettin, studierte in Hamburg, Erlangen und Göttingen die Fächer Physik, Mathematik und Astronomie, war zwei Jahre lang an der Universitäts-Sternwarte Bamberg beschäftigt und erwarb 1964 an der Universität Erlangen sein Diplom als Astrophysiker.

Seither ist er in der Raumfahrt-Industrie als Systemanalytiker tätig (Arbeiten über Gravitationstheorie und über einheitliche Feldtheorie, Satelliten- und Satellitenträgerprojekte sowie Flugkörperlenkung, Radartechnik und neue Verkehrssysteme).

Kuratoriumsmitglied des „Deutschen Forschungsinstituts für allgemeine Kosmologie und Kraftfeldphysik e.V.", Northeim, 1985 Preisträger der „Schweizer Vereinigung für Parapsychologie", Bern.

Seit 1974 Leiter der Zentral-Europäischen Sektion des Mutual UFO Network (MUFON-CES) in Feldkirchen-Westerham, einer privaten Vereinigung von Wissenschaftlern zur Untersuchung von UFOs.

Inhalt

UFOs:
Ihre Erforschung als Aufgabe der Wissenschaft

Mit dem vorliegenden Buch werden Sie mit einigen der wesentlichsten Aspekte bei der Untersuchung nicht zu identifizierender Himmelserscheinungen vertraut gemacht, über die immer wieder in der Presse berichtet wird. Durch viele Illustrationen wird Ihnen ein Eindruck davon vermittelt, um was es sich dabei handelt, welchen Stand die Untersuchungen erreichten und welche Entwicklung das UFO-Phänomen selbst genommen hat.

Seit Jahrzehnten werden nun schon Flugkörper am Himmel beobachtet, deren Aussehen und Verhalten allen bisher bekannten Objekten widersprechen und deren Herkunft nicht erklärt werden kann. Diese Erscheinungen sind sehr selten, und es läßt sich weder vorhersagen, wann noch mit welcher Häufigkeit diese Objekte irgendwo auftauchen oder gesehen werden. Fast schon vergessen in einem Land, erlebt ein anderes regelrecht eine Invasion dieser nichtidentifizierbaren Flugobjekte (UFOs). Und wie immer in solchen Fällen, wo keine raschen Erklärungen gefunden werden können, neigen die Menschen dazu, die Existenz der Erscheinungen bald selbst in Zweifel zu ziehen. Die Mehrheit der Bevölkerung ist gegenwärtig der Ansicht, daß es sich bei UFOs nicht – wie der Name sagt – um „unidentifizierbare Flugobjekte", sondern um natürliche, aber fehlgedeutete Himmelserscheinungen handelt, die also sehr wohl identifizierbar sind, wenn nur gründlich nachgeforscht werden würde.

Tatsächlich findet sich unter neun Berichten über merkwürdige Himmelserscheinungen, die bei den Zeitungsredaktionen oder Sternwarten eintreffen, nur etwa eine einzige Sichtung, die von Experten nicht identifiziert werden kann. Die übrigen lassen sich aufklären als Heißluftballons, Meteorite, Leuchtmunition, helle Sterne, Flugzeuge (um nur die häufigsten Mißdeutungen zu nennen). Es wäre aber falsch, nun zu sagen, nur 10% aller UFOs blieben unaufgeklärt. Richtig ist vielmehr, daß die Experten 100% unidentifizierbarer Fälle sammeln, weil sie die identifizierten Objekte aus den Akten entfernen. So umfaßt die Sammlung nichtidentifizierbarer Flugobjekte von Prof. Saunders von der Colorado-Universität heute rund 100 000 für eine EDV-Auswertung codierte Fälle. Dies ist der Umfang des „kleinen Rests", wie die unidentifizierbar gebliebenen Erscheinungen verharmlosend von uninformierten Wissenschaftlern und Journalisten bezeichnet werden. (Zum Vergleich: In der Literatur sind nur etwas mehr als 1 500 Berichte über Kugelblitz-Beobachtungen zu finden.)

Nehmen wir einmal an, Sie fahren nachts mit dem Auto auf einer einsamen Landstraße und beobachten – was relativ häufig geschieht –, wie ein helles Licht vom Himmel fällt, etwa 50 Meter über dem Boden schwebend verharrt und danach wieder aufwärts in den Himmel saust und verschwindet. An wen würden Sie sich wenden, um zu erfahren, was für eine Erscheinung das gewesen war?

Sie werden feststellen, daß weder Universitätsinstitute, Sternwarten noch Wetterstationen Interesse zeigen. Denn dort geht man seinen eigenen Forschungsprogrammen nach und wünscht nicht mit außerhalb des Interessengebietes liegenden Problemen belästigt zu werden. Die Fluglotsen des nächsten Flugplatzes haben auf ihren Radarschirmen nichts gesehen, da Flugspuren, die nicht von Flugzeugen gebildet werden, automatisch unterdrückt werden. Bei den Zeitungsredaktionen haben in der Regel auch keine weiteren Zeugen angerufen. So bleiben Sie mit Ihrem Erlebnis allein. Ihre Bekannten werden Sie bemitleiden, weil Sie ja nun auch zu „denen" gehören, „die etwas sehen".

Wir haben bei unseren Befragungen immer wieder die Erfahrung gemacht, daß die Zeugen von der Meinung ihrer Mitmenschen besonders abhängig sind. Die Furcht, sich zu blamieren, ist stärker als das noch so beängstigende Erlebnis selbst. Diese Angst, aus dem sozialen Kontext herauszufallen, der Konformitätsdruck, ist so stark, daß z.B. ein Arzt aus Ostfriesland, der gemeinsam mit seiner Frau und seinem Sohn 1977 mehrere leuchtende zigarrenförmige Objekte am Himmel schweben sah, es nicht wagte, die Nachbarn, welche sich auf der Straße vor seinem Haus aufhielten, auf die Erscheinung aufmerksam zu machen. Stattdessen rief er kilometerweit entfernte Honoratioren der Gegend (einen Kapitänpatentanwärter, den Apotheker und einen Ziegeleibesitzer) telefonisch zu Zeugen, „sonst hieße es, der Doktor spinnt", erklärte er seine Vorsicht.

Am Hochries-Massiv wurde 1973 ein helles, bunte Farben zeigendes „fliegendes Ei" vom Hüttenwirt und dessen Gehilfen beobachtet. Über Funk alarmierte dieser den benachbarten Hüttenwirt der Klausen-Alpe im Österreichischen. Dieser beobachtete das auf und ab tanzende Objekt auch. Aber es gelang ihm nicht, zwei Gäste dazu zu bewegen, mit vor die Hütte zu kommen und die Sichtung zu bestätigen. Das bewußte Ehepaar weigerte sich ganz einfach, etwas so Anstößiges wie ein UFO ansehen zu müssen.

In Deutschland ist die Angst der Bürger, sich durch eine öffentliche Bezeugung einer Sichtung lächerlich zu machen, von allen Ländern am größten, in Frankreich und in den lateinamerikanischen Staaten dagegen, durch ein toleranteres Verhalten der Presse begünstigt, am geringsten.

Warum ist die Erscheinung der unidentifizierbaren Objekte zu einem Tabuthema geworden, das an keiner Universität untersucht wird? Warum ist das Interesse der Öffentlichkeit an diesem Phänomen immer mehr zurückgegangen, während die Zeugenberichte immer seltsamer aber auch interessanter werden?

Der Grund dafür ist wohl, daß man zu lange auf eine plausible Erklärung gewartet hat und nun einfach des Wartens überdrüssig geworden ist. Zu oft haben sich sensationelle UFO-Berichte als harmlos oder als Schwindel herausgestellt. Zu oft haben sich pseudoreligiöse Gruppen und Hobby-Archäologen mit Anspruch auf Wissenschaftlichkeit dieses Themas bemächtigt. Wie sollte man es da noch ernst nehmen?

Vor 30 Jahren war das noch ganz anders. Aber das Phänomen hat sich völlig anders entwickelt als wir es alle erwartet hatten.

Weil ich mich ganz allgemein für Raketen und Himmelserscheinungen interessierte, habe ich sehr früh Berichte von UFO-Sichtungen gesammelt. Dieses Interesse für Flugobjekte allgemein war von meinem Vater geweckt worden, der als Physiker 1932 gemeinsam mit Oberth, Nebel und von Braun die ersten Flüssigkeitsraketen in Berlin-Reinickendorf mitentwickelt hatte.

Zeugenberichte fand ich in dem Schweizer Blatt „Weltraumbote", in der englischen Zeitschrift „Flying Saucer Review" und in den Veröffentlichungen des amerikanischen „National Investigation Committee on Aerial Phenomena" (NICAP), die von Donald Keyhoe herausgegeben wurden.

Die Lektüre von Aimé Michels Buch „UFOs and the Straight Line Mystery" (1958) überzeugte mich vollends davon, daß dem UFO-Phänomen eine handfeste physikalische Ursache zugrunde liegt. Michel hatte alle regionalen Zeitungsberichte hauptsächlich aus den Monaten September und Oktober 1954 aus Frankreich analysiert. Damals waren über Frankreich Hunderte von UFO-Sichtungen gemeldet worden. Drei Jahre später konnte Michel nun aufgrund der nur in den Regionalteilen der Zeitungen gemeldeten Sichtungen nachträglich regelrechte Flugspuren zusammensetzen.

Im Frühjahr 1964 befand ich mich mit der Startmannschaft der 3. Stufe der Europarakete in Woomera in Australien. Eines Tages wurde ein in der Gegend fliegender Mirage-Düsenjäger von einer Diskus-Scheibe umflogen, was ich leider nicht selbst gesehen habe. Dieser Vorfall wurde vom Bodenradar verfolgt, und ich konnte darüber später ausführlich mit dem Radaroperator diskutieren.

Im selben Jahr übergab Keyhoe (NICAP) den Bericht „The UFO-Evidence" an alle amerikanischen Kongreßabgeordneten in der Hoffnung, das Tatsachenmaterial würde dazu beitragen, daß der Kongreß finanzielle Mittel für die UFO-Forschung bereitstellen würde. Doch nichts geschah.

Die erste wirklich wissenschaftliche Untersuchung über UFOs wurde erst an der Colorado-Universität in den USA in Auftrag gegeben. 37 Wissenschaftler aus verschiedenen Fakultäten wurden ständige Mitarbeiter an diesem Projekt. Bereits vor der Untersuchung definierten sein Leiter, Prof. Condon, und dessen Mitarbeiter das Forschungsziel, nämlich den Beweis dafür zu liefern, daß UFOs nichts anderes seien als Fälschungen, Fehldeutungen bekannter Naturerscheinungen oder Halluzinationen. Nur so konnte für 500 000 Dollar ein definierbares Ergebnis abgeliefert werden. Es wurden nur 117 UFO-Berichte untersucht. Für 35 davon konnte keine befriedigende Erklärung gefunden

werden. Trotzdem schrieb Condon in der zusammenfassenden Einleitung zum Buch, daß UFOs seiner Meinung nach kein Thema für die Wissenschaft darstellten. Daß diese Annahme viel zu voreilig getroffen wurde, wird dadurch bewiesen, daß gerade Wissenschaftler, die den 1000 Seiten dicken Bericht in seiner vollen Länge studieren, nun erst recht zu der Überzeugung kommen, an UFOs sei doch mehr dran als sie vor dem Lesen des Berichtes gemeint hatten. Dies bestätigte uns auch ein Philosophie-Professor der Münchner Universität.

Viele Wissenschaftler, die Condons Schlußfolgerungen ebenfalls nicht akzeptierten, wendeten sich an Hynek, der 1973 ein Zentrum für UFO-Forschung (CUFOS) gegründet hatte, die Zeitschrift „UFO-Reporter" herausgab und das erste wissenschaftliche Fachblatt „The UFO Journal" ins Leben gerufen hatte.

Auch der NASA wurde angeboten, Aufträge für eine UFO-Untersuchung zu übernehmen. Die NASA lehnte dies ab, denn die Geheimdossiers mit Filmmaterial und anderen geheimen UFO-Berichten (wie sie die US-Geheimdienstlabors besitzen), wurden auch ihr nicht zur Verfügung gestellt, und ohne eine solche Datenbasis hätte auch die NASA nicht mehr in Erfahrung bringen können als die privaten Forschungsgruppen.

1974 suchte die Forschungsgruppe MUFON, zu der vorwiegend privat forschende Wissenschaftler gehören, Vertretungen in Europa. Ich beschloß daraufhin, diese Forschungsgruppe zu unterstützen. Mit mir schlossen sich auch andere Wissenschaftler aus Deutschland, Österreich und der Schweiz dieser internationalen Gesellschaft MUFON an, um dem UFO-Rätsel mit wissenschaftlichen Methoden beizukommen. Eine einzige Berufsgruppe ist nicht in der Lage, die UFO-Sichtungen umfassend zu analysieren. Der deutschsprachigen Gruppe gehören heute rund 50 Mitglieder aus Universitäten, Forschungsinstituten und aus der Industrie an, von denen einige aufgrund ihrer exponierten beruflichen Stellung Decknamen verwenden. In dieser Gruppe sind u.a. mehrere Theoretische und Praktische Physiker, Astronomen, Mathematiker, Chemiker, Informatiker, Ingenieure, Mediziner, Psychologen, Biologen, ein Ethnologe, ein Archäologe, ein wissenschaftlicher Fotograf, ein Hypnosearzt und ein Mineraloge. Die interdisziplinäre Diskussion befindet sich noch im vorwissenschaftlichen Stadium, da noch keine überprüfbaren Theorien ausgearbeitet sind und keine Forschungsmittel zur Verfügung stehen. Die Arbeiten beschränken sich daher vorerst auf eine Erarbeitung des methodischen Weges zur Formulierung des Forschungsgangs und der Festigung der Datenbasis.

Als Ausgangspunkt dienen die weit über 50 von uns im deutschsprachigen Raum gesammelten Fälle, in welchen die Zeugen persönlich interviewt oder untersucht worden sind, das „Blue Book"-Material der US-Luftwaffe (140 000

Seiten auf 95 Mikrofilm-Rollen), rund 600 Seiten (inoffizieller) UFO-Berichte aus der UdSSR, etwa 700 Seiten mit UFO-Dokumenten der Central Intelligence Agency (CIA), der National Security Agency (NSA), des Federal Bureau of Investigation (FBI) sowie weiterer amerikanischer Regierungsdokumente, die aufgrund der „Akte über die Informationsfreiheit" von der Bürgerinitiative „Bürger gegen UFO-Geheimhaltung" (CAUS) beschafft werden konnten. Weitere Daten enthalten die umfangreichen Fachbücher, -zeitschriften, Foto- und Filmsammlungen, die diversen Informationen privater ausländischer, wissenschaftlicher Fachgruppen, die eigene Tagungen abhalten und seriöse Fachberichte publizieren.

Das Schwergewicht wird auf die Untersuchung physikalischer Wechselwirkungen der UFOs mit der Umgebung gelegt. So wurde ein Katalog mit rund 1 300 Fällen elektromagnetischer und gravitativer Wirkungen in der Nähe von UFOs aufgestellt.

Bei der Untersuchung von Zeugen konnten wir die Unterstützung der Innenministerien der Länder, der Polizeipräsidien und der Zentrale der Bundesanstalt für Flugsicherung in Anspruch nehmen. Nur in ganz ungewöhnlichen Fällen, wenn z.B. den Zeugen durch die UFO-Begegnung mehrere Stunden aus dem Gedächtnis gelöscht wurden oder wenn die Zeugen mit menschenähnlichen Wesen bei den Objekten in Berührung gekommen sein wollen, wurde jeweils der Hauptzeuge nochmals unter Hypnose befragt, und es wurden psychologische und psychiatrische Gutachten eingeholt. Im übrigen konnten wir alle Erfahrungen bestätigen, wie sie von Menschen in aller Welt gleichermaßen gemacht werden und wie sie im vorliegenden Buch geschildert werden.

Es wurden Teller ·mit aufgesetzten Kuppeln gesehen, aber auch kugel-, halbkugelförmige, fünfzackige und spindelförmige Objekte. Die Ergebnisse unserer Felduntersuchungen werden regelmäßig auf nichtöffentlichen Jahrestagungen der MUFON-CES gemeinsam mit theoretischen Arbeiten vorgetragen und später in umfangreichen Berichten veröffentlicht. Diese Tagungsberichte wenden sich in erster Linie an einen kleinen Kreis interessierter Wissenschaftler und sind nicht im öffentlichen Handel erhältlich. In den bisher erschienenen zehn MUFON-CES-Berichten mit insgesamt 2700 Seiten wurden u.a. Möglichkeiten wissenschaftlicher UFO-Forschung aus wissenschaftstheoretischer Sicht untersucht, mathematische Verfahren zur Analyse theoretisch nicht vorhersagbarer Phänomene vorgestellt, Radarbeobachtungen und -Beobachtungsfehler sowie die Zuverlässigkeit menschlicher Wahrnehmung, Erinnerung und Berichterstattung diskutiert. Weiter wurden die Möglichkeiten und Grenzen der Hypnose-Regression in der UFO-Forschung und Verfahren zur Überprüfung der Echtheit fotografischer Aufnahmen untersucht. Die UFO-Datensammlung des Projekts „Blue Book" wurde nochmals durchgesehen und einer kritischen Beurteilung unter-

zogen. Wir berichteten über UFO-Sichtungen in der Sowjetunion, über das besondere Verhalten der Tiere in der Nähe von UFOs und brachten über 85 Berichte über besonders helle UFOs.

In historischen Arbeiten wurden die Frage der Tatsächlichkeit von Kontakten zu Außerirdischen im Altertum und in der Neuzeit, UFO-Sichtungen im 17. und 18. Jahrhundert und solche während des Zweiten Weltkrieges diskutiert. Wir gaben Verfahren zur automatischen Registrierung unbekannter Flugobjekte an, fragten nach Gemeinsamkeiten bzw. Unterschieden von paranormalen Lichterscheinungen und UFOs und wiesen auf die physiologischen und psychosomatischen Wirkungen der Strahlen unbekannter Flugobjekte hin. Die physikalischen Arbeiten betrafen u.a. Kugelblitztheorien und ihre Beziehungen zu Leuchterscheinungen, Untersuchungen der Plasmaphänomene in der Umgebung unbekannter Flugkörper sowie „Solid Lights" (d.h. kurze und gebogene Licht-„Strahlen" aus UFOs). Es wurden neue Theorien der Gravitation, der Strukturen der Materie und einheitliche Feldtheorien untersucht und für qualitative Erklärungen einiger physikalischer Wirkungen der UFOs herangezogen. Es gelangen erste Ansätze zu einer Theorie über die Eigenschaften unidentifizierbarer Lichterscheinungen auf der Basis der Heimschen einheitlichen 6dimensionalen Quanten-Geometrodynamik.

Die Zeugenberichte zeigen übereinstimmende physikalische Eigenschaften von UFOs, die daraufhin deuten, daß unsere Vorstellung von der Gravitation einiger Korrekturen bedarf. UFOs scheinen keine Raumfahrzeuge zu sein, denn deren Ortsversetzungen unterscheiden sich fundamental von allen Vorstellungen, die man sich derzeit von einer zukünftigen Raumfahrt-Technologie macht. Aber in der Heimschen Theorie sind entsprechend einem 6dimensionalen Relativitätsprinzip „Projektionen" materieller Objekte an entfernte Orte (ohne Zeitverlust) möglich. UFOs könnten vielleicht solche „Projektoren" sein.

Die Komplexität dieser Erscheinungen, die offensichtliche Intelligenz, die diese Objekte lenkt (UFOs hielten sich 1975 mehrere Tage lang ausgerechnet über amerikanischen Atomwaffen-Depots auf und verfolgten Flugzeuge wie Raketen), schließt es von vornherein aus, daß es in absehbarer Zeit eine finanzierte nichtmilitärische wissenschaftliche Forschung geben wird. Die Wissenschaft erzielt ihre Erfolge aus der Beschränkung auf Details. Das UFO-Sichtungsspektrum umfaßt jedoch einen zu großen Bereich unterschiedlichster Phänomene. Solange sich UFOs wie bisher jedem Zugriff entziehen, wird das Geheimnis nicht gelüftet werden können, jedenfalls nicht im wissenschaftlich strengen Sinne. Und doch werden phantasiebegabte Wissenschaftler aus dem Studium dieses Phänomens viele Anregungen erhalten, unabhängig davon, wie sich die unidentifizierbaren Flugobjekte einmal aufklären lassen werden.

ILLO BRAND

Den UFOs auf der Spur

*Jahr um Jahr berichten mehr Menschen von mysteriösen Flug-
objekten am Himmel. Wissenschaftler und unvoreingenommene
Laien untersuchen die Fülle an Material und gelangen
zu dem Ergebnis, daß vieles mit unserem gegenwärtigen Wissen
nicht erklärt werden kann. Noch weigern sich Regierung und
Militär, die Existenz von UFOs anzuerkennen. Steckt dahinter
ein Vertuschungsmanöver?*

UFOs – die geheimnisvollsten Erscheinungen unserer Zeit

Nur unbeirrbare Skeptiker können heute noch die Existenz von UFOs abstreiten. Aber stehen hinter diesen Erscheinungen reale Objekte? Ohne Zweifel gibt es auf diese Frage mehr als nur eine Antwort.

„**S**ie flogen wie ,Untertassen', die jemand übers Wasser geschleudert hat." So beschrieb Kenneth Arnold, ein erfahrener amerikanischer Pilot, am 24. Juni 1947 mehrere ungewöhnliche Flugobjekte, die er über den Bergen der amerikanischen Westküste gesichtet hatte. Dieses einprägsame Bild wurde von Journalisten aufgegriffen und haftet, obwohl es nicht immer zutreffend ist, allen UFOs seither an.

Diese scherzhafte Bezeichnung ist mit Schuld daran, daß seriöse Wissenschaftler die UFOs nicht ernst nehmen. Nur wenige haben sich die Mühe gemacht, diese wohl geheimnisvollsten Erscheinungen unserer Zeit näher zu untersuchen. „Unserer Zeit"? Hier setzt die Kontroverse bereits ein: Viele Berichte behaupten, daß UFOs die Menschheit durch ihre gesamte Geschichte begleitet hätten. Die Beweise sind jedoch dürftig. Es steht außer Zweifel, daß das technische Wissen unserer frühesten Vorfahren sehr viel weiter fortgeschritten war, als allgemein angenommen wird. Allerdings stützt das noch lange nicht die Theorie, daß die Erde vor langer Zeit von außerirdischen Wesen besucht wurde.

Fest steht, daß sich in den letzten dreißig Jahren Meldungen über UFO-Erscheinungen gehäuft haben. Es spricht manches dafür, daß diese Tatsache im Zusammenhang mit der beginnenden Erforschung des Weltraums durch den Menschen steht, und diese Verknüpfung wiederum gibt uns vielleicht den Schlüssel zur Erklärung der UFOs in die Hand.

Schätzungen der Gesamtzahl gesichteter UFOs sind bedeutungslos, weil sie so weit auseinanderklaffen; weiter hilft da schon ein Blick in die Materialsammlungen einzelner Forschungsunternehmen. So listete vor kurzem ein französisches Forscherteam mehr als sechshundert wissenschaftlich verbürgte Fälle allein in Frankreich auf. Wie hoch mag dann erst die Dunkelziffer sein? Zu Beginn der siebziger Jahre wurden sämtliche Berichte von UFO-Landungen in ausgewählten Ländern zusammengestellt: auf die USA entfielen 923, auf Spanien 200.

Sind UFOs in dem Sinne wirklich, wie etwa Raumschiffe wirklich sind? Bejahen ließe sich diese Frage am leichtesten dann, wenn man eines solchen Flugobjektes habhaft werden

Rechts und unten:
Der amerikanische Autor Kenneth Arnold war der erste, der im Jahre 1952 mit seinem Buch „The Coming of the Saucers" (Die Ankunft der Untertassen) eine damals umfassende Untersuchung über die UFOs veröffentlichte.

könnte. Und hartnäckige Gerüchte wollen wissen, daß einige Länder, vornehmlich die Vereinigten Staaten, tatsächlich im Besitz von UFOs sind, was jedoch abgestritten wird. Obwohl es Zeugen gibt, die dies beschwören, wird es immer Spekulation bleiben. Doch gerade die Frage der Rolle staatlicher Behörden im Zusammenhang mit UFO-Phänomenen ist ein weiterer interessanter Aspekt der UFO-Diskussion.

Wenn es auch kein UFO gibt, das wir anfassen und untersuchen können, existiert eine Menge Material in Form von Fotografien und Filmaufnahmen. Zum größten Teil handelt es sich jedoch um eindeutige Fälschungen. Die Qualität der glaubwürdigen Bilddokumente ist allerdings so schlecht und vieldeutig interpretierbar, daß sie eigentlich nur eine weitere Frage aufwerfen: Wenn UFOs existieren und heutzutage doch so viele Menschen mit Kameras ausgerüstet sind, warum haben wir dann noch keine beweiskräftigeren Aufnahmen?

Für die Realität der UFOs spricht, daß sie offenbar auf irdische Objekte, insbesondere technische Apparaturen, einwirken können. Als sich an einem frühen Novembermorgen 1967 ein Lastkraftwagen und ein Personenwagen auf einer Straße in Hampshire/Südengland einander näherten, fiel bei beiden Fahrzeugen gleichzeitig der Motor aus, als ein großes eiförmiges Objekt zwischen ihnen die Straße kreuzte. Der Vorfall wurde von der Polizei und dann auch vom Verteidigungsministerium untersucht, aber es kam zu keiner offiziellen Stellungnahme. Auch wenn in solchen Fällen die Behörden vor einem Rätsel

Je mehr Berichte vorlagen, desto klarer wurde jedoch, daß dafür kein Staat auf dieser Erde verantwortlich sein konnte. Als ebenso unplausibel erwiesen sich andere Theorien – weder der lange Zeit als Staat geheimen menschlichen Wissens betrachtete Himalaya noch die Antarktis mit ihren unerforschten Weiten und extremen Klimabedingungen überzeugten als Herkunftsort der Flugobjekte. Durch den Beginn der Erforschung des Weltraums ermutigt, wandten sich die Ufologen nun dem außerirdischen Bereich zu. In dem Maße, wie wir Erdenmenschen uns für außerirdische Welten zu interessieren begannen, erschien es einleuchtender, daß auch andere Zivilisationen in ähnlicher Weise an uns interessiert sein könnten.

Wenn die Zahl der möglichen Orte vom Leben im Universum nahezu unbegrenzt ist, besteht doch nur geringe Wahrscheinlichkeit, daß sich darunter eine Zivilisation befindet, deren Entwicklungsstufe Raumfahrt ermöglicht. Auch das Fehlen stichhaltiger Beweise spricht nicht gerade für die Hypothese vom außerirdischen Ursprung der UFOs. Selbst wenn sie naheliegt, bleibt sie doch Spekulation.

Botschaften aus dem Weltraum?

Es ist sicher, daß UFOs nicht nur in den Bereich der Astronomie und Technik fallen, sondern auch in den der Wissenschaften vom menschlichen Verhalten. Während die Psychologen behaupten, daß es von der psychischen Konstitution abhängt, wie Menschen auf UFOs reagieren, sehen die Soziologen die gleichen Reaktionen in einem größeren gesellschaftlichen Zusammenhang und beziehen sie auf kulturspezifische Denkmuster. Die Anthropologen wiederum stellen Parallelen zu Mythen und tradierten Glaubensmustern her, während die Parapsychologen feststellen, daß UFO-Beobachtungen häufig mit übersinnlichen Phänomenen, wie Prägognition und Poltergeisterscheinungen, einhergehen.

Letzteres gilt besonders für Fälle, in denen die Augenzeugen behaupten, unmittelbar mit UFO-Insassen zusammengetroffen zu sein. Diese werden allgemein als außerirdische Wesen beschrieben und vielfach als Botschafter intergalaktischer Mächte gesehen; ihre Aufgabe sei es, die Menschen zu erforschen, sie vor dem Mißbrauch natürlicher Resourcen zu warnen und ihnen Grußbotschaften aus dem Kosmos zu überbringen. Da nicht nur ein oder zwei, sondern hunderte solcher Fälle aktenkundig wurden, kann man sie wohl kaum als Hirngespinste abtun.

Es ist nahezu sicher, daß UFOs sowohl materielle als auch psychologische Erscheinungen sind. Es geht darum zu begreifen, daß es sie zwar gibt, aber daß sie doch nicht das sind, was sie zu sein scheinen. Dieses grundlegende Paradoxon der UFO-Forschung soll nun anhand einiger klassischer Fallberichte untersucht werden.

Links:
Dieses Foto wurde 1954 in Taormina auf Sizilien aufgenommen. Skeptiker behaupten, bei diesem „Objekt" handelte es sich lediglich um Lentikularwolken oder vielleicht auch nur um Linsenspiegelungen.

Unten:
Eine Aufnahme von Bord des Skylab III aus dem Jahr 1973. Das Objekt drehte sich mehrere Minuten lang um die eigene Achse und verschwand dann. Fast alle Astronauten berichteten von UFOs.

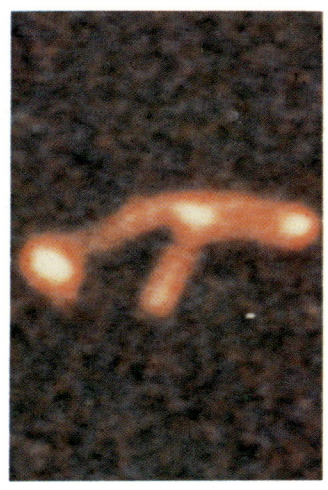

stehen, ergibt sich eine Schlußfolgerung: UFOs haben konkrete Auswirkungen auf irdische Gegenstände, also müssen sie auch konkret existieren.

Wenn UFOs materielle Objekte sind, müssen sie irgendwoher kommen. Als in den vierziger Jahren erstmals in jüngerer Zeit UFOs gesichtet wurden, nahm man an, daß sie irdischen Ursprungs waren. Die Amerikaner hielten sie für eine geheime Erfindung der Sowjetunion, die möglicherweise unter der Mitwirkung bei Kriegsende gefangengenommener deutscher Wissenschaftler entstanden war.

Vogel, Flugzeug oder UFO?

Unheimliche Lichter am nächtlichen Himmel, sonderbare silbrige Objekte, die im Sonnenlicht aufblitzen – das sind die Erscheinungen, um die es in UFO-Berichten geht. Oft finden sich jedoch dafür ganz einleuchtende Erklärungen. Woran erkennt man echte UFOs?

Am Nachmittag des 7. Januar 1948 wurde über dem Godman Flughafen im amerikanischen Bundesstaat Kentucky eine sonderbare helle Lichterscheinung festgestellt, die dort mehrere Stunden lang am Himmel zu sehen war. Der Kommandant eines die Region überfliegenden Verbandes von F-51-Jägern, Captain Thomas Mantell, erklärte sich, obgleich eigentlich auf einem Routineflug, bereit, seine Flugzeuge abzuordern, um dem glitzernden Himmelsobjekt nachzuspüren. Bald schon mußten die Piloten umkehren, weil ihre Sauerstoffgeräte für die große Höhe nicht mehr ausreichten. Nur Mantell setzte die Verfolgung fort. Bei sechstausend Metern meldete er ein metallenes Objekt über ihm. Kurze Zeit später fand man die weit verstreuten Trümmer seiner F-51. Einem damaligen Bericht zufolge, der auch bis heute nicht widerlegt werden konnte, wurde Mantell von einem UFO abgeschossen.

Am 31. Dezember 1978 beobachteten zwei Polizeibeamte in der englischen Grafschaft Hertfortshire, starr vor Staunen, wie ein bizarres Flugobjekt lautlos über ihnen dahinglitt. Sein zigarrenförmiger, silbriger Rumpf schien seitlich mit Fenstern bestückt. Hinter sich her zog es schimmernde orangefarbene Bänder. Es schwebte langsam außer Sicht.

Die Polizisten wußten nicht, daß außer ihnen hunderte anderer Menschen, darunter Flugzeugpiloten und Angehörige der Küstenwache, aus vielen Teilen Großbritanniens von dem gleichen Phänomen berichtet hatten. Es

Allan Hendry, dessen UFO Handbook *ein Standardwerk ist. Es beschäftigt sich mit der Identifizierung von UFOs.*

Unten:
Die Reibungshitze beim Eintauchen in die Erdatmosphäre läßt die von einem Mondausflug zurückkehrende Weltraumkapsel Apollo 11 hell aufglühen. Auch Trümmerteile von Satelliten und anderen Raumfahrzeugen können ähnliche Erscheinungen hervorrufen – die, weil sie so unerwartet auftreten, oft für UFOs gehalten werden.

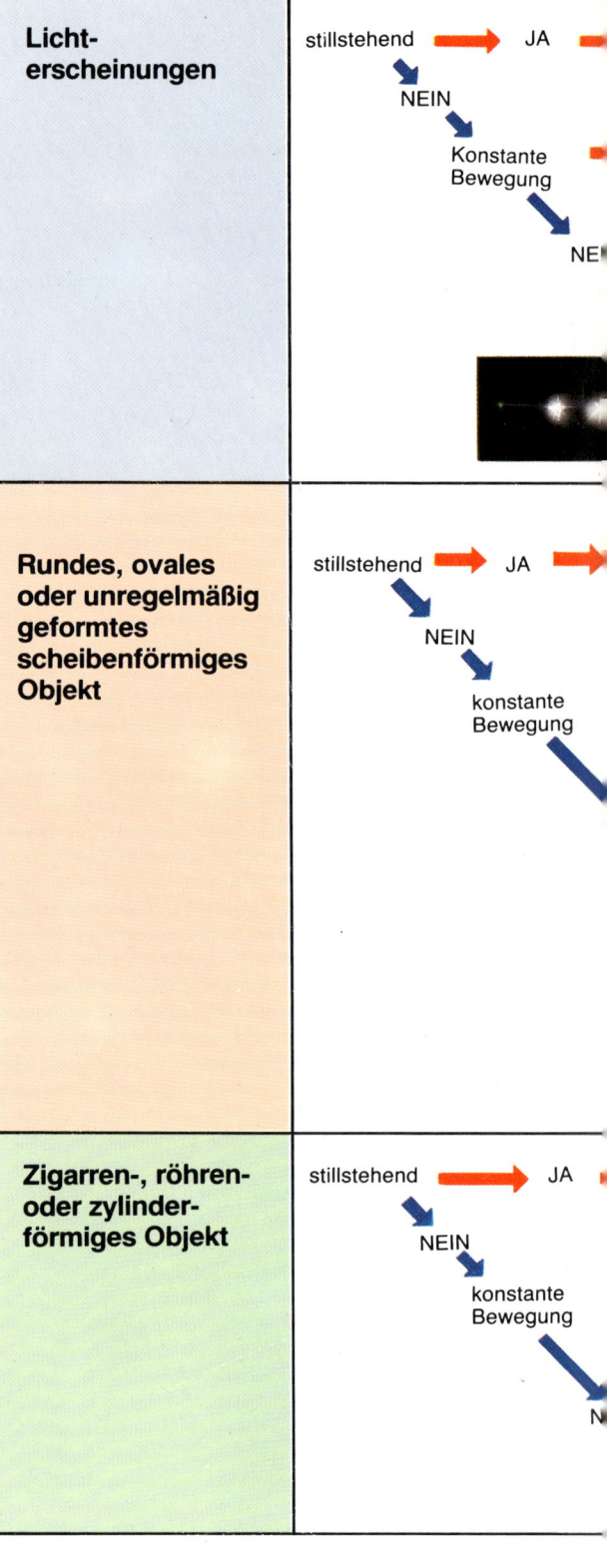

Licht-erscheinungen	stillstehend → JA → ↓ NEIN Konstante Bewegung ↓ NE
Rundes, ovales oder unregelmäßig geformtes scheibenförmiges Objekt	stillstehend → JA → ↓ NEIN konstante Bewegung ↓
Zigarren-, röhren- oder zylinderförmiges Objekt	stillstehend → JA ↓ NEIN konstante Bewegung ↓ N

wurden Zusammenhänge mit Erscheinungen, die ein Fernsehteam am Vortag an der Küste von Neuseeland aufgenommen hatte, hergestellt. Dieser Film hatte bereits die Weltöffentlichkeit erregt. Auch hier könnte es sich durchaus um ein UFO gehandelt haben.

Offenbar kommt es unter bestimmten Bedingungen sehr leicht dazu, ganz normale Flugobjekte für UFOs zu halten, insbesondere dann, wenn sie bei Nacht über menschenlee-

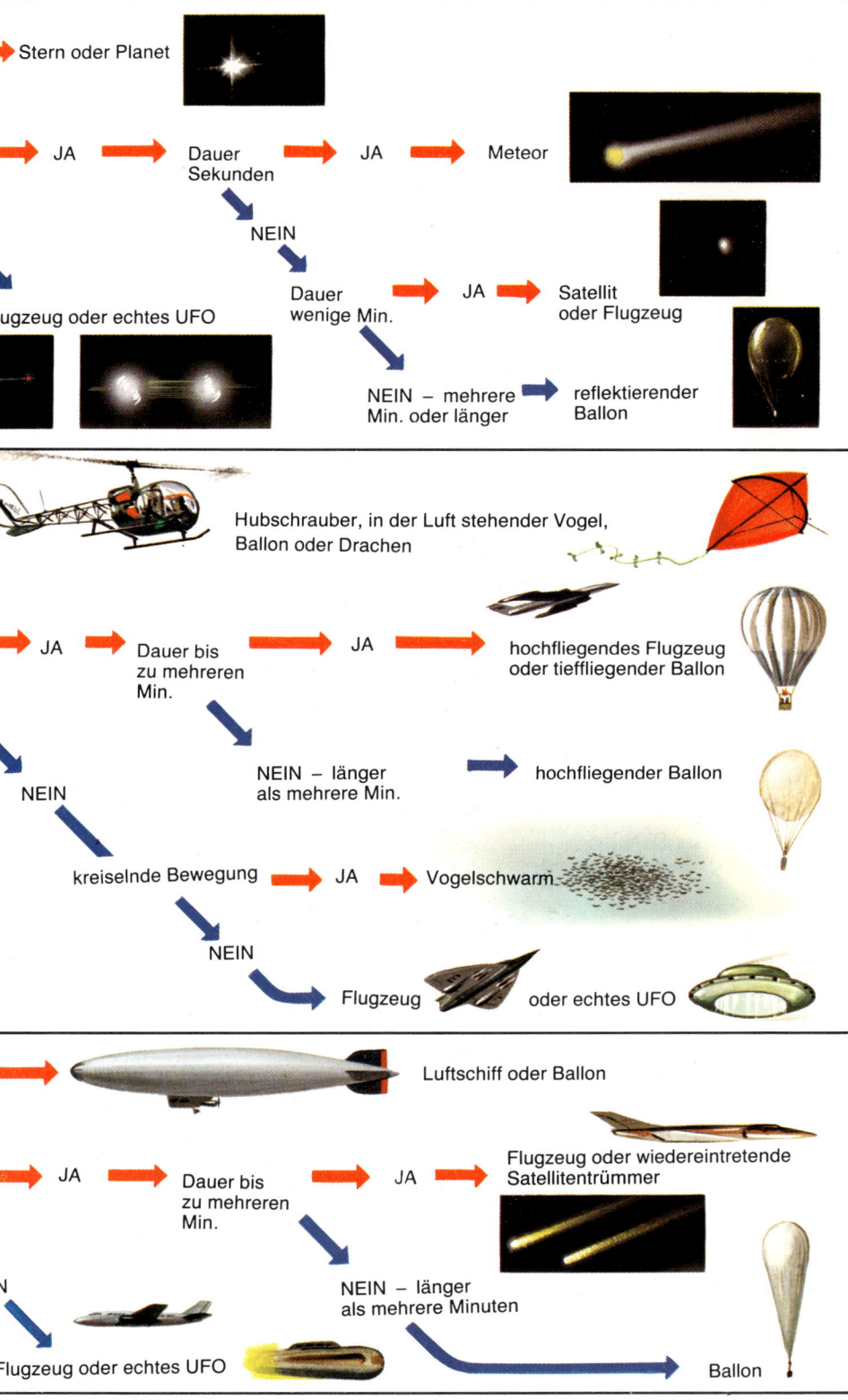

Stern oder Planet

JA → Dauer Sekunden → JA → Meteor

NEIN

ugzeug oder echtes UFO

Dauer wenige Min. → JA → Satellit oder Flugzeug

NEIN – mehrere Min. oder länger → reflektierender Ballon

Hubschrauber, in der Luft stehender Vogel, Ballon oder Drachen

JA → Dauer bis zu mehreren Min. → JA → hochfliegendes Flugzeug oder tieffliegender Ballon

NEIN – länger als mehrere Min. → hochfliegender Ballon

NEIN

kreiselnde Bewegung → JA → Vogelschwarm

NEIN

Flugzeug oder echtes UFO

Luftschiff oder Ballon

JA → Dauer bis zu mehreren Min. → JA → Flugzeug oder wiedereintretende Satellitentrümmer

NEIN – länger als mehrere Minuten → Ballon

Flugzeug oder echtes UFO

ren Gegenden gesichtet werden. So gab es zum Beispiel den Fall einer Frau, die sich eine Stunde lang in ihrem Schlafzimmer einschloß und unter dem Bett versteckte, weil sie am Himmel ein Objekt gesichtet hatte, das sie für ein UFO hielt. Es entpuppte sich aber dann als ein Stern.

Der amerikanische Ufologe Allan Hendry berichtet von einem Mann, der durch ein hell erleuchtetes Flugzeug in solche Panik versetzt wurde, daß er in wilder Flucht die Tür seines

Wenn Sie glauben, ein UFO gesichtet zu haben, vergleichen Sie die Einzelheiten Ihrer Beobachtung mit dieser Tabelle. Sie enthält die drei Hauptkategorien der am häufigsten für UFOs gehaltenen künstlichen und natürlichen Objekte und kann Ihnen bei der Identifizierung helfen.

Nachbarn aus den Angeln brach. So wunderlich diese Geschichten auch klingen mögen, wäre es doch falsch, diese Menschen einfach als Hysteriker abzutun.

So berichtete auch Jimmy Carter 1973, als er noch Gouverneur in Georgia war, von einer strahlenden Lichterscheinung am Himmel. Das Objekt, das seine Farbe wechselte, schwebte lautlos zehn Minuten lang in neunzig Meter Höhe, bevor es sich auf Dachhöhe herabsenkte. Nach verschiedenen Manövern verschwand es wieder. Zwölf weitere Personen bezeugten dieses Vorkommnis. Trotz der „offiziellen" Erklärung, es habe sich um den Planeten Venus gehandelt, hält sich doch hartnäckig die Überzeugung, daß es ein UFO gewesen sei, zumal Carter sich als ehemaliger Marineoffizier am Sternenhimmel sehr gut auskannte und zweifellos in der Lage hätte sein müssen, die Venus zu identifizieren.

Unterscheidungshalber verwendet man die Bezeichnung „echtes UFO" allgemein für Erscheinungen, die sich nicht bei näherer Untersuchung als bekannte Flugobjekte erweisen. Andernfalls spricht man von einem IFO – einem identifizierbaren Flug-Objekt.

Ufologen teilen die UFO-Berichte in verschiedene Kategorien ein, von denen jedoch zwei die wichtigsten sind: die „wenig präzisen" und die „mittel präzisen" Beobachtungen.

Bei den wenig präzisen Beobachtungen, die 45 % aller Fälle ausmachen, handelt es sich um Lichterscheinungen oder formlose Phänomene am Himmel, wobei deren Farbe keine große Rolle spielt, meistens ist sie weiß, aber schon durch ein kleines Wölkchen oder Rauchschwaden kann sich die Tönung verändern. Hier einige Anhaltspunkte, wie Sie sich verhalten können, wenn Sie eine unidentifizierte Lichterscheinung am Himmel sichten:

Achten Sie zuerst darauf, ob das Licht auf einer Stelle stehen bleibt oder ob es sich bewegt. Im ersten Fall handelt es sich wahrscheinlich um einen Stern oder Planeten. Gestirne werden am häufigsten für UFOs gehalten. Natürlich stehen sie nicht still, aber sie bewegen sich vom Beobachter aus gesehen so langsam, daß dieser es normalerweise nur im Laufe mehrerer Stunden bemerkt. Zur Sicherheit können Sie eine Sternenkarte zu Rate ziehen.

Die Venus, das hellste Gestirn am Nachthimmel, steht zu bestimmten Jahreszeiten der Erde sehr nahe und bietet sich besonders für Verwechslungen an. Selbst am Tag ist sie für den geschulten Beobachter als heller weißer Fleck wahrnehmbar. Es gibt viele Erklärungen, weshalb Sterne und Planeten nicht als solche erkannt werden. Häufig liegt es an optischen Täuschungen oder dem Phänomen der „Autokinese", die den Eindruck entstehen läßt, als ob Sterne ziellos am Himmel dahinschießen.

Bewegt sich die Lichterscheinung, so gilt es als nächstes festzuhalten, ob sie einer gleichbleibenden Flugbahn folgt, auf- und ab-

obachter gerichtet, können sie lange Zeit scheinbar still stehen, um dann in bunte Lichtpunkte auseinanderzufallen, wenn die Positionslampen sichtbar werden. Sehr helles, blauweißes, in kurzen Abständen aufblitzendes stroboskopisches Licht wird ebenfalls leicht fehlgedeutet. In vielen Ländern werden Flugzeuge zu Reklamezwecken mit elektronischen Leuchtanzeigen ausgerüstet. Sie fliegen sehr langsam, damit die Werbebotschaft gelesen werden kann. Bestimmte Blickwinkel können dann eine sehr verfremdende Wirkung haben.

Flugzeuge sind, verglichen mit Himmelskörpern, relativ wendig, und für Hubschrauber gilt dies in noch sehr viel höherem Maße. Folglich hat man in solchen Fällen oft den Eindruck, daß die Lichterscheinung nicht einer gleitenden Flugbahn folgt, sondern die Richtung wechselt, ihre Geschwindigkeit ver-

schwebt oder plötzlich die Richtung wechselt. Eine gleichbleibende Flugbahn kann auf verschiedene Flugobjekte hindeuten. Genaueres läßt sich gewöhnlich bei Bewertung der Dauer der Erscheinung sagen. Ist diese sehr kurz, kann es sich um einen Meteor handeln, Materieteilchen aus dem Weltraum, die beim Eintreten in die Erdatmosphäre verglühen. Meteore leuchten gewöhnlich für ein bis zwei Sekunden auf und ziehen bei ihrem Flug über den Nachthimmel einen Lichtschweif hinter sich her.

Manchmal handelt es sich um eine größere Menge Materie, die länger braucht, um zu verglühen. In diesem Fall sprechen wir von einem Boliden oder Feuerball. Er leuchtet bis zu zehn Sekunden lang und verursacht ein grollendes oder zischendes Geräusch. Boliden können ebenfalls, wenn auch selten, bei Tage gesichtet und von vielen Menschen über ein relativ großes Gebiet hinweg beobachtet werden. Der Vorgang ähnelt dem Wiedereintreten von Satelliten in die Erdatmosphäre; ebenfalls häufiger Anlaß für Mißdeutungen.

Um die Erde kreisen hunderte von künstlichen Satelliten. Viele davon sind zu klein, als daß wir sie überhaupt sehen könnten, andere jedoch erscheinen mehrere Minuten lang als leuchtende Punkte am Himmel. Beim Wiedereintauchen in die Erdatmosphäre können sie ein spektakuläres Bild abgeben. Die einzelnen Teile leuchten, wenn sie verglühen, in verschiedenen Farben auf und hinterlassen zuweilen über mehrere Minuten sichtbare Lichtspuren in der äußeren Atmosphäre. Es kann sogar vorkommen, daß einzelne Teile unverglüht auf der Erde auftreffen, wie etwa beim amerikanischen Weltraumlabor Skylab, das im Juli 1979 in Westaustralien niederging.

Noch häufiger mit UFOs verwechselt werden jedoch Flugzeuge, deren Beleuchtung vielfältige Effekte am dunklen Himmel auslösen können. Suchscheinwerfer sind oft aus großer Entfernung noch zu sehen. Direkt auf den Be-

Oben:
Unregelmäßige, unirdisch anmutende Silhouetten gegen das Sonnenlicht lassen sich oft nur schwer als Hubschrauber identifizieren.

Rechts:
Der spektakuläre Komet Ikeya Seki, der Ende 1965 beobachtet wurde. Überraschend viele Himmelskörper – darunter auch Sterne und Planeten – werden für UFOs gehalten.

ringert und möglicherweise sogar stehen bleibt. Der Wind kann die Motorengeräusche in eine andere Richtung tragen, so daß nur noch ein geisterhaftes Licht am Himmel übrigbleibt.

Die meisten dieser Erscheinungen treten nur bei Nacht auf. Ein anderes Flugobjekt wird jedoch oft bei Tage für ein UFO gehalten – der Ballon. Wetterstationen lassen regelmäßig Ballons aufsteigen, um die Windrichtung festzustellen oder Meßinstrumente in die oberen Luftschichten hineinzutragen. Wenn der Ballon in großer Höhe dahintreibt, reflektiert seine glatte Oberfläche das Sonnenlicht. Von der Erde aus gesehen, kann der silbrige Punkt am Himmel als rundes oder kegelförmiges Flugobjekt erscheinen.

es sich dabei tatsächlich um UFOs gehandelt hat. Das von Captain Mantell gejagte Objekt war vermutlich einer der gut dreißig Meter im Durchmesser großen „Skyhook"-Ballons, die die US-Marine damals in geheimen Tests erprobte. Die Luftwaffe wußte nichts von der Existenz dieser Ballons, allerdings läßt sich diese Version bis heute nicht beweisen. Die „offizielle" Lesart, daß es sich bei der vom Boden aus gesichteten Erscheinung um die Venus gehandelt hat, ist in keiner Weise überzeugend.

Zum Erlebnis des Polizisten aus Hertfordshire bietet sich die Erklärung an, daß eine sowjetische Antriebsrakete in dieser Nacht wieder in die Erdatmosphäre eintauchte, und während sie verglühte, auch Nordeuropa überflog. Mit dem neuseeländischen Film hatte dieser Vorfall überhaupt nichts zu tun. Dies alles besagt natürlich nicht, daß bei näherer Untersuchung der geheimnisvollen Phänomene im-

Bei mittelpräzisen Beobachtungen ist hingegen immer eine deutliche Form erkennbar. Sie treten zwar auch nachts, meistens jedoch am Tage auf. Sie machen 35 % aller Fälle aus. Hierbei ist die Bewegung das wichtigste Kriterium. Ein klar umrissenes Objekt, das längere Zeit auf der Stelle schwebt, ist mit einiger Wahrscheinlichkeit kein Flugzeug, höchstens ein außer Hörweite befindlicher Hubschrauber.

Luftschiffe mit ihrer zigarrenförmigen Form werden oft für UFOs gehalten, desgleichen Flugdrachen. Oft bewegen sich die Flugobjekte mit wechselnden Geschwindigkeiten in einer Richtung. Auch hier wird es sich vielfach um ein Flugzeug handeln. Bei grellem Sonnenlicht können Tragflächen und Leitwerk unsichtbar bleiben und nur noch der Rumpf als länglicher oder zylindrischer metallischer Körper erscheinen. Selbst Wolken wurden schon für UFOs gehalten. Ein bestimmter Wolkentypus, die „Lentikularwolke", sieht aus wie eine fliegende Scheibe. Obgleich eine seltene Himmelserscheinung, haben solche langsam dahinziehenden Wolken schon manchen irregeführt.

Vogelschwärme können ebenfalls Verwirrung stiften. Bei Tag kann es vorkommen, daß die reflektierenden Körperunterseiten bestimmter Vogelarten im Sonnenlicht glänzen und als ovale weiße Formen erscheinen, während der obere Körperteil nicht sichtbar ist. Auch das Licht von Straßenlaternen kann am Himmel reflektiert werden.

Natürlich ist es nicht möglich, hier alle Verwechslungsmöglichkeiten aufzuführen. Von NUFON (Northern UFO Network) veröffentlichtes Material umfaßt 29 Hauptkategorien (vergleiche Diagramm), und wir kennen noch weitere hundert Erklärungen für aufgetretene Fehldeutungen.

Die beiden zu Beginn dieses Kapitels erwähnten Fälle sind typisch für UFO-Sichtungen; dennoch ist es wenig wahrscheinlich, daß

Ganz oben:
Eine der seltenen Lentikularwolken, die die charakteristische Form einer „Fliegenden Untertasse" haben.

Oben:
Ein hochfliegender Drache, der in der Sonne glänzt, ohne daß die Halteschnur sichtbar ist, kann einem UFO sehr ähnlich sehen.

Rechts:
Dieser Meßballon hatte die Aufgabe, in 40 000 Metern Höhe kosmische Strahlungen zu erforschen. Selbst Luftfahrtexperten haben solche Flugobjekte schon falsch eingeordnet.

mer identifizierbare Flugobjekte „entlarvt" werden.

Wenn Sie ein Flugobjekt sichten, auf das keine der geschilderten Erklärungen zutrifft, handelt es sich mit großer Wahrscheinlichkeit um ein echtes UFO.

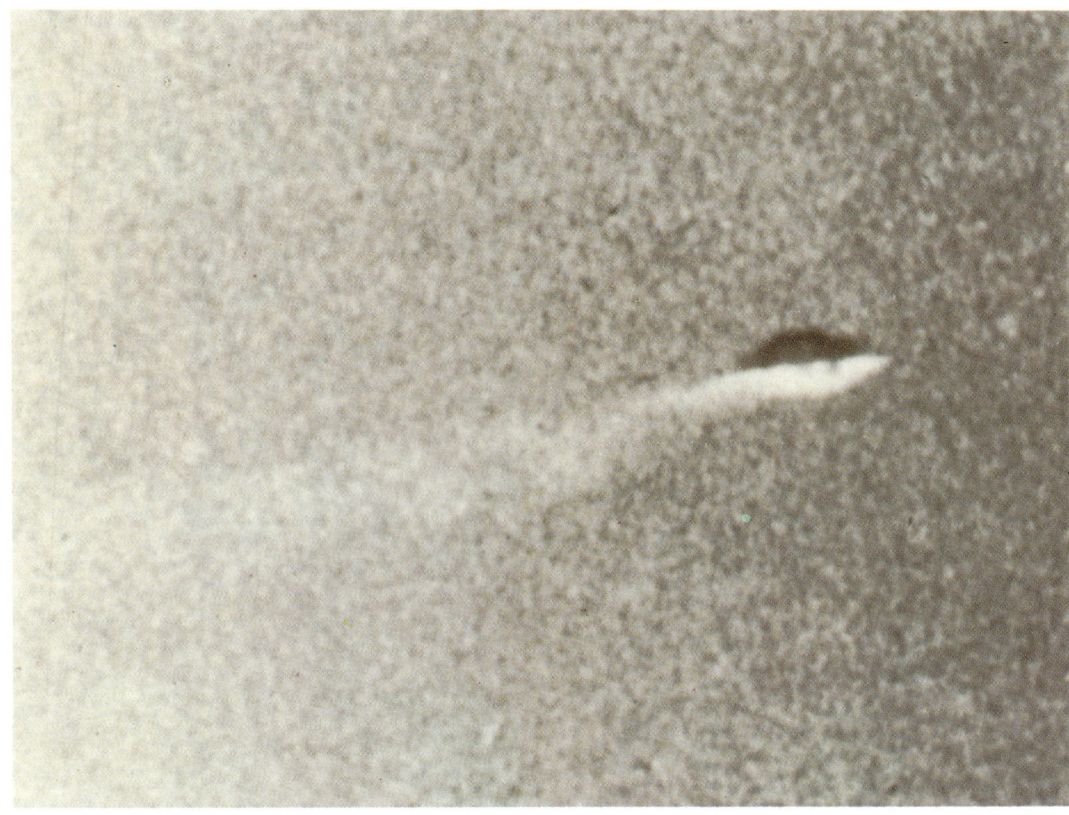

Ein typisches, scheibenförmiges
Flugobjekt mit einem
Rauchschweif bei Tageslicht.

Unten:
Ein Fall von sogenanntem
„Himmelsleuchten" – Lumines-
zenzen am Nachthimmel.
Ungewöhnlich genug, um für ein
UFO gehalten zu werden, beruht
das Phänomen in Wirklichkeit auf
Atomen, die durch Sonnen-
einwirkung aufgenommene
Energie wieder abstrahlen.

Was tun, wenn ein UFO auftaucht?

*Angenommen, Sie entdecken
am Himmel ein unbekanntes Flugobjekt.
Was ist zu tun?*

Im Juli 1978 beobachtete ein Ehepaar in der
englischen Stadt Manchester einen leuchtend roten Flugkörper am Himmel, der wie
ein Zahnrad aussah. Sie hielten es für ein
UFO. Da sie sich Gewißheit verschaffen wollten, wandten sie sich an den Astronomen
Patrick Moore, den sie aus dem Fernsehen
kannten. Offensichtlich gerieten sie aber an
die falsche Adresse, da er kein Ufologe ist und
überhaupt nichts von UFOs hält. Er antwor-
tete ihnen, bei der Erscheinung habe es sich
vermutlich um einen besonders auffälligen Meteor gehandelt. Die Eheleute gaben sich damit
zufrieden, bis sie sechs Monate später zufällig
eine Sendung auf dem Bildschirm sahen, in der
eine bekannte UFO-Forscherin auftrat.

Nachdem sie ihr die merkwürdigen Beobachtungen mitgeteilt hatten, stellte sich heraus,
daß es sich keinesfalls um einen Meteor gehandelt haben konnte, denn dafür war das Objekt
viel zu groß, außerdem war es bei Tage mehrere Minuten sichtbar gewesen. Meteore hingegen glühen nur einige Sekunden lang. Das
Flugobjekt war also noch immer unidentifiziert, und nur einem Zufall ist es zu verdanken, daß dieser wertvolle Augenzeugenbericht
nicht für immer verloren ging.

Zwei Jahre später sichtete der Kriminaloberwachtmeister Norman Collison aus Manchester auf dem Heimweg vom Dienst in den frühen Morgenstunden fast an der gleichen Stelle eine seltsame weiße Scheibe am Himmel. Er meldete diesen Vorfall den – wie er meinte – „zuständigen Behörden". Man teilte ihm kühl mit, daß sein Bericht an das Verteidigungsministerium weitergeleitet worden sei. Aber trotz mehrfachen Nachhakens hörte Norman in dieser Sache nichts mehr. Daraufhin wandte er sich an die Universität Manchester, von der er aber ebenfalls nur ausweichende Antworten

Wenn Sie im Auto sitzen, schalten Sie die Zündung und das Radio ein. Aus zahlreichen Berichten geht hervor, daß UFO-Erscheinungen elektrische Anlagen stören können. Es ist also wichtig, darauf zu achten.

Machen Sie noch, während Sie die Erscheinung am Himmel beobachten, rasch ein paar Experimente: Drehen Sie den Kopf hin und her und achten Sie darauf, ob sich dadurch etwas an Ihrer Wahrnehmung ändert. So kommen Sie dem Einwand zuvor, daß es sich lediglich um Partikelchen im Auge handeln würde. Sollte dies zutreffen, so wird sich das „UFO"

In den Beschreibungen vieler UFO-Augenzeugen sind die Flugobjekte komplizierte Gebilde und nicht nur einfache „Fliegende Untertassen". Diese Zeichnung zeigt solche Details, die immer wieder genannt werden. Aber an wie viele davon würden Sie sich erinnern können, wenn Sie dieses UFO mit hoher Geschwindigkeit durch die Luft schießen sähen? Versuchen Sie, es nach 24 Stunden aus dem Gedächtnis nachzuzeichnen, und überprüfen Sie, wie viele Einzelheiten Sie sich gemerkt haben.

erhielt. Als er um die Adresse der nächsten Ufologenvereinigung bat, erklärte man ihm nur: „Ach … mit denen werden Sie sich doch nicht einlassen wollen."

Dank hartnäckiger Bemühungen gelang es Norman jedoch, mit einer solchen Gruppe in Kontakt zu treten. Die Verbindung mit diesen Forschern entwickelte sich so intensiv, daß er schließlich selbst zu einem eifrigen Ufologen wurde.

Beide Beispiele zeigen, wie wichtig es ist, an wen man sich nach einem UFO-Erlebnis wendet. Was sollte man außerdem tun?

Wenn Sie meinen, ein echtes UFO gesehen zu haben, versuchen Sie, weitere Zeugen zu finden. Diese können vielleicht Ihre Beobachtung erhärten oder auch eine Erklärung dafür liefern, falls es sich doch um ein identifizierbares Flugobjekt handelt.

Wichtig ist es auch festzuhalten, wo genau und unter welchen Umständen das Objekt gesichtet wurde. So können zum Beispiel Hundegebell oder das plötzliche Verstummen der Vögel wichtige Hinweise sein. Wenn Sie eine Kamera zur Hand haben, sollten Sie das Geschehen fotografieren. Viele sind von dem Ereignis so überwältigt, daß sie einfach vergessen, eine Aufnahme zu machen. Wenn es dunkel ist, wählen Sie eine möglichst lange Belichtungszeit, etwa eine Sekunde. Auch wenn das Objekt ziemlich hell erscheint.

bewegen, wenn Sie die Blickrichtung wechseln.

Versuchen Sie dann, das UFO durch ihre *Willenskraft* in eine bestimmte Richtung zu lenken! Das mag seltsam klingen, aber es gibt durchaus ernstzunehmende Annahmen, daß UFOs mit übersinnlichen Phänomenen in Zusammenhang stehen. Also müßte es auch möglich sein, sie durch geistige Kräfte zu beeinflussen.

Da UFO-Erscheinungen meist nur kurze Zeit andauern, werden Sie kaum sofort jemanden telefonisch benachrichtigen können. Sinnvoller ist es, die Zeit zu nutzen und sich möglichst viele Einzelheiten einzuprägen. Diese Fähigkeit können Sie erlernen. Sehen Sie sich die UFO-Zeichnung auf der Seite 152 eine Minute lang an. Versuchen Sie am nächsten Tag, diese aus dem Gedächtnis nachzuzeichnen. Wiederholen Sie dieses Experiment mit anderen UFO-Abbildungen in diesem Buch, wobei Sie die Zeit zwischen der Betrachtung der Vorlage und Ihrer Wiedergabe langsam von einer Stunde auf eine Woche verlängern.

Wenn die UFO-Erscheinung wieder verschwunden ist, sollten Sie nicht mit anderen Augenzeugen über Einzelheiten sprechen. Tauschen Sie lediglich Ihre Adressen und Telefonnummern aus, wie Sie das auch bei einem Autounfall tun würden, und einigen Sie sich, wer den Vorgang weitermeldet und an wen. Verabreden Sie schließlich, daß jeder sofort

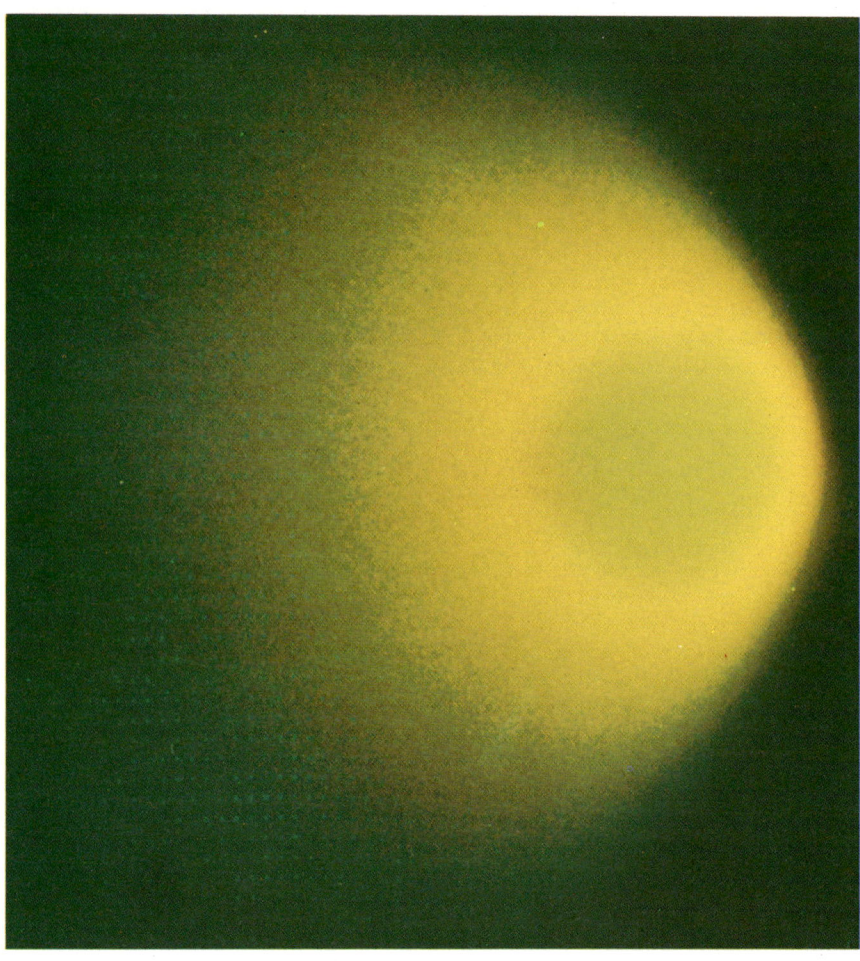

in der betreffenden Zeit ein Flugzeug in der Gegend befand. Es ist aber kaum sinnvoll, sich zu erkundigen, ob irgend etwas Ungewöhnliches auf dem Radarschirm bemerkt wurde. Selbst wenn dies der Fall wäre, würden Sie es wahrscheinlich nicht erfahren, da wohl das Verteidigungsministerium bereits eigene Nachforschungen eingeleitet hätte.

Widerstehen Sie der Versuchung, sich gleich an die Medien zu wenden. Sie werden sich für Ihre Geschichte nur dann interessieren, wenn die Story ihnen in den Kram paßt; das hängt weniger von der Glaubwürdigkeit oder dem Sensationsgehalt Ihrer Beobachtung ab, sondern leider vor allem davon, wie ausgelastet die jeweilige Redaktion ist.

Das Vernünftigste ist es, so schnell wie möglich Verbindung zu einem UFO-Forscher aufzunehmen. Als Spezialist wird er Ihnen helfen können, Ihre Beobachtung so niederzulegen, daß man sie einer wissenschaftlichen Beurteilung unterziehen kann.

Es gibt viele Menschen und Gruppen, die sich mit UFO-Forschung beschäftigen. Einige tun es aus einem fast religiösen Glauben an UFOs und sind deshalb voreingenommen. Andere interessieren sich vor allem für Täuschungen und Fälschungen. Die meisten verfolgen jedoch ein ernsthaftes Interesse und werden sich bemühen, die Echtheit Ihrer Beobachtungen zu beweisen.

Ihr Bericht wird vertraulich behandelt werden, und fast alle Ufologenvereinigungen benutzen Standardformblätter zur Abfassung von Berichten. Man wird Sie sehr wahrscheinlich bitten, ein solches Formular auszufüllen, und Sie eventuell auch fragen, ob Sie sich mit einem Ufologen treffen wollen.

Natürlich ist es im Ernstfall schwer, sich an all diese Ratschläge zu halten. Bei aller Aufregung und sogar Panik sollten Sie Ruhe bewahren. Je mehr gut gesicherte und dokumentierte Fallberichte vorliegen, desto mehr wissen wir über diese so flüchtigen und geheimnisvollen Erscheinungen.

eine Zeichnung des Flugobjekts anfertigt und es außerdem noch schriftlich fixiert. Daß dies unabhängig voneinander geschieht, ist wichtig, weil man sich sehr leicht unbewußt von den Aussagen anderer beeinflussen läßt.

Wen sollten Sie nun informieren? Überlegen Sie genau, welche der bestehenden Möglichkeiten für Ihren Fall die beste ist. Am naheliegendsten ist natürlich eine Meldung bei der Polizei, die wahrscheinlich pflichtgemäß Ihrem Bericht nachgehen wird. Außer in Frankreich und den USA, wo es bestimmte Standardverfahren für solche Fälle gibt, wird man jedoch nicht viel für Sie tun können.

Obgleich derartige Anzeigen zuweilen auch an das Verteidigungsministerium weitergegeben werden, ist doch eher anzunehmen, daß Ihr Bericht bei der Polizeiwache liegenbleiben wird, da man dort in der Regel solche Meldungen wenig ernst nimmt. Immer sollten Sie jedoch die Polizei benachrichtigen, wenn Sie glauben, daß das von Ihnen gesichtete Flugobjekt gelandet ist. So ließe sich möglicherweise wertvolles Material sichern.

Zweckmäßig ist es auch, den nächsten Flughafen zu benachrichtigen, sei dies ein militärischer oder ein ziviler. Auch hier wird man kaum viel für Sie tun können, solange es Ihre Meldung nicht rechtfertigt, eine „Sondersitzung" einzuberufen. Das Flughafenpersonal kann Ihnen Auskunft darüber geben, ob sich

Dieses unheimliche Licht am nächtlichen Himmel ist eine Bariumwolke, die im Verlauf eines Projekts zur Erforschung der elektrischen und magnetischen Felder der Erde zu Beginn der siebziger Jahre von der NASA in der äußeren Atmosphäre freigesetzt wurde. Organisationen wie die NASA bestreiten meist die Existenz von UFOs, könnten jedoch viel dazu beitragen, ungewöhnliche, aber erklärbare Himmelsphänomene zu identifizieren.

Prüfen Sie Ihre Beobachtungsgabe

Wenn Sie Augenzeuge eines seltsamen oder dramatischen Vorfalls, wie etwa der Erscheinung eines UFOs werden, ist es besonders wichtig, daß Sie sich *ganz genau* an alles erinnern, was Sie gesehen haben. Machen Sie einmal folgenden Test: Betrachten Sie das Bild links 10 Sekunden lang. Dann versuchen Sie, sich zu erinnern, was Sie auf dem Bild gesehen haben. Zeichnen Sie es aus dem Gedächtnis nach. Sie werden vermutlich feststellen, daß Sie die Szene nur sehr unvollkommen wiedergegeben haben.

Vielleicht meinen Sie, daß ein UFO Ihnen viel stärker im Gedächtnis haften bleiben würde, weil es etwas so Ausgefallenes ist. Die Erfahrung mit Verbrechens- oder Unfallzeugen spricht allerdings dagegen. An was wir uns erinnern, unterscheidet sich häufig von dem, was sich vor unseren Augen wirklich abgespielt hat.

Bei diesem Bild werden sich Männer sehr wahrscheinlich recht gut an die junge Dame an der Bushaltestelle erinnern, während Frauen im allgemeinen die Einzelheiten ihrer Kleidung besser im Gedächtnis behalten werden.

Was sich einprägt, ist also weitgehend von den Interessen abhängig. Außerdem hat es viel damit zu tun, woran wir gewöhnt sind. Menschen, denen die schwarzen Londoner Taxis oder die Doppeldeckerbusse nicht vertraut sind, werden diese Fahrzeuge besonders auffallen, während sie sich möglicherweise an die Busnummern nicht erinnern werden, ja sie vielleicht nicht einmal bemerkt haben. Auf ähnliche Weise werden manche Betrachter auch das UFO auf dem Bild übersehen.

Rund wie Untertassen

Rätselhafte kreisrunde Plätze mitten im Feld. Das Getreide ist niedergedrückt, als hätte dort ein schwerer Gegenstand seinen Abdruck hinterlassen … Handelt es sich dabei wirklich um UFO-Landeplätze? Oder gibt es andere Erklärungen für solche Phänomene?

Mit der Erforschung des Weltraums schwindet die Hoffnung, daß unsere Nachbarplaneten bewohnt sein könnten. Folglich ist auch die Theorie kaum noch haltbar, daß intelligente Wesen von anderen Sternen die Erde mit UFOs besuchen – und selbst die physische Existenz von UFOs ist starken Zweifeln ausgesetzt. Ist es da ein Wunder, wenn alle, die an die außerirdische Herkunft von UFOs glauben, aufhorchen, sobald auf

ge Stelle fest, wo die Makadamdecke der Straße verbrannt und zum Teil eingedrückt war.

Im Sommer 1980 entdeckten Farmer in Westbury, in der südenglischen Grafschaft Wiltshire, drei große plattgedrückte kreisförmige Plätze in ihren Kornfeldern. Diese waren, obwohl über einen Zeitraum von ungefähr zehn Wochen entstanden, nur wenige hundert Meter voneinander entfernt. Sie befanden sich sämtlich unterhalb des Westbury White Horse, einer prähistorischen Felsfigur an einem steilen Bergabhang. Westbury liegt in der Nähe von Warminster, wo schon sehr viele UFO-Erscheinungen beobachtet wurden.

Im August 1980 untersuchte die britische Ufologenvereinigung PROBE die Stellen. Eines der drei Felder war jedoch leider schon abgeerntet, so daß keine Spuren mehr zu erkennen waren. Die beiden anderen UFO-

Wiesen oder Feldern kreisförmige plattgedrückte Spuren entdeckt werden, für die es zunächst keine Erklärung zu geben scheint.

Solche angeblichen UFO-Abdrücke sind überall in der Welt gefunden worden. Diese „UFO-Nester" bestehen aus einer kreisförmigen Vertiefung mit einer spiralförmigen Struktur. 1966 fand man ein typisches „UFO-Nest" im Sumpfland bei Tully in der australischen Provinz Queensland. Das im Uhrzeigersinn zu Boden gedrückte Sumpfgras wirkte wie „von einer ungeheuren rotierenden Kraft niedergewalzt". Auf einer Farm in der Nähe von Garrison im amerikanischen Bundesstaat Iowa hinterließ im Jahr 1969 ein angebliches UFO beim Schwebeflug über einem Sojabohnenfeld eine große kreisförmige Zone versengter Pflanzen. Noch spektakulärere Spuren verursachte 1965 ein UFO im südafrikanischen Prätoria. Zwei Polizeibeamte, die hier ein UFO unmittelbar vor sich auf der Straße hatten landen sehen, stellten daraufhin eine etwa zwei Meter im Durchmesser große kreisförmi-

Nester lieferten jedoch überaus wichtige Hinweise.

Eine der beiden Flächen maß 18 Meter im Durchmesser, die andere kaum weniger. Im Innern der beiden Kreise war das Korn in Uhrzeigerrichtung in sieben Zentimeter Höhe umgeknickt, während es am Rand über einen Meter hoch stand. Die Punkte, von denen die Spiralen ihren Ausgang zu nehmen schienen, befanden sich nicht in der geometrischen Mitte der Kreisfläche.

Die Kornhalme selbst waren nicht weiter beschädigt und machten den Eindruck, als seien sie durch einen enormen Luftdruck und nicht von einem festen Körper niedergedrückt worden. Brandspuren waren nicht zu entdecken, ebensowenig auffällige Gerüche oder sonstige Rückstände. Das plattgedrückte Korn hatte seine Farbe nicht verändert und Spuren, die zu

Einer der drei Kreise bei Westbury in Wiltshire vom Sommer 1980. Die Mitglieder der Ufologengruppe PROBE aus Bristol waren schnell zur Stelle.

den Flächen geführt hätten, oder von ihnen weg, gab es nicht.

PROBE schickte Boden- und Getreideproben an die Universität Bristol zur Untersuchung. Eine Vielzahl von Tests, darunter auch spektroskopische Analysen und Prüfungen auf Radioaktivität, ergaben jedoch sämtlich negative Ergebnisse.

Wenn schon die Wissenschaftler das Rätsel nicht lösen konnten, so wurden eben Spekulationen angestellt. Eine davon lautete, daß ein Hubschrauber so tief über dem Feld geflogen sei, daß der durch den Rotor bewirkte Luftdruck das Getreide niedergedrückt habe. Diese Behauptung war jedoch nicht haltbar; das Korn hätte dann nicht spiralförmig liegen dürfen.

Schon im Sommer 1981 fanden sich weitere „UFO-Nester" bei Cheesefoot Head, östlich von Winchester in der Grafschaft Hampshire. Sie glichen denen von Westbury und lagen in südöstlicher Richtung ebenfalls am Fuß eines Hanges. Der einzige Unterschied war nur, daß zwei von ihnen deutlich kleiner waren.

In dem Jahr zwischen den beiden Funden stellte die *Tornado and Storm Research Organisation* in Trowbridge/Grafschaft Wiltshire eine Theorie auf, die besagte, daß die kreis-

Die drei mysteriösen Kreise bei Cheesefoot Head in Hampshire, Sommer 1981.

Linke Seite:
Ein seltsamer kreisförmiger Abdruck im Getreidefeld, der im Sommer 1982 bei Cley Hill in der Nähe von Warminster in Wiltshire entdeckt wurde und (oben) ein anderer Kreis auf einem angrenzenden Acker, auf den man ungefähr zur gleichen Zeit stieß. Begeisterte UFO-Anhänger sehen in solchen Spuren den Beweis für UFO-Landungen; die Meteorologen hingegen haben eine natürliche Erklärung dafür.

förmigen Stellen auf Schönwetterwirbelwinde zurückgingen. Dagegen wäre einzuwenden, daß in solchen Fällen bisher das Getreide immer in einer zufälligen Anordnung am Boden gelegen habe. In Westbury und Cheesfoot Head waren die Schäden jedoch klar konturiert und wiesen eine deutliche Struktur auf. Unmöglich, daß ein Schönwetterwirbelwind einen säuberlich umrissenen Kreis in das Getreide hätte schlagen können; außerdem hätte er sich nicht entfernen können, ohne in der Windrichtung weitere Spuren zu hinterlassen.

Wirbelwinde entstehen, wenn eine Schicht bewegter Kaltluft sich über feuchte Warmluft legt, die schnell nach oben steigt und dabei von seitlich zuströmender Luft in Drehung versetzt wird. Wirbelwinde treten besonders dann auf, wenn über einem Gebiet in verschiedenen Höhen Winde mit unterschiedlicher Geschwindigkeit herrschen. Die sich dabei entwickelnden Turbulenzen können aufsteigende Warmluft in Rotation versetzen und so Wirbelwinde hervorbringen.

Ein Wirbelwind kann in den wenigen Sekunden oder Minuten erheblichen Schaden anrichten. Sein Durchmesser liegt im allgemeinen zwischen einem und 20 Metern. In freiem Gelände bewegen sich Wirbelwinde entweder mit dem Wind oder entlang der Grenze der aufeinandertreffenden Luftmassen. Sie hinterlassen typische Schneisen der Zerstörung und wirr durcheinander liegende Halme, jedoch keine kreisförmigen Spuren.

Ist die Wirbelwindhypothese unter diesen Umständen haltbar?

In beiden Fällen lagen die UFO-Nester am Fuß steiler konkav geformter Abhänge, ein ganz entscheidender Faktor. Angenommen, die zurückweichende Luft wird gegen den Hang gedrückt, so daß die nachströmende Luft vorübergehend nicht weiter kann. Jeder in diesem Augenblick entstehende Wirbelwind muß sich folglich hier austoben.

Dreifachwirbel

Die „UFO-Nester" von Westbury wären relativ leicht mit dieser Theorie erklärbar, da im Sommer 1980 an mehreren Tagen entsprechende Wetterbedingungen herrschten. Bei den Cheesefoot-Head-Kreisen ist dies aufgrund ihrer symmetrischen Anordnung schwieriger: Sie lagen etwa gleichweit voneinander entfernt, und ihre Mittelpunkte befanden sich auf einer geraden Linie. Es besteht jedoch die Möglichkeit, daß sich die Grenze zwischen den Luftmassen nach dem Ersterben des ersten Wirbelwindes verschob und dann erst der nächste Luftwirbel entstand. Dieser Vorgang müßte sich noch ein weiteres Mal wiederholt haben.

Kritiker dieser Theorie machen geltend, daß sie zu stark auf Zufälle baut. Nach Veröffentlichung der Wirbelwindhypothese in *The PROBE Report* Ende 1981 wurden die Leser der Zeitschrift aufgefordert, im Sommer 1982 Ausschau nach weiteren möglichen „UFO-Nestern" zu halten. Tatsächlich wurde man im August 1982 am Fuß des Cley Hill, etwa vier

Kilometer westlich von Warminster, fündig. Wieder untersuchte PROBE das Gelände. Die runde niedergedrückte Fläche war zwar abgeerntet, aber noch deutlich erkennbar. In einem benachbarten Feld fanden die Ufologen noch einen zweiten Kreis, der scharf umrissen und etwa einen Durchmesser von 15 Metern hatte. Der Umstand, daß auch diese so nah am Fuß des Cley Hill lagen, bestärkt natürlich die eben ausgeführte Theorie.

Wenn die Wirbelwindhypothese auch nicht alle gefundenen „UFO-Nester" zu erklären vermag, liefert sie doch möglicherweise die Lösung des Rätsels, das die Bewohner der westenglischen Grafschaft in solche Aufregung versetzte. Auch in Australien wurden „UFO-Nester" entdeckt, und interessanterweise glich der Kreis, der das größte Aufsehen unter den Ufologen erregte, den Phänomenen von Westbury, Cheesefoot Head und Cley Hill. Wird sich auch im Hinblick auf diese Erscheinungen die Wirbelwindtheorie halten lassen?

Unten rechts:
Die Entstehung eines sich auf der Stelle drehenden Wirbelwindes. In Abbildung 1 wird demonstriert, wie zurückweichende Luftmassen durch vorwärtsströmende Luft verdrängt werden. Bei entsprechender Geschwindigkeit, Temperatur und Feuchtigkeit der Luft kann so ein Wirbelwind entstehen. Dieser würde sich normalerweise mit der vorwärtsströmenden Luft bewegen. In Abbildung 2 wird dargestellt, wie sich am Fuße des Berges eine Nische stillstehender Luft gebildet hat, die nicht entweichen kann. Wenn der entstandene Wirbelwind in diese Zone hineingerät, wird er auf der Stelle rotieren und dabei möglicherweise eine kreisrunde Spur am Boden hinterlassen – worin vielleicht die Erklärung für die „mysteriösen" Kreise in den Getreidefeldern bei Westbury, Cheesefoot Head und Cley Hill zu suchen ist.

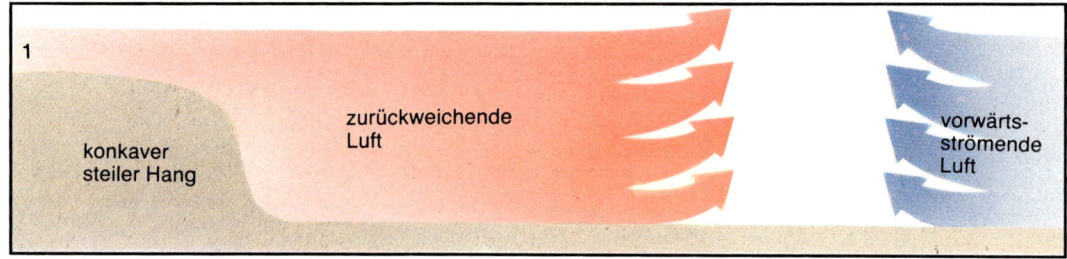

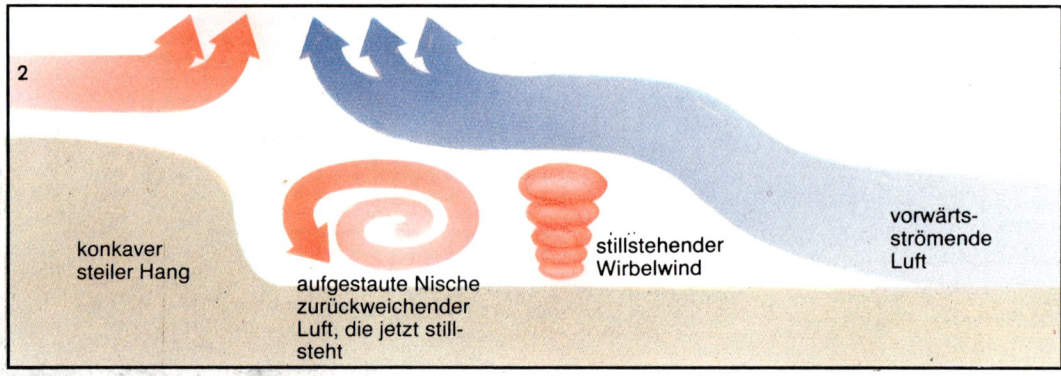

Ein Schönwetterwirbelwind in der englischen Grafschaft Essex im Jahr 1976.

Wenn es an handfesten Beweisen fehlt ...

Durch den Einsatz großer Geldsummen und komplizierter Instrumente wird die UFO-Forschung ein immer vielschichtigeres Unterfangen. An die Stelle von Science-fiction tritt zunehmend wissenschaftliche Arbeit.

Die UFO-Forschung basiert überwiegend auf Erfahrungsberichten von Laien. Diese sind häufig sehr vage und können leicht als Halluzinationen, Fehldeutungen oder auch als schlichte Erfindung abgetan werden.

Deshalb wünscht sich natürlich jeder Ufologe die Möglichkeit eines direkten Zugangs zu seinem Forschungsgegenstand – etwas, das sich sezieren, messen oder analysieren läßt. Ideal wäre es, selbst einmal ein UFO zu sichten; warum erfahren solche Ereignisse nur Menschen, die die Bedeutung gar nicht abzuschätzen wissen? Warum nicht einmal dem Vorsitzenden der Vereinigung britischer UFO-Forscher? Warum entführen die Außerirdischen nicht wenigstens einmal berühmte Ufologen wie Aime Michel oder Dr. J. Allen Hynek, die ein solches Erlebnis wohl am besten auszuwerten wüßten?

Wenn sich solche Träume schon nicht erfüllen, hätte der Ufologe doch gerne wenigstens

Eine seltsame Begegnung mit Autoscheinwerfern? Wohl kaum, obwohl sich vermeintliche UFOs oft als keineswegs außerirdische Objekte entpuppen. Dies ist nur eines von 500 am Berg Montserrat (bei Barcelona) aufgenommenen Fotos, die alle ähnliche Himmelserscheinungen aus der Gegend zeigen.

greifbare Beweise: zum Beispiel das Wrack einer Fliegenden Untertasse oder einige Stücke davon. Aber da auch diese Erwartung sich bisher nicht erfüllt hat, muß sich der Ufologe weiter bescheiden, indem er versucht, Zeugenaussagen mit Hilfe von Radargeräten oder Fotografien zu belegen. Dies ist ein wichtiger Bereich der angewandten Ufologie.

Ein weiterer besteht in der Überprüfung von Hypothesen. Ergeben Analysen von UFO-Berichten, daß ungewöhnliche Flugobjekte besonders häufig an bestimmten Orten zu bestimmten Zeiten oder unter bestimmten meteorologischen Bedingungen auftreten, so sind dies Anhaltspunkte für Hypothesen, die sich überprüfen lassen. Das gleiche gilt, wenn Zeugen angeben, von den Außerirdischen direkt Informationen über deren Herkunft erhalten zu haben. Beispielsweise Schilderungen von Details ihres Heimatplaneten. Wenn es den Astronomen gelänge, einen solchen, bisher unbekannten Planeten zu lokalisieren, so wäre dies, wenn auch noch kein absoluter Beweis, so doch eine gewichtige Erhärtung der Glaubwürdigkeit des Berichts.

Beide Ansätze wurden von den Ufologen, wenn auch nur in geringem Umfang, verfolgt. Da für diesen Zweck keine öffentlichen Mittel zur Verfügung stehen, müssen die meisten Ufologen ihre Forschung selbst finanzieren. Es ist daher nicht verwunderlich, daß solche

Projekte nur in beschränktem Umfang und sporadisch realisiert werden können.

Viele Ufologen nutzen auch die Möglichkeit der Himmelsbeobachtung an erfahrungsgemäß günstigen Punkten und mit besonderen technischen Hilfsmitteln. In Großbritannien werden für solche Aktionen häufig die Berge um Warminster in der Grafschaft Wiltshire gewählt. Im Lauf der Jahre haben Tausende von Menschen die Nacht auf dem Cradle Hill verbracht und den Sternenhimmel beobachtet. Die Ergebnisse waren jedoch, gelinde gesagt, fragwürdig. Selbst wenn echte Phänomene auftraten, gingen sie doch rasch unter in der Masse der Sinnestäuschungen, ausgelöst durch Hubschrauber, Autoscheinwerfer oder gar Taschenlampen und Feuerzeuge anderer auf dem Berg Anwesender – von bewußten Täuschungen ganz zu schweigen.

Das Begrüßungskomitee

Noch weniger effektiv als die Unternehmungen in Warminster war eine *Soirée d'observation*, den das französische *Institut Mondial des Sciences Avancées* im Juni 1982 gemeinsam mit dem bekannten Science-fiction-Autor Jimmy Guieu in einer Burgruine im Elsaß veranstaltete, von der aus Lichterscheinungen gesichtet worden waren. Ein sonderbares Schauspiel. Trotz des strömenden Regens erschienen über fünfzig Personen: Das Barbecue war ein großer Erfolg, ein zum Institut gehörender Hypnotiseur gab eine aufsehenerregende Vorstellung, und bis Mitternacht hatte man etliche Flaschen Wein geleert. „Nur", sagte einer der Teilnehmer später, „die UFOs sind nicht gekommen. Und selbst wenn sie da gewesen wären, hätten wir wir sie wegen des Frühnebels nicht sehen und wegen des lauten Flaschengeklirrs auch nicht hören können."

Zum Glück gibt es jedoch auch ernsthaftere Projekte. Das bisher ehrgeizigste war wohl das von Ray Stanford auf dem Land bei Austin im amerikanischen Bundesstaat Texas organisierte Projekt *Starlight International*. Von 1973 an beschaffte sich Stanford mit seinem Team eine beeindruckende Ausrüstung. Dazu gehörten unter anderem ein Radargerät, das auf einem Turm aufgestellt war und das darunter liegende Tal überwachen konnte, wie eine Reihe von Magnetschreibern, die automatisch ein breites Spektrum ungewöhnlicher Daten aufzuzeichnen vermochten: elektrostatische Phänomene, Temperaturschwankungen, Gravitationsabweichungen, Druckschwankungen und selbst auffällige Geräusche. Außerdem verfügten sie über zwei Anlagen zur Kommunikation mit UFOs. Bei der ersten handelte es sich um einen UFO-Vektor, ein Gerät, das mit Hilfe eines roten Laserstrahls bis zu zweieinhalb Millionen Bits – Informationseinheiten – pro Sekunde in Form von Stimm- oder Videosignalen zu jedem in Sichtweite befindlichen UFO hinauf zu schicken und jede Antwort automatisch aufzuzeichnen vermag. Das

Zwei Männer, deren große Leidenschaft es ist, unbekannte Objekte zu identifizieren: der Franzose Jimmy Guieu (oben) und der Amerikaner Ray Stanfort (rechts), Leiter des Projektes Starlight International. *Neben Stanford steht ein Spezialgerät, das ihn angeblich in die Lage versetzt, mit den UFOs zu kommunizieren. Die Apparatur soll vermittels eines Laserstrahls Bildsignale übermitteln.*

zweite bestand aus 91 Scheinwerfern, die so um ein zentrales Blinklicht angeordnet waren, daß damit tausende verschiedener Signalmuster hervorgebracht werden konnten. Diese Anlage sollte dazu dienen, sich mit UFOs in mathematischen oder sonstigen Codes zu verständigen.

Ferner verfügte das Unternehmen noch über das System ARGUS, die Abkürzung für „*automatic ring-up on geolocated UFO sightings*" (automatisches Warnsystem für Bodensichtungen von UFOs). Diese Anlage gewährleistet, daß die Beobachter sofort informiert werden, wenn die Suchgeräte ein UFO erfassen, damit sie es fotografieren können. Entfernt es sich wieder, stellen die Überwachungsgeräte seinen Kurs fest und alarmieren Beobachter der an der Flugbahn des UFOs liegenden Stützpunkte. Alle Fotografien werden von einem Computer analysiert, um Entfernung, Größe und Höhe des Flugobjekts feststellen zu können.

„Operation Starlight" ist der Traum eines jeden Ufologen. Eine Ausrüstung wie diese im Wert von ungefähr einer halben Million Dollar ist für die meisten Ufologengesellschaften unerschwinglich. Außerdem bleibt die Frage, ob sich die UFOs auch ausgerechnet dort zeigen, wo dieses ganze raffinierte Instrumentarium installiert ist. Immerhin beansprucht das Starlight Team für sich, mehrere beeindruckende Beobachtungen gemacht zu haben.

„Dieses Projekt ist einzigartig auf der Welt", behauptet Stanford. „Wir versuchen, der wissenschaftlichen Welt Beweise vorzulegen, die sie dazu veranlassen sollen, die Ufologie ernst zu nehmen." Den Unterlagen des Projekts

Unten:
Arne Thomassen führte bei Hessdalen in Norwegen Untersuchungen durch und richtet sich auf eine lange Wartezeit ein: UFOs erscheinen nicht immer auf Abruf. Möglicherweise liegt ihre Zurückhaltung daran, daß sie uns beobachten, während wir ihnen auf die Spur zu kommen versuchen. Das lange Warten lohnt sich jedoch, wenn Aufnahmen wie diese (rechts) gelingen. Das Foto vom September 1982 zeigt ein unidentifiziertes Objekt am Himmel über Hessdalen.

nach zu urteilen, rechtfertigen die Ergebnisse bislang keinesfalls den hohen Aufwand an Geld und Zeit; aber dieses ehrgeizige Unterfangen verdient Bewunderung, und wenn das Rätsel der UFOs überhaupt mit den Mitteln der angewandten Ufologie lösbar ist, auch greifbare Erfolge.

Eine ganz andere Methode der Himmelsbeobachtung betreibt der spanische Ufologe Luis Jose Grifol aus Barcelona. Seit Mitte der siebziger Jahre sucht Grifol immer wieder die Berggegend um das Kloster Monserrat auf, von der er glaubt, daß sie wegen ihrer weit zurückreichenden kulturellen und religiösen Tradition auch für UFOs besonders interessant ist. Diese Annahme einmal dahingestellt, hat Grifol doch zwischen 1977 und Ende 82 immerhin 500 Fotos von ungewöhnlichen Himmelserscheinungen allein in dieser Region zusammengetragen.

Grifols Verständigung mit den UFOs

Grifol verläßt sich nicht auf komplizierte Apparaturen, sondern glaubt vielmehr, daß UFOs auf telepathischem Wege mit ihm kommunizieren. Er behauptet, bei den Besatzungsmitgliedern der von ihm fotografierten UFOs handle es sich um „intelligente Wesen aus dem Weltraum", genauer gesagt, von einem Planeten zwischen den Sternen Bellatrix und Riegel im Sternenbild des Orion. Im August 1980 bat Grifol im Beisein von 17 Zeugen seinen außerirdischen Kommunikationspartner um einen Beweis für diese Verbindung, der darin bestehen sollte, daß sie mit ihren UFOs nach seinen Anweisungen bestimmte Manöver ausführten. Grifol behauptet, die Außerirdischen seien dieser Bitte auch 20 Sekunden lang nachgekommen.

Grifol zufolge muß man sich, um in dieser Weise Verbindung aufnehmen zu können, in einer geeigneten geistigen und spirituellen Verfassung befinden, sich von den irdischen Belangen losgelöst und „höheren Dingen" zugewandt haben. Wenn Grifols Beobachtungen auch nicht durch weitere Daten untermauert wurden, verdanken wir ihm doch 500 bemerkenswerte Aufnahmen.

Auch noch andere Regionen sind als UFO-Beobachtungspunkte berühmt. Landeinwärts von Trondheim, in Mittelnorwegen, liegt der dünn bevölkerte Bezirk Hessdalen. Obwohl auf den ersten Blick nichts dafür spricht, weshalb gerade diese Gegend von den UFOs bevorzugt werden sollte, kommen doch seit Dezember 1981 ständig UFO-Meldungen aus diesem Distrikt. Eine solche Konzentration von UFO-Erscheinungen kommt selten vor, und die norwegischen Ufologen nutzten die Gelegenheit.

Eins der berühmten UFOs erscheint

Einen typischen Augenzeugenbericht gibt der Bergmann Bjarne Lillevold. Er schildert, was er am 24. September 1982 erlebte:

„Auf dem Heimweg von der Arbeit sahen ein Kumpel und ich ein Licht vor einem der Berge bei Hessdalen. Als wir etwa fünf Kilometer weiter gefahren waren, begann das unbekannte Objekt sich über dem Wald bei Ålen herabzusenken. Als wir Ålen erreichten, schwebte das Ding dicht über den Bäumen. Mein Begleiter, der das berühmte UFO von Hessdalen noch nie gesehen hatte, war sehr aufgeregt. Wir fuhren ins Zentrum von Ålen und erblickten dann ein zweites Objekt, das aus Richtung Hessdalen kam und unterhalb des ersten stehenblieb. Mit meinem Moped fuhr ich weiter nach Hessdalskjølen. Dort sah ich ein weiteres Flugobjekt bei einer Bauernkate. Zuerst glaubte ich, die Kate stünde in Flammen, aber dann bemerkte ich, daß es etwas anderes war. Es sah aus wie ein umgedrehter Weihnachtsbaum und war größer als die ganze Kate. Es schwebte etwa vier Meter über dem Hügel und hatte ein rotes Blinklicht. Außerdem schien über dem ganzen Ding eine merkwürdige ‚Decke' zu liegen. Das Flugobjekt bewegte sich etwa zwanzig Minuten lang wie ein Yo-Yo auf und ab. Wenn es sich dicht über dem Boden befand, verblaßte das Licht, aber auf dem höchsten Punkt war es so hell, daß ich nicht lange hinschauen konnte. Sobald das Licht schwach war, konnte ich durch es hindurchsehen wie durch Glas ..."

Die norwegischen Forscher waren entschlossen, die Gelegenheit zu nutzen, so viele praktische Untersuchungen wie möglich anzustellen. Leif Havik von der norwegischen Ufologenvereinigung sagte: „Um zu Ergebnissen zu gelangen, hätten wir mindestens einen Monat dort bleiben müssen. Mit unseren wenigen aktiven Mitgliedern und unzureichenden Mitteln und ohne jede Unterstützung war das auch so schon das Optimum, was wir tun

Ein farbiger Lichtfleck ist sicherlich noch kein überzeugender Beweis für die Existenz eines UFOs. Aber wenn diese Beobachtung x-mal von verschiedenen Zeugen mit ganz unterschiedlichen Methoden aufgezeichnet wird, kann man sie nicht länger ignorieren. Hier ein Beispiel für die vielen unidentifizierten Objekte über dem Berg Montserrat (rechts) und eines für die bei Hessdalen gesichteten Phänomene (unten rechts).

Unten:
Der spanische Ufologe Luis José Grifol auf dem Berg Montserrat. Er lehnt die Verwendung komplizierter Apparaturen ab.

konnten." Ausgerüstet mit allen auftreibbaren Geräten, vor allem Magnetfeldmessern, Spektralanalysegeräten und Feldstärkemessern, Infrarotkameras und so weiter, unternahm man mehrere Expeditionen in die wild zerklüfteten Berge um Hessdalen. Auch wenn diese Messungen nur enttäuschende Resultate brachten, gelang es doch sieben verschiedenen Fotografen, viele außergewöhnliche Phänomene festzuhalten. Die Aufnahmen ähneln sich alle. Leider sind auf den meisten nur vage Farbflecken erkennbar. Augenzeugen wollen allerdings mehr über die Form dieser Flugobjekte wissen. Ihre Angaben sind jedoch sehr unterschiedlich und reichen von einfachen Rechtecken bis hin zu der klassischen Scheibenform. Auch aus den Aufzeichnungen über die Bewegungen der UFOs ergaben sich bestimmte Muster, so daß man wohl davon ausgehen kann, daß diese Forschungen sich noch als sehr bedeutsam erweisen werden.

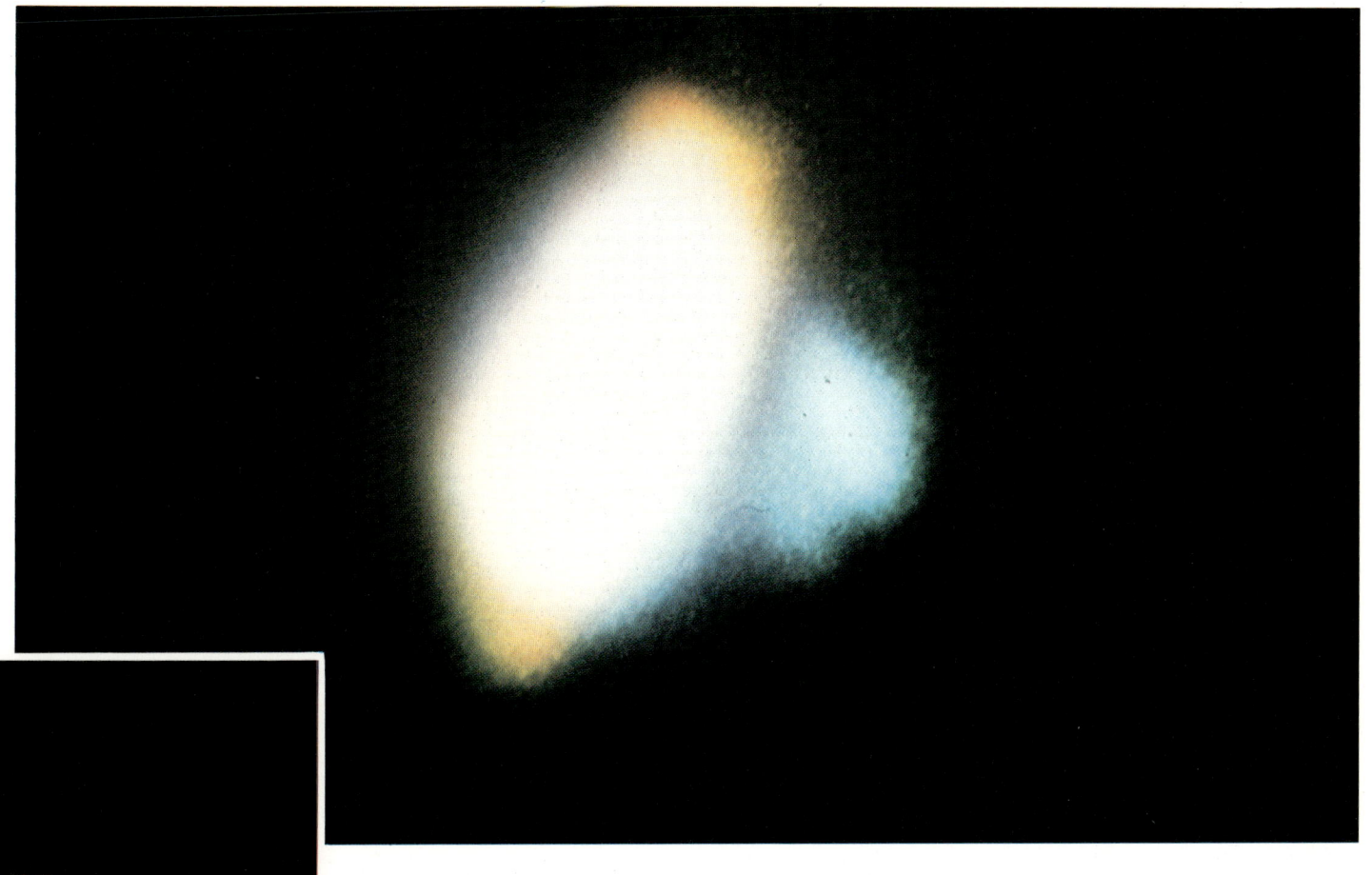

Die norwegischen Forscher hoffen, daß es ihnen zumindest gelingen wird, andere, die mehr Mittel zu ihrer Verfügung haben, durch das gesammelte Material davon zu überzeugen, daß derartige Phänomene erforschenswert sind. Die norwegische Luftwaffe war bislang nicht bereit, solche Projekte zu unterstützen, da derlei Aufgaben nicht in ihren Zuständigkeitsbereich fielen, solange es nicht um kriminelle Handlungen ginge. Die norwegischen Ufologen versuchten zu argumentieren, daß UFOs sehr wohl potentiell gegen die Gesetze verstoßen, indem sie den norwegischen Luftraum verletzen, aber dies überzeugte die Behörden nicht.

Tag, Tageszeit und Himmelsrichtung

Bei alledem häufen sich doch die Beweise für die Existenz von UFOs, und die Forschung wird dies auf Dauer nicht ignorieren können. Aus den Analysen der norwegischen Ufologenvereinigung geht hervor, daß das Auftreten der UFOs nach bestimmten Mustern erfolgt: Die Häufigkeit des Erscheinens schwankt mit der Tageszeit und – aus bislang unerklärlichen Gründen – auch mit dem Datum: Sie häufen sich zwischen dem 15. und dem 25. eines jeden Monats. Merkwürdig ist auch, daß den Berichten zufolge doppelt so viele UFOs von Süden nach Norden flogen wie in umgekehrter Richtung. Dies galt auch für die berühmten „Geisterraketen", die 1946 über Norwegen und anderen skandinavischen Ländern gesichtet wurden. Die wenigen, die aus südlicher Richtung kamen, verleiteten zu der Annahme, daß es sich dabei um militärische Flugkörper handle, die aus den ehemaligen Raketenstützpunkten der Deutschen bei Peenemünde stammten. Dies ist jedoch mit ziemlicher Sicherheit ausgeschlossen.

Leif Havik glaubt ebenso wie der Spanier Grifol, daß die UFOs – oder ihre Lenker – sich sehr wohl der Tatsache bewußt sind, daß sie beobachtet und untersucht werden. Dafür spricht nach Ansicht Haviks die Tatsache, daß die UFOs immer dann verschwinden, wenn er im Begriff ist, sie mit Hilfe von Instrumenten festzuhalten:

„Der Hauptgrund, weshalb ich glaube, daß UFOs irgendeine Form gezielter Steuerung unterliegen, ist folgender: Fünfmal habe ich genau in dem Augenblick ein UFO gesehen, in dem ich auf dem Berg ankam, noch ehe ich Zeit hatte, ein Foto zu schießen. In allen fünf Fällen befand ich mich weniger als 100 Meter von dem von mir gewählten Beobachtungspunkt entfernt."

Trotz der Fülle solcher vager Schilderungen spricht auch vieles dafür, daß UFOs tatsächlich auf die Beobachtungsaktivitäten der Menschen reagieren, und in einigen Fällen gelang es sogar, dieses Phänomen mit Hilfe von Aufzeichnungsgeräten festzuhalten.

Wer beobachtet wen?

Harley Rutledges Recherchen sind Meilensteine der UFO-Forschung und beeinflussen viele wichtige Projekte.

Der Begriff „praktische Ufologie" ist eigentlich ein Widerspruch. Wegen des unklaren und oft paradox erscheinenden Beweismaterials kann dieses Phänomen auf der materiellen Ebene nicht überzeugend erklärt werden. Sind die UFOs deshalb nur als psychisches oder übersinnliches Phänomen begreifbar?

Viele namhafte Ufologen meinen mit dem Franzosen Jacques Vallée, daß das Problem wesentlich komplexer sei. Vallée erklärte 1975 in einem für das amerikanische Luft- und Raumfahrtinstitut verfaßten Artikel: „Das UFO-Phänomen ist Produkt einer Technologie, die physikalische und übersinnliche Erscheinungen auf einen Nenner bringt." Wenn diese Behauptung zutrifft, ist es wohl in Anbetracht der Tatsache, daß die herkömmliche Wissenschaft wesentlich besser auf physikalische als auf übersinnliche Gegenstände eingerichtet ist, das beste, sich vor allem auf die Erforschung des materiellen Aspekts zu konzentrieren.

So dachte auch der an der Southeast Missouri State Universität in Cape Girardeau tätige Physikprofessor Harley Rutledge, als er sich 1973 einer faszinierenden Herausforderung stellte. In der Nähe der Stadt Piedmont, etwa 80 Kilometer vom Cape Girardeau entfernt, hatten viele Augenzeugen unter unterschiedlichsten Bedingungen sich allen Erklärungsmustern entziehenden seltsame Lichterschei-

nungen gesichtet. Rutledge versammelte ein Team Experten aus verschiedenen Wissenschaftsbereichen, beschaffte sich Überwachungs- und Aufzeichnungsgeräte und machte sich auf den Weg zum Beobachtungsort in der Annahme, daß zwei oder drei Wochenenden zur Untersuchung ausreichen würden.

Doch erst sieben Jahre später wurde der Forschungsbericht veröffentlicht: In nahezu 2 000 Stunden sichteten die Experten 178 UFOs, von denen sie allein 157 mit Hilfe ihrer Meßgeräte festgehalten hatten. Das Team kombinierte dabei Beobachtungen mit dem bloßen Auge und Fotografien mit Radaraufzeichnungen und anderen technischen Mitteln, die gleichzeitig von verschiedenen Punkten aus eingesetzt wurden.

Bei den Phänomenen handelte es sich um Lichterscheinungen am Himmel, die zumeist nachts auftraten und entweder keine oder nur eine diffuse Form aufwiesen. Im allgemeinen sind die Ufologen in derartigen Fällen skeptisch, da sich aus bloßen Lichtflecken kaum verwertbare Schlüsse ziehen lassen und häufig Fehldeutungen vorkommen. Während es sich bei einer mit einer Kuppel und Bullaugen ausgestatteten Scheibe um einen normalen Flugkörper oder auch nur um eine Einbildung handeln kann, ist die Herkunft von Lichtflecken ebensogut von Autoscheinwerfern, Meteoriten, Satelliten oder auch nur von Lichtreflektionen durch einen Vogelschwarm möglich.

Der Nachthimmel über Piedmont (unten) und Cape Girardeau (ganz unten). Phänomene, wie die hier gezeigten, veranlaßten Harley Rutledge 1973, seine Untersuchungen aufzunehmen. Bis dahin hatten die Ufologen immer weniger von Lichterscheinungen am Himmel als Beweise für die Existenz von UFOs gehalten, da sie viele Erklärungen zulassen. Rutledges Team verwandte jedoch neue Aufzeichnungstechniken, die bewiesen, daß Erscheinungen wie die beiden hier gezeigten ganz eindeutig nicht natürlichen Ursprungs waren.

Dank der praktisch orientierten Vorgehensweise des Rutledge-Teams, das sich nur mit den Beobachtungsfakten befaßte, konnten solche Fehldeutungen ausgeschlossen werden. Mit der Triangulation-Vermessungstechnik konnten Ort und Flugbahn der Objekte genau festgestellt werden, was bedeutete, daß auch ihre Größe, Flughöhe und Geschwindigkeit exakt berechenbar wurde.

Hier ein typisches Beispiel für diese Technik. Es stammt vom 25. Mai 1973. An diesem Abend befand sich je eine mit Radar und Funkgeräten ausgerüstete Beobachtungsgruppe auf dem Pyle's Mountain (P) und auf dem Mudlick Mountain (M). Zwischen den beiden Punkten lagen etwa 18 km.

Um 21.37 Uhr meldete die Gruppe P eine Lichterscheinung in westlicher Richtung. Die Gruppe M bestätigte dies sofort und begann unverzüglich mit der Ortung.

Um 21.42 Uhr meldete die Gruppe P, daß das Objekt „sich ziemlich langsam am Himmel bewegt, ziemlich hell ist, wie ein Stern erster Ordnung, von gelblich-oranger Farbe". Die

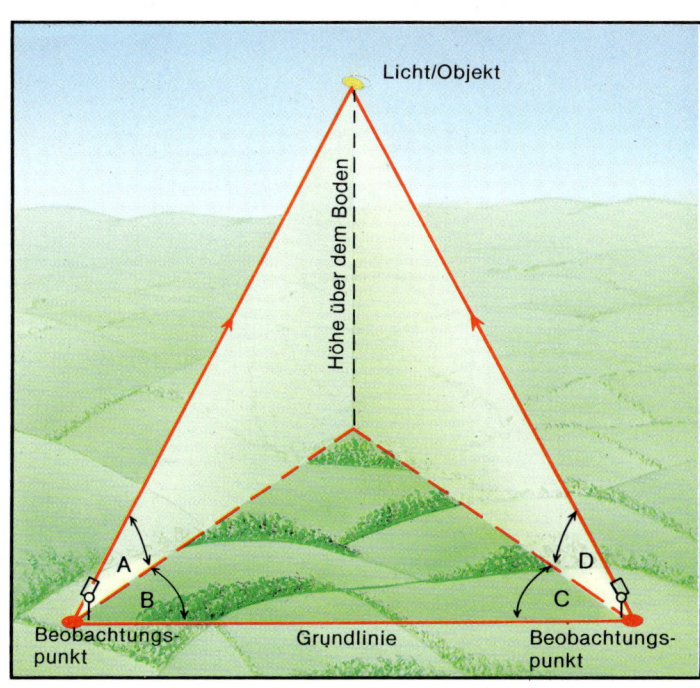

Ganz unten links:
Mit dem Triangulationsverfahren lassen sich die Höhe eines Objekts und seine Entfernung vom Beobachtungspunkt bestimmen. Für diese Berechnung müssen die senkrecht stehenden Winkel A und D und die waagerecht liegenden Winkel B und C gleichzeitig von zwei Beobachtungspunkten am Boden gemessen werden, deren Entfernung (Grundlinie) bekannt ist.

Unten rechts:
Darstellung der Flugbahn eines am 25. Mai 1973 gesichteten UFOs nach den Berechnungen des Rutledge Projekts. Um 21.43 Uhr war das Objekt von den beiden Beobachtungspunkten Pyle's Mountain und Mudlick Mountain, die 18 Kilometer auseinander lagen, zu sehen. Mit Hilfe der Triangulation ließen sich Höhe und Entfernung des UFOs, und damit seine genaue Position, bestimmen. Zwischen 21.43 Uhr und 21.46 Uhr wurden neun solcher Punkte in Fünfzehn-Sekunden-Intervallen lokalisiert.

Gruppe M berichtete, „wir haben es jetzt genau im Blick".

Um 21.43 Uhr konnte die Position des Objekts exakt berechnet werden. Zwischen 21.43 Uhr und 21.46 Uhr wurden auf diese Weise neun Punkte seiner Flugbahn im Abstand von 15 Sekunden lokalisiert. Eine Berechnung klappte wegen einer Funkstörung nicht, aber die Gruppe bestätigte, daß das Objekt offensichtlich immer noch seinem Kurs folgte.

Die Ergebnisse

Um 21.46 Uhr verlor die Gruppe M das Objekt aus den Augen. Um 21.48 Uhr und 21.50 Uhr erhob die Gruppe P noch weitere Beobachtungsdaten. Da jedoch entsprechende Angaben von dem anderen Team fehlten, ließen sich hieraus lediglich Schlüsse auf die Flugrichtung ziehen.

Insgesamt gelang es, mit dieser Technik das Flugobjekt über einen ungleichmäßigen Kurs von über 25 Kilometern exakt und über noch größere Entfernung weniger genau zu verfolgen. Es ergab sich, daß das Objekt anfangs mit einer Geschwindigkeit von 500 Stundenkilometern flog, um dann nach einem Kurswechsel auf 523 Stundenkilometer zu beschleunigen. Obgleich das zu spärliche Hinweise auf das Wesen des Phänomens sind, lassen sich doch eine ganze Reihe von Erklärungen ausschließen. So entfallen Autoscheinwerfer wegen der Höhe, Vögel können nicht so schnell fliegen, Satelliten nicht so tief, zu einem Meteoriten passen die Kursänderungen nicht.

Rutledges Beobachtungen belegten nicht nur die Existenz solcher Phänomene und entkräfteten die meisten natürlichen Erklärungen, sondern ergaben darüber hinaus, daß die Flugobjekte deutlich auf das Verhalten der Beobachter reagierten. In mindestens 80 Fällen ging

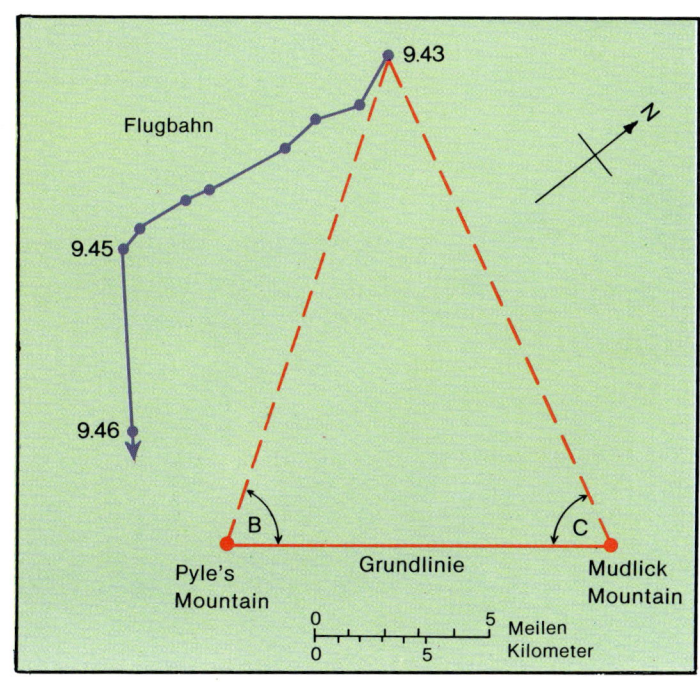

aus seinen Aufzeichnungen eine offensichtliche Parallelität bestimmter Aktivitäten der Beobachter und der Objekte hervor. Dieser Zusammenhang folgte jedoch keinem eindeutigen Muster. Die Objekte reagierten mal in der einen, mal in der anderen Weise. Aber dennoch kann man nicht einfach von Zufall sprechen.

Wer beobachtet wen?

Die Vorkommnisse selbst waren alltäglich. Rutledge blinkte am 21. Juni 1973 ein feststehendes Licht am Himmel an, worauf es sich sofort in Bewegung setzte und offenbar der Beobachtung zu entgehen suchte. Am 20. Juni 1976 richtete er den Lichtstrahl auf ein Objekt, bei dem es sich um einen neuen Stern zu handeln schien, und dieses erlosch sofort. In mehreren Fällen wurde beobachtet, wie „Sterne" stehenblieben, sich in Bewegung setzten oder ihre Bahn änderten, sobald sich eine Kamera auf sie richtete oder Autoscheinwerfer auf- und abblendeten. Anscheinend reagierten Flugobjekte selbst über eine Entfernung von drei oder mehr Kilometern auf die Stimmen der Beobachter, auf den Funkkontakt zwischen den Beobachtungsposten, ja selbst auf die Gedanken der Forscher. Daraus folgt, daß diese Flugobjekte entweder ein bestimmtes Maß an Intelligenz besitzen oder von intelligenten Wesen gesteuert werden. Es deutet ferner darauf hin, daß sie über Mittel verfügen, die Aktivitäten der Beobachter überaus sensibel zu registrieren.

Auch wenn aus diesen Befunden keine voreiligen Schlüsse zu ziehen sind, steht doch außer Zweifel, daß Rutledge und sein Team den Beweis der physikalischen Existenz von UFO-Erscheinungen einen großen Schritt näher gebracht haben.

Harley Rudledge mit seinem tragbaren, batteriebetriebenen Oszilloskop und seinem Spektralanalysegerät.

Auf der anderen Seite ist erstaunlich, wie oft Ufologen es unterlassen, auch nur die nächstliegendsten praktischen Ermittlungen anzustellen. So behauptete der Ufologe Peter Paget 1979 in seinem Werk *The Welsh Triangle,* daß sich auf dem Stack Rock in der walisischen Grafschaft Dyfed eine geheime UFO-Basis befände. Obwohl er in der Gegend nachforschte, unterließ er es, sich die Insel selbst anzusehen und der Wahrheit auf den Grund zu gehen. Vielmehr war es der BBC-Fernsehreporter Brynmore Williams, der sich schließlich ein Boot mietete, um auf Stack Rock zu recherchieren, jedoch mit negativem Ergebnis.

Wer solche sensationellen Behauptungen aufstellt, sollte sie auch möglichst belegen können. Nachdem die britische Ufologen-Vereinigung PROBE bereits bei den „UFO-Nestern" dank ihrer wissenschaftlichen Vorgehensweise zu überzeugenden Ergebnissen gekommen war, gelangte sie 1981 zu der Ansicht, daß es sich bei einem in der Gegend von Warminster gesichteten „UFO" wahrscheinlich um einen

Links:
Rutledges Team baut demonstrativ seine Ausrüstung auf, um die UFOs zu empfangen. Aber diese oder ihre Lenker scheinen sich nicht auf eine Begegnung einlassen zu wollen. Rudledge und sein Team berichten, daß sie sich gelegentlich sogar entfernen würden, sobald die Aufzeichnungsgeräte eingeschaltet sind.

Ballon gehandelt habe. Sie zweifelten zwar nicht an den Aussagen der Augenzeugin, aber ihre Beschreibung deutete darauf hin, daß hier eine natürliche Erklärung durchaus möglich war.

Die Gruppe beschaffte sich deswegen einen Ballon und ließ ihn an einem Faden am „Tatort" fliegen. Die Zeugin sollte diesem Experiment beiwohnen; es wurden auch Fotos aufgenommen. Die Zeugin bestätigte eine verblüffende Übereinstimmung mit ihrem UFO-Erlebnis. Als der Ballon freigelassen wurde und prompt spurlos verschwand, war nach weiteren Untersuchungen und nachfolgenden Tests klar, daß das „UFO" „in Form und Verhalten einem silberroten Ballon aus Plastik-Aluminium-Folie glich, der zuvor von einem westlich von Warminster gelegenen Punkt aus steigen gelassen wurde".

Solche Rekonstruktionen zur Aufklärung von Täuschungen sind zwar bestimmt nicht gerade der positivste Aspekt der praktischen Ufologie, aber doch sehr wichtig, um irre-

führendes Material auszusondern und herauszufiltern, wodurch sich echte UFO-Phänomene auszeichnen.

Das spektakulärste Experiment bisher führte wohl der kalifornische Ufologe Professor Alvin Lawson durch. Er verglich die Aussagen von Personen, die sich nur in ihrer Phantasie die Entführung durch ein UFO vorgestellt hatten, mit Berichten von Menschen, die behaupteten, tatsächlich von Außerirdischen entführt worden zu sein. Dabei ergab sich, daß x-beliebige Laien, die nur wenig über UFOs wissen, unter Hypnose durchaus in der Lage sind, sich eine Entführung so vorzustellen, daß sie bis in die Einzelheiten ganz erstaunliche Ähnlichkeit mit den Geschichten angeblicher Entführungsopfer aufweist.

Allerdings, so Lawson, unterscheiden sich beide Gruppen von Versuchspersonen darin, wie sie ihre Geschichten erzählten. Die „echten" Zeugen schienen sehr viel stärker emotional beteiligt. Natürlich lassen sich auch dafür psychologische Erklärungen finden. Obwohl die Ergebnisse des Experiments weder eindeutig dafür noch dagegen sprechen, daß es sich bei den Aussagen der „Entführungsopfer" um reine Phantasien handelt, hat Lawson hier eindeutig ein wichtiges neues Forschungsgebiet eröffnet. Er selbst knüpfte später noch einmal an seine Ergebnisse an, indem er untersuchte, in wieweit es sich bei den Entführungsberichten möglicherweise um den Ausdruck von Erinnerungen an Geburtstraumata handelt.

Alvon Lawson mit Judy Kendall, die behauptet, an Bord eines UFOs gewesen zu sein. Sie gehört zu den wenigen Entführungsopfern, die sich nicht zu Gurus der Bewegung aufgeschwungen haben und von immer neuen Beobachtungen berichten.

Rechts:
Handelt es sich hier um ein fremdes Raumschiff oder um ein UFO? Nein, es ist nur ein Ballon über Warminster. Das Foto stammt von der Forschergruppe PROBE, die mit einem Experiment zu beweisen versuchte, daß es sich bei einer angeblichen UFO-Sichtung in Wirklichkeit um einen Ballon gehandelt hatte.

Was wird verschleiert?

Die US-Regierung hat lange Zeit jedes Interesse an UFOs geleugnet, andererseits jedoch Tausende von Unterlagen über UFO-Beobachtungen in Form einer geheimen Liste gesammelt. Als UFO-Forscher diese Praktiken feststellten, enthüllten sie auch sehr sonderbare Versuche des CIA, die Öffentlichkeit irrezuführen.

Schon lange behaupten Ufologen, daß Regierungen verschiedener Länder mehr über UFO-Phänomene wissen, als sie offiziell eingestehen. Ein Grund für diese Annahme ist die Tatsache, daß die Behörden auf Meldungen von UFO-Beobachtungen unweigerlich die gleiche skeptische Reaktion zeigen: Selbst hervorragend dokumentierte Fälle werden sofort lautstark als „Wetterballons" oder „Fehlinterpretationen der Venus unter ungewöhnlichen Beobachtungsbedingungen" abgetan. Weiter

Ein unidentifiziertes Flugobjekt über der Wüste bei Phönix im amerikanischen Bundesstaat Arizona am 12. September 1972. Nach eingehender Computeranalyse wurde das Foto von der Ground Saucer Watch für echt erklärt. Trotz solcher Beweise bestreiten Geheimdienstorganisationen wie der CIA (dessen offizielles Emblem links oben zu sehen ist) weiterhin die Existenz von UFOs.

gründet sich der Verdacht der Ufologen auf die Tatsache, daß UFOs immer wieder ein besonderes Interesse für militärische Anlagen zeigen. Es ist durchaus möglich, daß es sich zumindestens in einigen Fällen bei den rätselhaften Besuchern aus dem All in Wahrheit um recht irdische Spione gehandelt hat, und es ist sicher nicht auszuschließen, daß solche undurchsichtigen Vorfälle in Wahrheit der Tarnung von Geheimoperationen dienen.

Unterlagen, die die *Ground Saucer Watch* (GSW) unter Berufung auf das Informationsfreigabegesetz von der US-Regierung forderte, bestätigen, daß in der Tat vieles verschleiert wurde und zwar bereits seit Beginn der modernen UFO-Ära Ende der vierziger Jahre. Aus diesem Material geht hervor, daß die US-

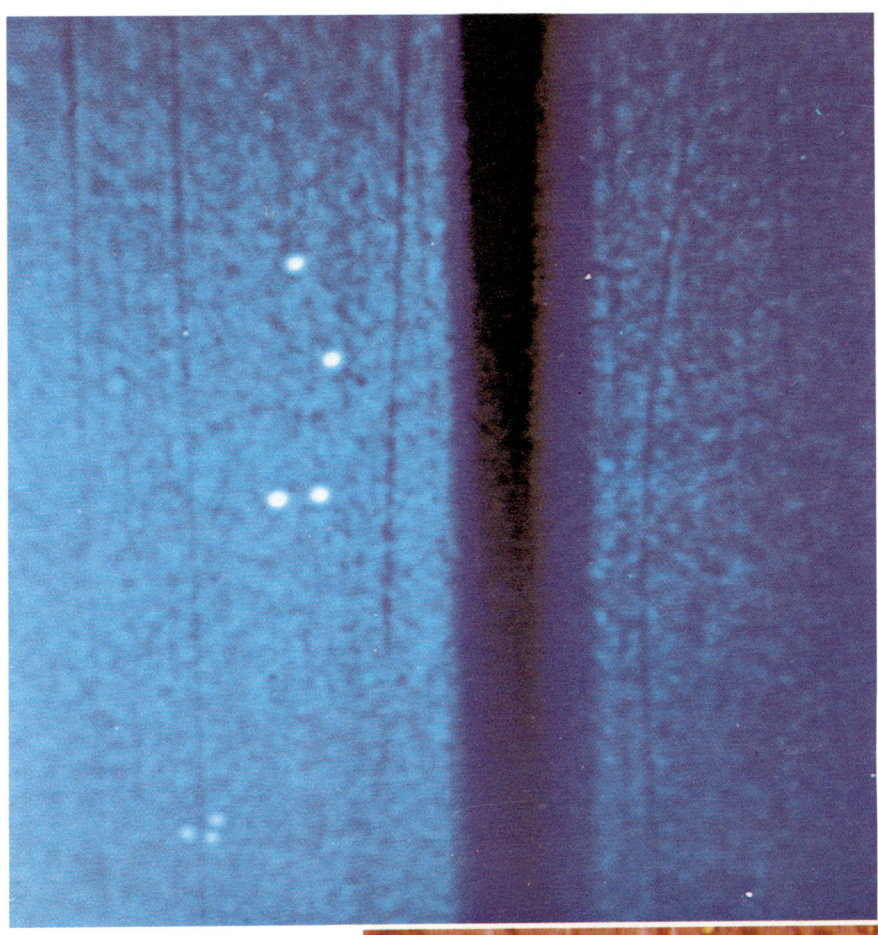

handelt. Unbeirrbare Skeptiker meinen, daß sogar alle „UFOs" identifiziert werden könnten, wenn nur genügend präzise Daten vorlägen. Was soll ein Laie dazu noch sagen?

Diese Irreführungskampagne ist auch deshalb so erfolgreich, weil immer wieder prominente Führungspersönlichkeiten aus den Reihen des Militärs oder der Regierung öffentlich gegen die Existenz von UFOs sprechen. Die wenigen Ufologen, die dieses Manöver durchschauen, können leicht als Wichtigtuer oder Betrüger diskriminiert werden. Die offizielle Version lautet, daß es nichts zu erforschen gibt, da die staatlichen Stellen bereits über alles Bescheid wüßten, was sich am Himmel tut.

Vielleicht beruht der Erfolg dieser Verschleierungstaktik aber auch vor allem darauf, daß niemand beweisen kann, daß die Regierung der Öffentlichkeit gegenüber nicht ehrlich ist.

Wenn es tatsächlich stimmt, daß die Behörden mehr wissen, warum haben nicht längst mehr ehemalige Regierungsbeamte den Mund aufgemacht? Nur wenige Mutige haben den Versuch unternommen, die Tatsachen zu enthüllen.

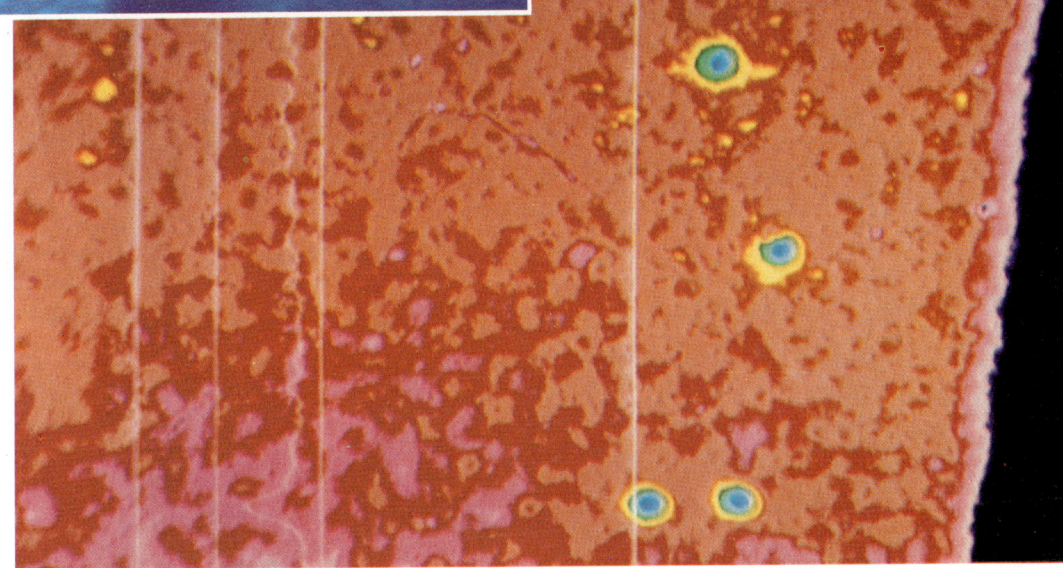

Eine Aufnahme aus dem von Delbert C. Newhouse am 2. Juli 1952 7 Meilen nördlich von Tremonton im Bundesstaat Utah gedrehten Film. Newhouse sah „metallische Objekte in der Form zweier aufeinandergestülpter Untertassen" über dem östlichen Horizont. Nur wenige Bilder wurden für die Öffentlichkeit freigegeben, der größte Teil des Films befindet sich noch immer in den Händen des CIA. Die verfügbaren Aufnahmen wurden von der Ground Saucer Watch *einer ganzen Reihe von Analysetechniken unterzogen, darunter auch Farbkontrasttests (rechts), die ergaben, daß es sich tatsächlich um Gegenstände aus einem festen Material handelte, aber keineswegs um Vögel oder Flugzeuge. Beim Computervergleich mit Aufnahmen solcher bekannten Objekte (nächste Seite Mitte: ein Vogel; nächste Seite unten: ein Flugzeug) ergaben sich deutliche Unterschiede in Form, Reflexionseigenschaften und Dichte. Die GSW kam zu dem Schluß, daß es sich bei dem auf dem Film festgehaltenen Objekt um einen Flugkörper von etwa 15 Metern im Durchmesser, in 8 bis 11 Kilometern Entfernung handelte.*

Regierung bemüht ist, der Öffentlichkeit eine bestimmte Einstellung gegenüber UFOs aufrechtzuerhalten.

Diese skeptische Haltung wird auf vielerlei Wegen erzeugt. Es ist leicht, mehr oder minder plausible Erklärungen für UFO-Beobachtungen anzubieten: helle Sterne, ungewöhnliche atmosphärische Bedingungen, Meteoriten, Flugzeuge und so weiter. Mit solchen Interpretationen wird man meist auf Zustimmung stoßen, weil es sich in 95 % aller Fälle vermeintlicher UFO-Beobachtungen tatsächlich um Fehldeutungen bekannter Flugobjekte

Im Laufe der Jahre hat die GSW zahlreiche Hinweise auf direkte oder indirekte Verschleierungsversuche gesammelt. Fotografien verschwanden, Spuren am Boden wurden vernichtet, Augenzeugen berichteten, daß Offiziere oder Geheimdienstler bei ihnen erschienen sind und sie zum Schweigen zu bringen versuchten. Und so scheiterte manche Untersuchung daran, daß wichtiges Beweismaterial fehlte und stichhaltige Schlußfolgerungen nicht mehr möglich waren.

Vor allem den hartnäckigen Bemühungen des wissenschaftlichen Leiters der GSW, Todd

Zechel (selbst ehemaliges Mitglied des Geheimdienstes), ist es zu danken, daß man beschloß, dieses Problem offensiv anzugehen und sich direkt an die Regierung zu wenden. Zunächst befragte man die US-Luftwaffe. Natürlich kam dabei nicht viel heraus. Typische Antworten waren etwa, daß diese Phänomene keine Hinweise auf eine fortgeschrittene Technologie erkennen ließen, die über unsere derzeitigen Möglichkeiten hinausginge und „… keinerlei unmittelbare Bedrohung für die Vereinigten Staaten darstellen", sowie daß „nichts darauf hindeutet, daß es sich bei den als ‚unbekannt' klassifizierten beobachteten Objekten um außerirdische Flugobjekte handelt". Nächster Gesprächspartner war der CIA, die Organisation, die mit größter Wahrscheinlichkeit an der Unterdrückung von UFO-Material beteiligt ist. Seine Antwort vom 26. März 1976:

„… Gegen Ende 1952 betraute der Nationale Sicherheitsrat den CIA mit der Aufgabe, festzustellen, ob die Existenz von UFOs die Sicherheit der Vereinigten Staaten gefährden könnte. Der wissenschaftliche Nachrichtendienst setzte daraufhin einen beratenden Ausschuß ein, der dieser Frage nachgehen sollte.

Oben:
Der Forschungsleiter der Ground Saucer Watch *Todd Zechel (links) und der Direktor der Organisation William H. Spaulding (rechts) bei einer Diskussion über UFOs.*

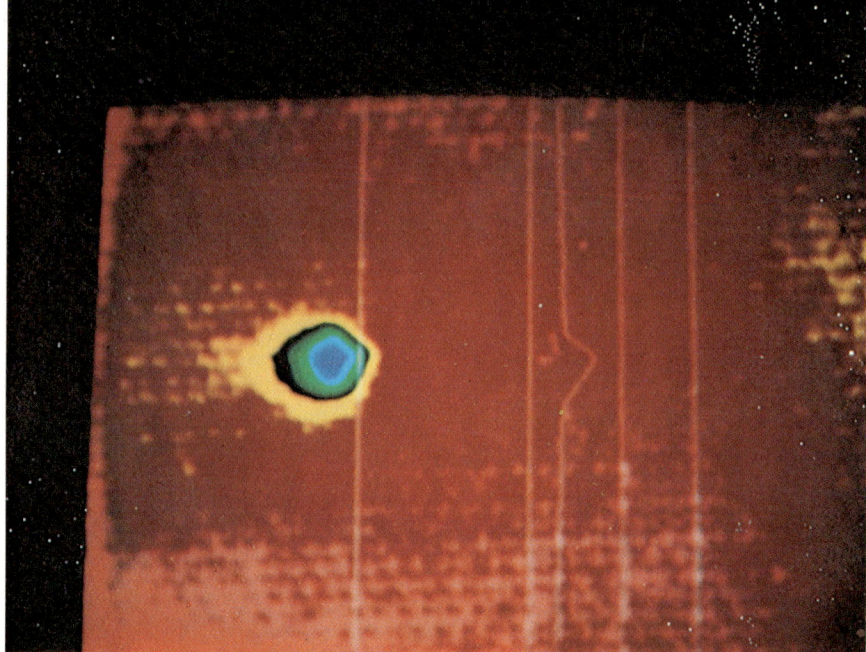

Dieser Ausschuß sprach schließlich die im *Robertson Panel Report* niedergelegten Empfehlungen aus. Zu keiner Zeit, weder vor der Bildung dieses Ausschusses des *Robertson Panels,* noch nach der Veröffentlichung des Berichts im Januar 1953, war der CIA an der Erforschung von UFO-Phänomenen beteiligt. Der *Robertson Panel Report* stellt die Zusammenfassung der gesamten Beschäftigung des CIA mit dieser Angelegenheit und seiner Beteiligung an ihrer Klärung dar."

Die Schlußfolgerungen, zu denen dieser Ausschuß – nach intensiver Anhörung führender Luftfahrtexperten und Astronomen sowie

mehrerer CIA-Angehöriger – gelangte, waren simpel. Weder in militärischer noch in wissenschaftlicher Hinsicht bestünde irgendein Anlaß zur Beunruhigung, aber man sei zu dem Ergebnis gekommen – und dies ist besonders aufschlußreich – daß „die ständige lautstarke Verbreitung von Berichten über derartige Phänomene in diesen unsicheren Zeiten allerdings eine Bedrohung für das ordnungsgemäße Funktionieren der den politischen Prozeß sichernden Organe darstelle". Die Empfehlungen lagen dennoch ganz auf dieser Linie, es gelte sogenannte UFOs zu entlarven und die Bevölkerung durch Aufklärung in die Lage zu versetzen, solche Phänomene zu identifizieren.

In Wirklichkeit ließ der CIA keineswegs die Angelegenheit 1953 ein für alle mal fallen. Nachforschungen in den Nationalarchiven ergaben, daß viele Berichte aus den Akten verschwunden sind. Als die GSW unter Berufung auf das Informationsfreigabegesetz gezielt weiter nachfragte, wurden einige Unterlagen freigegeben, jedoch in so „gereinigter" Form, daß man Gedankenleser hätte sein müssen, um etwas Konkretes aus ihnen zu entnehmen. Die GSW beschloß daraufhin, den Gerichtsweg zu beschreiten. Nach vierzehn Monaten zäher Bemühungen auf dieser Ebene gab die Regierung am 15. Dezember 1978 fast tausend Seiten Material frei. Dies war ein ganz entscheidender Sieg für die GSW und für die Ufologie überhaupt. Was geht nun aus diesen Dokumenten hervor?

Zum einen belegen sie, daß der CIA auch schon vor der Einsetzung des Robertson-Ausschusses mit UFO-Phänomenen befaßt war, ja sogar selbst den nationalen Sicherheitsrat dazu drängte, die Erforschung dieser Materie zu veranlassen! Zum zweiten geben sie bemerkenswerte Hinweise auf die psychologischen Strategien der staatlichen Behörden. So steht in einem offiziellen Schreiben: „Ein erheblicher Teil unserer Bevölkerung ist psychisch darauf eingestellt, das Unglaubliche für bare Münze zu nehmen. Eben hierin liegt das Potential für die Auslösung von Massenhysterie und Panik." Zum dritten geht es darin um die Ver-

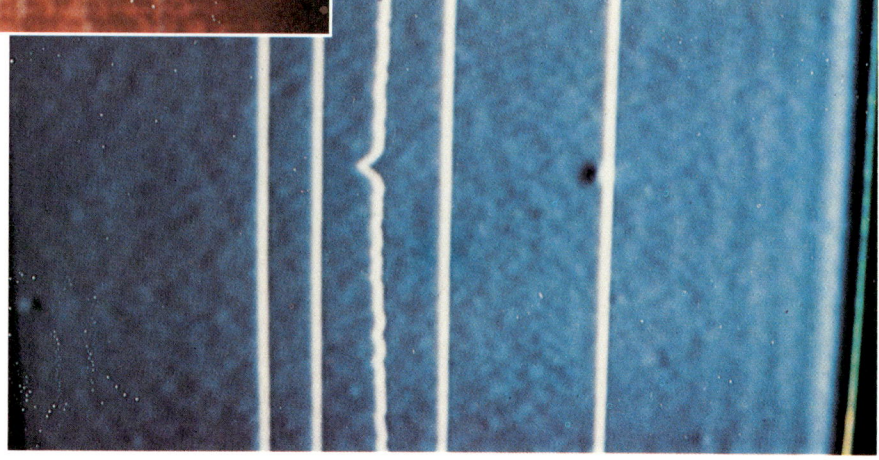

wundbarkeit der amerikanischen Luftabwehr: „Im Falle eines Angriffs ... vermögen wir nicht ... reale Objekte von Phantomen zu unterscheiden ..." Interessant ist in diesem Zusammenhang der Gebrauch des Wortes „Phantom" und in einem anderen Schreiben vom November 1952 erklärt der stellvertretende Direktor für den Nachrichtendienst des CIA ganz unverblümt:

„Beobachtungen nicht identifizierter Objekte in großer Höhe und mit großer Fluggeschwindigkeit in unmittelbarer Nachbarschaft wichtiger amerikanischer Verteidigungsanlagen passen von ihrer Natur her nicht auf natürliche Phänomene oder bekannte Typen von Flugkörpern."

Die letzten Mitarbeiter des von der amerikanischen Luftwaffe eingerichteten Projekts Blue Book zur Untersuchung des UFO-Phänomens. Die 1969 aufgelöste Gruppe steht hier noch unter Leitung von Major Hector Quintanilla (sitzend). Sie war nicht in der Lage, sich sorgfältig mit den Tausenden von UFO-Berichten zu beschäftigen, die jährlich bei ihnen eingingen. Wollte die Air Force die UFO-Frage einfach „unter den Teppich kehren"? Wahrscheinlicher ist jedoch, daß die eigentliche Forschung insgeheim vom CIA durchgeführt wurde und Blue Book nur als Aushängeschild diente.

Das UFO, die Marine und der CIA

Zu den seltsamsten Ereignissen im Zusammenhang mit UFOs gehört der Fall des amerikanischen Marinesoldaten Ralph Mayher (oben) aus dem Jahr 1952. Merkwürdig war dabei weniger das Beobachtungserlebnis selbst, sondern vielmehr das, was sich daran anschloß.

Am 28. Juli 1952 erfuhr Ralph Mayher, daß das Ehepaar Goldstein eine Fliegende Untertasse in der Nähe seines Hauses beobachtet hatte. Als erfahrener Amateurfotograf lieh sich Mayher eine Spezialkamera, mit der er am nächsten Tag die Goldsteins aufsuchte. Er meinte, daß Fliegende Unter-

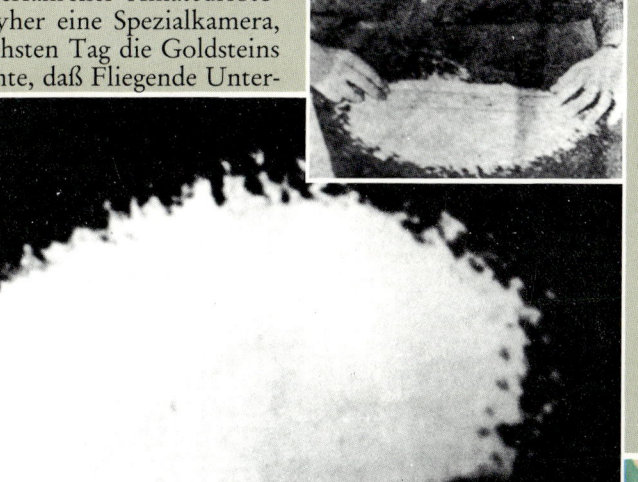

tassen manchmal in mehreren aufeinanderfolgenden Nächten erscheinen würden. Am Abend des 29. Juli um 21.30 Uhr sahen Mayher wie auch die Goldsteins und deren Nachbar, Herman Stern, ein Objekt, das etwa 3 Minuten lang über dem Ozean erkennbar war. Mayher konnte nur etwa 40 Aufnahmen machen, da ihm Bäume und Häuser den Blick versperrten. Das UFO flog waagerecht auf die Augenzeugen zu, um dann „zu wenden" und davonzuschießen.

Mayher ließ den Film sofort entwickeln und reichte mit Einverständnis seines Commanders einen Teil der Abzüge an die Presse von Miami weiter, danach gab er noch ein Radiointerview. 48 Stunden später erschienen UFO-Experten der US-Luftwaffe am Ort des Geschehens, um den Mantel des Schweigens über die Angelegenheit zu breiten. Mayher erhielt auch Besuch von mehreren CIA-Beamten, die ihm nahelegten, über den Vorfall zu schweigen. Auf Nachfragen erfuhr Mayher, daß nach Ansicht der Luftwaffe die „stecknadelkopfgroßen Lichter" (sic) zu klein seien, als daß man sie richtig analysieren könne. Den Film bekam er jedoch nie zurück.

Das merkwürdigste an der ganzen Geschichte ist wohl der Umstand, daß renommierte Ufologen wie Major Donald Keyhoe nie etwas von dem Film erfuhren, während der als UFO-„Entlarver" bekannte Dr. Donald Menzel sofort eingeschaltet wurde. Er gab die fast schon surreal anmutende Erklärung ab, es handle sich um ein Spinnennetz. Die Computeranalysen der GSW (unten) deuteten jedoch darauf hin, daß es sich um einen festen Gegenstand von etwa 15 Metern Durchmesser und einer Fluggeschwindigkeit von 4000 km/h handelte.

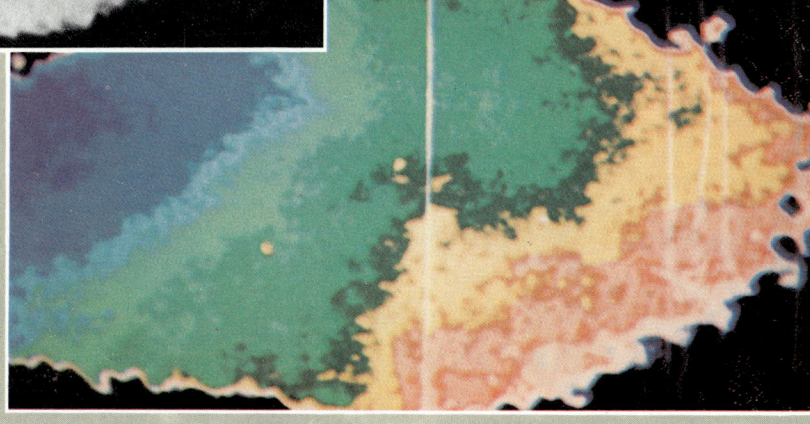

Im Licht dieser Enthüllungen nimmt es nicht Wunder, wenn Edward Tauss, ebenfalls ein hoher Beamter des wissenschaftlichen Nachrichtendienstes, im August 1952 empfiehlt, daß der CIA sich „weiterhin" (nicht „von jetzt an") mit der Materie befassen möge und hinzusetzt:

„Es ist jedoch dringend darauf zu achten, daß keinerlei Hinweise auf das Engagement des CIA in dieser Angelegenheit an die Presse oder die Öffentlichkeit gelangen, da zu vermuten ist, daß letztere dazu neigen wird, ein solches Interesse unsererseits als ‚Bestätigung' dafür zu nehmen, daß sich ‚unveröffentlichte Fakten in den Händen der US-Regierung befinden'."

Es steht also eindeutig fest, daß die Regierung – oder doch zumindest der CIA – von der Echtheit der UFO-Phänomene überzeugt und deshalb durchaus beunruhigt war, gleichzeitig aber entschlossen darauf hinwirkte, alle Erkenntnisse in diesem Zusammenhang geheimzuhalten.

Aufschlußreich ist die Reaktion des CIA auf den vom amerikanischen Marineoffizier Delbert C. Newhouse 1952 gedrehten Film, der dem Robertson-Ausschuß vorgeführt wurde.

Man hatte schon mehrfach versucht, diesen Streifen als Täuschung zu entlarven. Nach Aussage Newhouses zeigt er mehrere, sich mit enormer Geschwindigkeit bewegende ungewöhnliche Flugobjekte aus etwa 16 Kilometern Entfernung. Erhärtet wurden diese Angaben durch von der GSW durchgeführte Computeranalysen der Aufnahmen sowie durch Untersuchungen eines Fotolabors der US-Airforce. Auch zuständige Experten der US-Marine fanden nach insgesamt über eintausendstündiger Analysen des Films keine Erklärung für die abgebildeten Objekte, sondern meinten, es handle sich offenbar um „selbstleuchtende Kugeln" mit einer Geschwindigkeit von bis zu 12096 km/h. Der Robertson-Ausschuß diskutierte zwei Stunden lang, dann wurde ein weiterer Film vorgeführt, auf dem Möwen zu sehen waren, die helles Sonnenlicht reflektierten. Prompt vermerkte der Ausschuß, man neige „stark zu der Ansicht, daß es sich bei den abgebildeten Objekten um Vögel handle".

Wer veranlaßte die Vorführung des Möwenfilms? Der manipulationserfahrene CIA? In der Folge schaltete sich jedenfalls der CIA in die Untersuchung von UFO-Filmmaterial ein. Der wissenschaftliche Leiter der GSW, Todd Zechel, kommentierte: „... Der CIA hielt keineswegs, wie verbreitet wurde, die Analysen des Newhouse-Films für falsch, sondern war im Gegenteil von diesen Aufnahmen so beeindruckt, daß er sich unverzüglich selbst der Angelegenheit annahm."

Die Manipulationen gehen noch weiter

Das Material, in dessen Besitz sich die GSW setzen konnte, stützt in vielfacher Hinsicht den Verdacht, daß der CIA sich auch weiter-

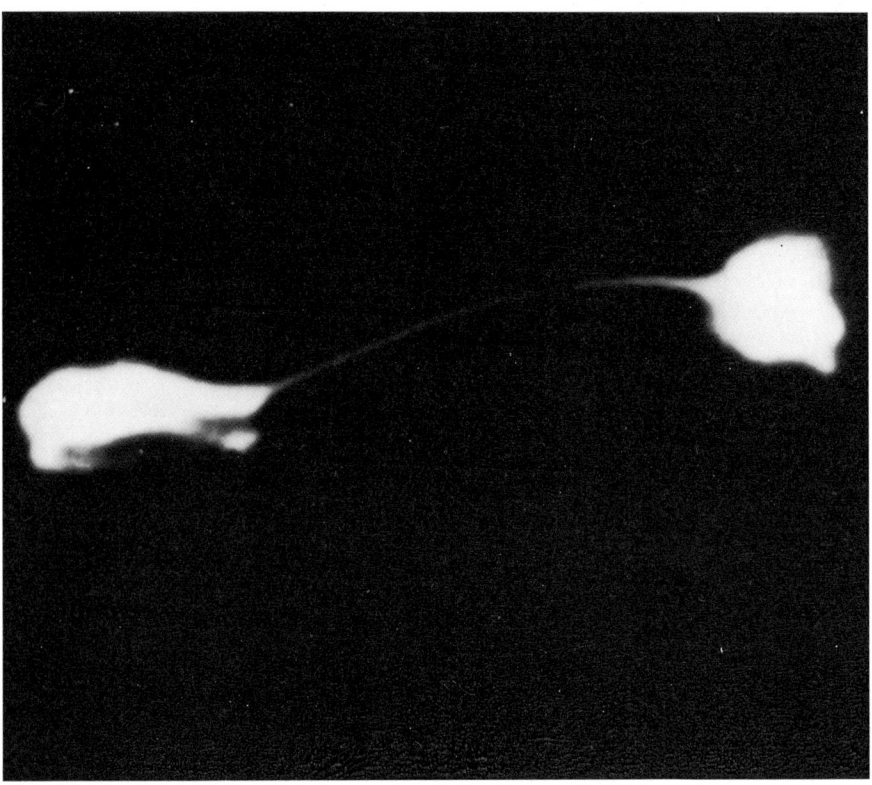

Eine unerklärliche sich bewegende Lichterscheinung über Ibiza im Mai 1974, die kurze Zeit stillstand, dann rasch in große Höhe aufstieg und darauf verschwand. Der CIA hat in der ganzen Welt UFO-Berichte gesammelt. Trotz der offiziellen Behauptung, der Geheimdienst habe 1953 die UFO-Nachforschungen fallengelassen, belegen doch die in Besitz der Ground Saucer Watch gelangten Dokumente aus den CIA-Archiven, daß noch 1976 detaillierte Beobachtungen zu den Akten genommen wurden.

hin mit UFO-Phänomenen befaßt hat. Bei den Unterlagen befinden sich zahlreiche Berichte über UFO-Beobachtungen, die von US-Botschaften im Ausland pflichtgemäß zu den Akten genommen wurden: darunter allein 15 Fälle in Spanien innerhalb eines Zeitraums von neun Monaten in den Jahren 1973 und 1974, ein Fall aus Portugal, mehrere Protokolle aus Tunesien aus dem Jahr 1976, die sich auf Augenzeugen, Radarmessungen und sogar Polizeiberichte stützen konnten. „Ein überaus besorgter hoher militärischer Sicherheitsbeamter, der General Balma", wollte wissen, ob die 6. US-Flotte „in irgendeiner Weise dazu beitragen könne, zu klären, um wen oder was es sich dabei handelt". Nicht genug damit, daß diese – und unzählige weitere – Fälle noch im Jahr 1976 festgehalten wurden, also sieben Jahre, nachdem die US-Regierung angeblich als Reaktion auf den *Condon Report* von der ganzen UFO-Thematik Abstand genommen hatte. Die Botschaften sandten alle diese Beobachtungsberichte an den CIA – und überdies auch noch an andere staatliche Stellen, wie etwa den Sicherheitsrat und das Verteidigungsministerium.

Natürlich liegt es durchaus im Interesse der Regierung, sich den Anschein zu geben, als vermöge sie dieses Objekt am Himmel zu identifizieren: Das ist wichtig für die Sicherheit des westlichen Bündnisses. Das Material beweist jedoch, daß die staatlichen Verschleierungspraktiken sich nicht nur darauf beschränken, Unruhe und Angst unter der Bevölkerung zu verhindern, sondern daß die UFO-Debatte, während sie auf der einen Seite heruntergespielt, auf der anderen Seite angeheizt wird.

Gezielt gestiftete Verwirrung

Die Ufologie befindet sich seit Jahrzehnten in einem kritischen Zustand, weil sie sich um die Klärung eines Phänomens bemüht, für das es nur sehr spärliches Material gibt. Woran liegt das? Dokumente und Zeugen wurden von geheimen staatlichen Organen manipuliert.

Um besser verstehen zu können, wie es dem CIA gelingen konnte, die Ergebnisse der UFO-Forschung jahrelang für seine Manipulationszwecke zu mißbrauchen, ist es notwendig, den Zustand der Ufologie zu kennen.

Die auszuwertende Information basiert gewöhnlich auf (meist nicht weiter abgesicherten) Augenzeugenaussagen. Ufologen bezeichnen solche Berichte oft schon als „authentisch", wenn sie ein paar Recherchen angestellt haben, die in nicht viel mehr als aus Gesprächen mit den Beteiligten bestanden. An der Fähigkeit von Augenzeugen, ungewöhnliche Flugobjekte „zu identifizieren", muß grundsätzlich gezweifelt werden: Man denke nur an die vielen kuppelförmigen, sich um die eigene Achse drehende untertassenähnlichen „UFOs", die nach Aussagen zahlreicher, grundsätzlich zuverlässiger Personen un-

Das Goodyear-Luftschiff trägt seine Werbebotschaft in die Welt. Könnte es aus einem bestimmten Blickwinkel für ein UFO gehalten werden? Am 19. April 1978 berichteten Mr. und Mrs. S. aus Aurora in Illinois von einem hell erleuchteten untertassenförmigen Flugkörper „so groß wie ein Fußballplatz", der auch noch von vielen anderen Augenzeugen gesichtet worden war. Von „wirbelnden Lichtern umgeben", folgte es dem Auto des Ehepaares und verursachte angeblich Stromausfälle in der Gegend. Allan Hendry, damals im Dienste des UFO-Forschungszentrums tätig, identifizierte die „Fliegende Untertasse" jedoch als Werbeflugzeug der Ad Airlines.

gewöhnliche Manöver ausführen und durch seltsame Lichterkonstellationen auffallen – und die sich dann schließlich als Reklameflugzeuge entpuppen. Mangel an Zeit, Geld und effektiven Forschungstechniken sind wichtige Ursachen für das hohe Maß an „Pfusch" in der Ufologie.

Wenn sich auch die meisten „UFOs" identifizieren lassen, bleibt doch ein Rest von offenbar echten Fällen, deren wissenschaftliche Erforschung schwierig ist, weil es kaum exakte Daten gibt, die man analysieren könnte. Immerhin scheint festzustehen, daß es sich nicht um Besuche aus dem All handelt. Die Gesetze der Wahrscheinlichkeit sprechen einfach dagegen. Denkbar wäre ihre irdische Herkunft.

Dennoch bewirkten die Tatsachen, daß bei all den offiziellen Untersuchungen durch spezielle Kommissionen nichts herauskam und die Regierung auf Nachfragen immer nur abblockte, daß viele zivile Forscher zu der Überzeugung gelangten, es sei eine breit angelegte Kampagne seitens der offiziellen Stellen im Gange, um Material über Besuche aus dem Weltraum zu vertuschen. In den vierziger Jahren häuften sich Gerüchte über abgestürzte Untertassen und tote außerirdische Wesen. In den siebziger Jahren gab es eine Flut von Berichten über direkte Kontakte mit den Außerirdischen und sogar Entführungen. Weiter sickerten Informationen von militärischen und nachrichtendienstlichen Quellen zu den Ufo-

logen durch. Wie läßt sich dieses merkwürdige Verhalten erklären?

Es besteht der Verdacht, daß der CIA die, entgegen seinen eigenen Aussagen, in aller Welt gesammelten Informationen über UFOs nicht nur vertuschte, sondern auch das Gerücht schürte, daß die Regierung mehr wisse, als sie zugeben wolle. Diese Taktik sollte die Aufmerksamkeit der Ufologen von den tatsächlichen Handlungen der Regierung ablenken und Verwirrung stiften.

Im Schutze dieser Vernebelungstaktik kann der CIA seine eigenen zwielichtigen Experimente durchführen, deren wahre Natur auch deshalb nicht so leicht zu durchschauen ist, weil sie für den Beobachter auch nicht mysteriöser erscheinen als die übrigen UFO-Phänomene.

Hinweise darauf, was den CIA an der UFO-Frage wirklich interessierte, finden sich immer wieder in den von der GSW sichergestellten Dokumenten. Zunächst einmal ging es dem Geheimdienst offenbar um die psychologischen Aspekte des Phänomens der Fliegenden Untertassen. So steht in einem Memorandum aus dem Jahr 1952:

„Obgleich aus der ganzen Welt Berichte über UFO-Beobachtungen vorliegen, ergab sich doch, daß bis zum Zeitpunkt dieser Untersuchung in der sowjetischen Presse keine Meldung und kein Kommentar über Fliegende

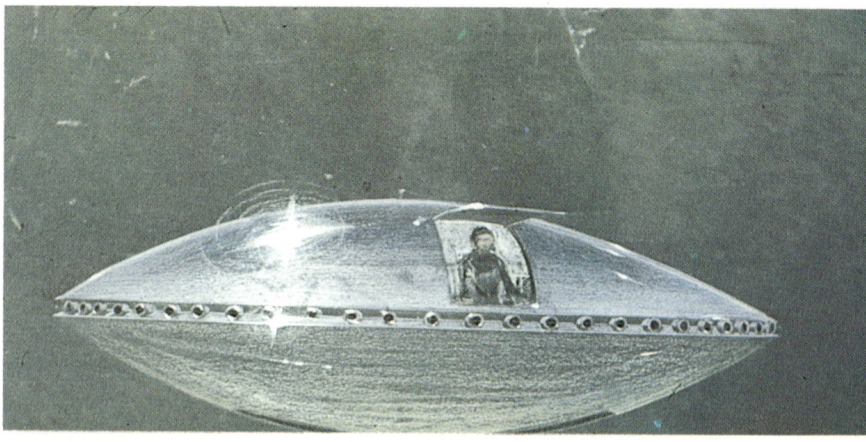

Ganz oben:
Nachzeichnung eines „Raumschiffes", das von Joe Simonton im Jahre 1961 gesichtet wurde. Einer der Insassen gab ihm angeblich einen Pfannkuchen (oben). Handelte es sich hier um eine Inszenierung durch eine staatliche Dienststelle? Inwieweit steckt die amerikanische Regierung selbst hinter Gerüchten über „gefangengenommene Außerirdische"? Das Bild (links) zeigt mit großer Wahrscheinlichkeit einen bei Raketentests eingesetzten Affen und nicht (wie behauptet) einen Besucher aus dem Weltall.

Untertassen zu finden war. Da es sich um eine staatlich kontrollierte Presse handelt, konnte dies nur Ergebnis einer offiziellen politischen Entscheidung sein. Es erhebt sich also die Frage, ob solche Beobachtungen sich erstens kontrollieren, zweitens voraussagen und drittens zu Zwecken der psychologischen Kriegsführung, sei sie defensiver oder offensiver Art, einsetzen lassen ... Ein erheblicher Anteil unserer Bevölkerung ist psychisch darauf eingestellt, das Unglaubliche für bare Münze zu nehmen."

Aus dem Material der GSW geht hervor, daß der CIA zur Zeit des *Robertson Panel Reports* selbst davon überzeugt war, daß es sich bei den UFOs um außerirdische Flugobjekte handelte. Während man auf Beweise dafür wartete, wurde eine Enthüllungskampagne eingeleitet, um jede mögliche Massenhysterie zu zerstreuen. Man erwartete, daß auf diese Weise die UFOs, wie jede andere Modeerscheinung, schnell aus dem öffentlichen Bewußtsein verschwinden würden.

An irgendeinem Punkt merkte der Geheimdienst dann jedoch, daß er sich das UFO-Phänomen selber für Experimente zur psychologischen Kriegsführung zunutze machen konnte. Wenn diese Erscheinung schon kein Mittel der Sowjets zur Manipulation der amerikanischen Bevölkerung war, so gab es doch

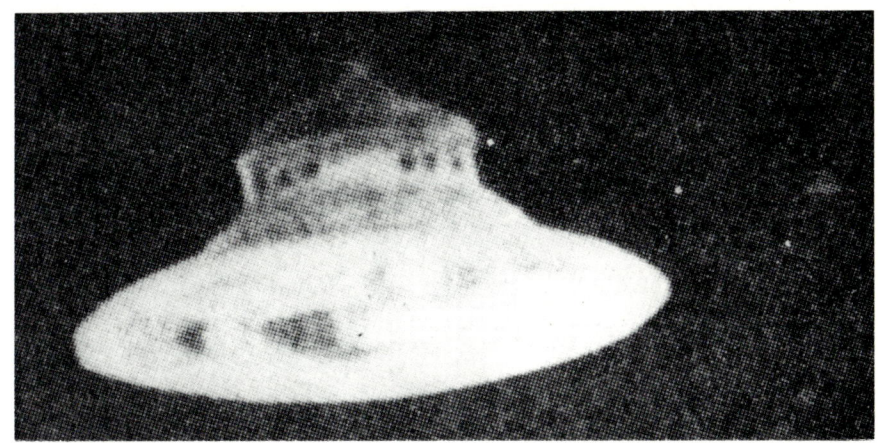

Diese Strategie war leicht zu verfolgen, indem man den Ufologen falsche Informationen zuspielte und gleichzeitig von der Presse zweifelhaftes UFO-Material hochspielen ließ. Sie erforderte nicht einmal den Einsatz großer Mittel, da man ja nur einige wenige, die nichtidentifizierten Objekte, einbeziehen mußte.

Für die Verbreitung würden die begeisterten Ufologen sorgen, und manch einer würde prompt mit falschen UFO-Beobachtungen reagieren. Ähnliche Manipulationen konnte man auch dazu benutzen, mögliche Zwischenfälle beim Einsatz militärischer Flugkörper oder deren illegale Erprobung zu vertuschen,

keinen Grund, sich nicht selbst ihrer zu bedienen. Die Strategie hatte viele Vorteile: Das Militär konnte in aller Ruhe seine geheimen Luftoperationen weiterführen, da jeder eventuelle Zeuge im Netz der Vertuschungspraktiken des CIA und seiner öffentlichen Enttarnungsmanöver hängenbleiben würde. Darüber hinaus würde der CIA feststellen können, wie weit eine Manipulation der öffentlichen Meinung möglich war, wie einzelne Menschen auf seltsame Vorkommnisse reagieren würden, auf welchem Wege sich solche Informationen verbreiteten und welche Reaktionen sie auslösten.

Das „Raumschiff" (oben), das Howard Menger (im Bild rechts) fotografierte. Es ähnelt verdächtig dem von Adamski beobachteten Objekt, und seine Besatzung verbreitete ähnlich banale „Weisheiten". Wer jagte hier wen ins Boxhorn?

Anonymität wird gewahrt

Bei einer UFO-Konferenz in Forth Smith/ Arkansas im Jahr 1974 erklärte die APRO, daß sie sich künftig nur mit direkten Kontaktaufnahmen oder Entführungen durch UFO-Insassen beschäftigen würde. Es ist unklar, ob diese Entscheidung darauf beruhte, daß die Forscher der vielen anderen Fälle überdrüssig geworden waren, oder ob sie hofften, auf diese Weise mehr Publizität zu erlangen. Einige der von der APRO untersuchten Vorkommnisse sind überaus zweifelhaft – die angebliche Walton-Entführung ist dafür nur ein Beispiel. Hier ein weiteres:

Im Februar 1981 gab die APRO einen anonymen Brief an die *Ground Saucer Watch* weiter, der angeblich von einem US-Piloten stammte. Darin war die Rede von einer UFO-Landung bei der Luftwaffenbasis Kirtland in Neumexiko. Ein mit einem metallischen Anzug bekleidetes Wesen hätte den Flugkörper verlassen und wäre nach kurzer Zeit eingestiegen und davongeflogen. Ein Angehöriger der zivilen Luftüberwachung, namens Craig R. Weitzel, hätte angeblich die Landung fotografiert. Später sei er von Männern in Schwarz besucht worden. Von dieser Begegnung habe Weitzel der Sicherheitspolizei der

Coral Lorenzen, Gründerin der APRO, konzentriert sich auf die Untersuchung von Fällen direkter Kontaktaufnahme und Entführung durch UFO-Insassen. Sie kommt zu dem Ergebnis, daß „eine sorgfältige methodische und gründliche Erforschung der Erde und ihrer Bewohner im Gange ist".

Luftwaffe Mitteilung gemacht, die die zuständige Stelle des Stützpunktes in Kirtland informiert habe. Dort habe sich ein Mr. Dody der Angelegenheit angenommen, um dann jedoch, wie der Briefschreiber behauptete, später jedes Wissen um den Vorfall zu bestreiten. Der Absender behauptete ferner, der Befehlshaber seiner Einheit, Colonel Bruce Purvine, habe zugegeben, die zuständigen Stellen des Stützpunktes Kirtland hätten unter strengster Geheimhaltung noch weitere Vorfälle untersucht. Es sei auch die Rede von abgestürzten Fliegenden Untertassen gewesen, von denen die Luftwaffe angeblich einige Exemplare auf dem zum Stützpunkt Kirtland gehörigen Sandia Areal in Gewahrsam halte.

Die GSW tat ihr möglichstes, um dieser Information nachzugehen. Dabei ergab sich, daß das erwähnte Sandia Areal ebenso existierte wie der erwähnte Mr. Dody. Colonel Purvine äußerte sein Erstaunen darüber, daß ihm unterstellt wurde, er spreche mit einfachen Soldaten über geheime Angelegenheiten. Er stritt rundweg ab, sich überhaupt über UFOs geäußert zu haben. Außerdem wies er darauf hin, daß die militärische Bezeichnung seiner Funktion innerhalb der Luftwaffe von dem Briefschreiber falsch wiedergegeben worden sei.

Wer hatte die APRO auf diese Spur gesetzt?

generell jedoch die öffentliche Aufmerksamkeit von politischen Fehlschlägen zu lenken.

Die Unterlagen der GSW beweisen, daß viele maßgebliche Mitglieder der offiziellen Untersuchungskomitees für UFO-Phänomene ehemalige CIA-Leute waren. Außerdem gibt es Hinweise darauf, daß Generso Pope, der Herausgeber des *National Enquirer*, ebenfalls ein Ex-CIA-Mitarbeiter ist und immer noch mit der Propagandaabteilung des Geheimdienstes in Verbindung steht. Eben der *National Enquirer* war es jedoch, der die größten Beträge für die sensationellsten UFO-Storys auf den Tisch legte und so entscheidend an der öffentlichen Meinungsbildung zu diesem Thema mitgewirkt hat.

Aufschlußreich ist es auch, daß gewisse UFO-Storys immer wieder neu aufleben: So finden sich die Geschichten über abgestürzte „Fliegende Untertassen", die in den vierziger Jahren populär waren, in den achtziger Jahren

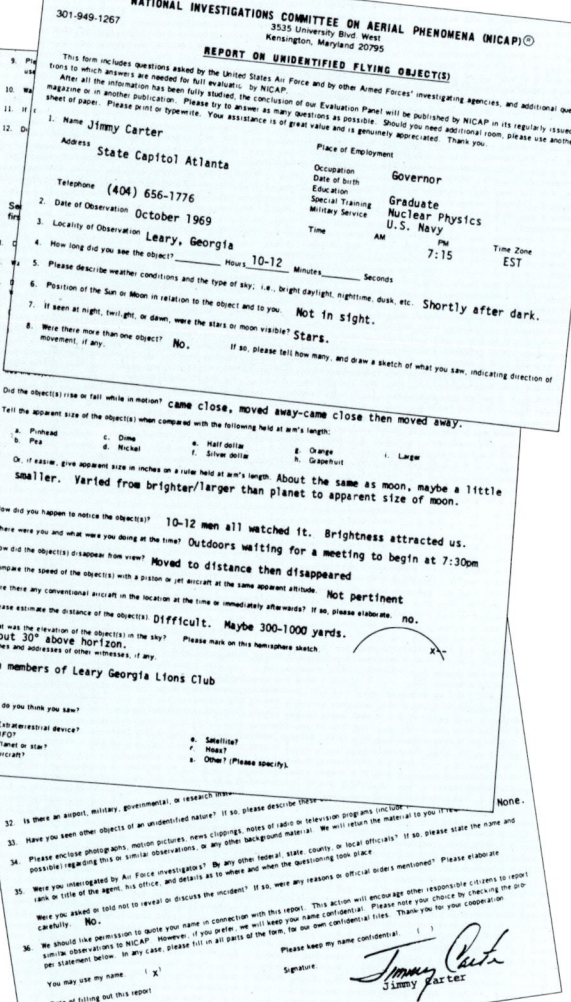

wieder, während die Vorliebe der fünfziger Jahre für direkte Kontaktaufnahme der Außerirdischen mit Erdbewohnern in den siebziger Jahren eine Renaissance erfährt. Um welche Form von Manipulation könnte es sich im Zusammenhang mit solchen direkten Begegnungen handeln? Wie oft schon haben überraschte Forscher in aller Ernsthaftigkeit gesagt, daß die Erlebnisse der Augenzeugen trotz des völligen Fehlens von stützenden Beweisen „in deren Köpfen eindeutig Realität sind".

Ganz oben:
Angebliche Spuren einer UFO-Landung in der Nähe von Tully in dem australischen Bundesland Queensland aus dem Jahr 1966: Greifbare Indizien wie diese sind selten und werden leider kaum von qualifizierten Wissenschaftlern untersucht. Im Rahmen ihrer Arbeit, die Wahrheit über UFOs herauszufinden, wandte sich die GSW an den damaligen Präsidenten Jimmy Carter (oben), der nicht nur während seines Wahlkampfes erklärt hatte, diesem Rätsel auf den Grund zu gehen, sondern auch eine eigene UFO-Beobachtung zu Protokoll gab (links). Aber die NASA lehnte Carters Ersuchen um eine erneute Prüfung der vorhandenen Materialien zum UFO-Phänomen ab. Der Präsident selbst war nicht in der Lage, die GSW in ihrer gerichtlichen Auseinandersetzung mit dem CIA zu unterstützen. Dazu der Kommentar der GSW: „Die Gäste im Weißen Haus kommen und gehen alle vier bis acht Jahre, aber der CIA bleibt für immer bestehen."

Hat die Regierung die Hände im Spiel?

Steckt hinter den rätselhaften UFO-Phänomenen in Wahrheit eine Manipulation staatlicher Behörden? Aus den auf Betreiben der Ground Saucer Watch freigegebenen Dokumenten ergeben sich Hinweise darauf, welche Motive CIA und Militär der Vereinigten Staaten bewegen könnten, solche breit angelegten Täuschungsmanöver zu inszenieren.

„Ich schlage vor, daß wir bei einer der nächsten Ausschußsitzungen über eventuelle Möglichkeiten diskutieren, diese Phänomene offensiv oder defensiv zu Zwecken der psychologischen Kriegsführung einzusetzen."

Dieser Satz stammt aus einem geheimen Memorandum zum Thema „Fliegende Untertassen", das Walter B. Smith, der Leiter des CIA, zu Beginn der fünfziger Jahre an den Leiter der Behörde für psychologische Kriegsführung adressierte. Und es spricht vieles dafür, daß der CIA – oder vielleicht auch eine andere Geheimorganisation – später diesen Vorschlag verwirklichte.

So gewagt diese Behauptung klingen mag, gibt es doch mehrere gute Gründe, weshalb die US-Regierung ein Interesse daran haben könnte, den Glauben an UFOs zu bestärken und für bestimmte Zwecke einzusetzen.

Zunächst einmal investieren die Vereinigten Staaten ungeheure Mittel für die Rüstungstechnologie, insbesondere auf dem Sektor der militärischen Flugkörper. Nun stehen dem Militär zwar Tausende von Quadratmetern menschenleerer Wüste und Einöde zur Verfügung, um solche Neuentwicklungen zu testen, aber dennoch ist es gelegentlich notwendig, Erprobungen über größere Räume auszudehnen. Hierbei ist es von großem Nutzen, wenn die Bevölkerung bereit ist, „an UFOs zu glauben".

Als Beispiel kann das Stealth-Flugzeug angeführt werden, einem seit 1966 in der Entwicklung befindlichen Flugzeugtyp, der die Fähigkeit besitzt, sich der Radarortung zu entziehen. Zwar wurde das Projekt 1977 zur Geheimsache erklärt, aber von Boeing freigegebene Bilder zeigen einen kleinen, bizarr geformten Bomber, der wohl am ehesten einem Papierflieger ähnelt und dank dieser ungewöhnlichen Form sicher auch bei Tageslicht leicht für ein UFO gehalten werden kann.

Im Jahr 1975 ortete eine mobile Radareinheit der US-Luftwaffe in Kalifornien ein Objekt, das mit etwa 740 km/h aus Richtung des Luftwaffenstützpunktes Edwards geflogen kam. Nach einem Wendemanöver war es plötzlich vom Radarschirm verschwunden. Man glaubte zunächst, daß es blitzartig auf mehr als 3 200 km/h beschleunigt hätte – ein typisches Verhalten für ein UFO! Tatsächlich handelte es sich jedoch um ein auf dem Test-

Roswell – Ein Fund und seine Folgen

„Die zahlreichen in Umlauf befindlichen Gerüchte über eine Fliegende Untertasse wurden gestern bestätigt, als die nachrichtendienstliche Abteilung des 509. Bombengeschwaders der auf dem Militärflughafen Roswell stationierten Luftwaffeneinheit sich dank der Mithilfe eines Ranchers aus der Gegend und des für Chaves County zuständigen Sheriffs in den Besitz eines scheibenförmigen Flugkörpers setzen konnte."

So lautet der Anfang einer Presseerklärung, die am 8. Juli 1947 von dem Luftwaffenoffizier Walter Haut herausgegeben wurde und die eine Legende begründete. Tatsächlich handelte es sich bei dem Fund um sehr ungewöhnliche Wrackteile – so ungewöhnlich nach Aussage des Majors (später Lieutenant Colonel) Jesse A. Marcel, daß man sie rasch durch Teile eines Wetterballons ersetzte. Auf einer Pressekonferenz wurden sie (links) als Bruchstücke präsentiert, die man in der Wüste von Neumexiko gefunden habe.

Die Behauptung, daß es sich um eine Fliegende Untertasse oder ein anderes außerirdisches Raumschiff gehandelt habe, ist, vorsichtig ausgedrückt, nicht abgesichert und basiert weitgehend auf Berichten aus zweiter Hand. Während es andererseits anscheinend bisher nicht gelungen ist, Mitglieder eines Archäologenteams der Universität von Pennsylvania aufzuspüren, die bei der Bergung der Teile mitwirkten.

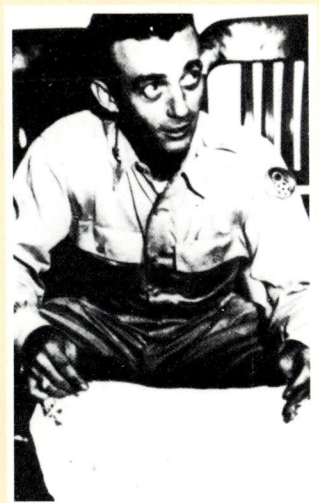

Was aber ist dann über der Wüste nun wirklich abgestürzt? Am 3. Juli 1947, also etwa um den Zeitpunkt des Ereignisses, wurden vom Testgelände White Sands sowohl eine V2-Rakete als auch die (in Amerika) ersten Kunststoffballons gestartet. Von jedem dieser Testobjekte könnten die aufgefundenen Wrackteile gestammt haben – und diese Erklärung würde auch das hastige „Vertuschungsmanöver" plausibel machen, daß auf die von Lieutenant Haut voreilig herausgegebene Presseerklärung folgte. Ebenso würde dadurch verständlich, weshalb das aufgefundene Material als leicht, aber überaus widerstandsfähig und vollkommen neuartig, beschrieben wurde.

Bedeutsam für die Ufologen ist sicher das Eingeständnis der zuständigen Stellen in White Sands, daß etwa sieben Prozent aller gestarteten Flugobjekte verloren gingen, darunter auch schwere taktische Einsatzwaffen wie die Pershing. Eine dieser Raketen stürzte 1967 in Van Horn in Texas 400 km vom Testgelände entfernt ab.

flug befindliches Stealth-Flugzeug, das unmittelbar, nachdem es auf dem Radarschirm erschienen war, auf „Unsichtbarkeit" geschaltet hatte. Offiziell wurde es als „Unbekanntes Flugobjekt" registriert, weil die Erprobung nicht publik werden sollte.

Eine weitere Methode des Geheimdienstes, Nachrichten zu manipulieren, ist das Einschleusen von getarnten Agenten in Ufologenvereinigungen. So wurde das Gerücht am Leben gehalten, daß es sich bei einigen im Juli 1947 in Neu-Mexiko gefundenen geheimnisvollen Wrackteilen um die Überreste einer außerirdischen Fliegenden Untertasse handele – und das nur Tage nachdem vom nahegelegenen Testgelände White Sands die ersten Kunststofforschungsballons gestartet worden waren (siehe Kasten).

Eine noch viel unheimlichere Angelegenheit sind jene scheinbar unerklärlichen Fälle, in denen verstümmelte Tiere aufgefunden und mit angeblich gesichteten UFOs in Zusammenhang gebracht wurden. Wenn man einmal von der Möglichkeit ausgeht, daß die US-Regierung sich tatsächlich „UFOs" für ihre Zwecke nutzbar macht, liegt der Verdacht nahe, daß die sorgfältigen „Operationen" an diesen Tieren damit zu tun haben, daß man zuvor an ihnen biochemische Waffen erprobt hatte. Dieser Theorie zufolge hätte also die Regierung ganz bewußt den Glauben an die unerklärliche oder paranormale Natur dieser Verstümmelungen suggeriert.

Ganz gezielte psychologische Experimente stecken möglicherweise hinter jenen seltsamen Geschichten von den „Männern in Schwarz". Es spricht vieles dafür, daß der CIA tatsächlich eine Reihe von UFO-Phänomenen getürkt hat, und zwar insbesondere Fälle direkter Kontaktaufnahme oder gar Entführung. Wenn das stimmt, wären die immer wieder geäußerten Behauptungen der Opfer solcher Übergriffe, daß niemand außer ihnen selbst von diesen Begegnungen gewußt habe, irrig. Vielmehr hätte es sich um ausgekochte Inszenierungen gehandelt.

Gewiß wäre es durchaus im Interesse der psychologischen Kriegsführung, in Erfahrung zu bringen, wie Menschen auf leere Drohungen reagieren: Schließlich scheinen die berühmten Herren in Schwarz ihre Ankündigungen, sie wollten ihre unfreiwilligen Gastgeber verstümmeln oder zum Schweigen bringen, nie wahr zu machen.

Außerdem ließe sich diese Taktik auch dafür verwenden, herauszufinden, wie Menschen auf derartige Gefahren reagieren. Die Geheimdienste verfügen mittlerweile über so raffinierte Abhörtechniken, daß sie eine solche Begegnung durchaus aus der Ferne aufzeichnen könnten. Was von diesen Experimenten schließlich an die Öffentlichkeit dringt, vermehrt nur die Flut widersprüchlicher und absurder Phänomene, mit denen es die Ufologie hauptsächlich zu tun hat.

Die Absurdität ist gewollt. Ein Phänomen, das unleugbar existiert, aber keinerlei innere

Ein ferngesteuertes Flugzeug vom Typ Teledyne Ryan 262 bei einem Testflug. Es ist nahezu lautlos und mit Radar- und Infrarotanlagen nicht aufzuspüren. Im Rahmen der elektronischen Kriegführung soll es zur Luftaufklärung eingesetzt werden. Unbemannte Flugkörper sind ein neuer wichtiger Sektor der Rüstungsforschung – und vielleicht auch der Ufologie.

Rechts:
Von Boeing konzipierter Prototyp eines Stealth-Flugzeuges.

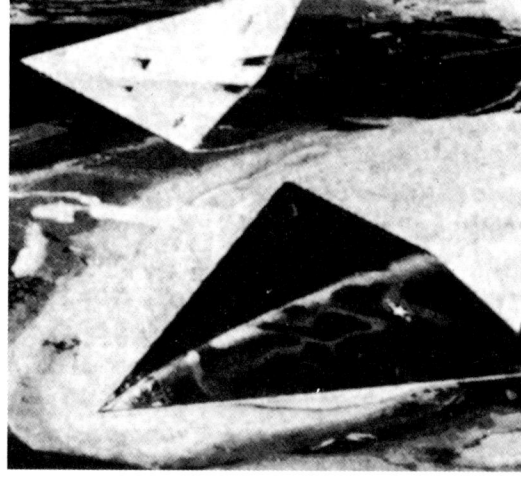

Unten:
Nachdem das Mrs. Berle Lewigs (Mitte im Bild) aus Alamosa/ Colorado gehörene Pferd Snippy „unter mysteriösen Umständen" verendet war, wurde es auf radioaktive Strahlung untersucht. Man stellte tatsächlich meßbare Werte fest. Waren hier räuberische Tiere am Werk oder Menschen? Der Verdacht besteht, daß geheime Experimente mit biochemischen Waffen vertuscht wurden.

Logik aufweist, hält die Forscher in Atem, weil sie sich verzweifelt bemühen, eine Logik hineinzubringen, zu einer Theorie zu finden, die alle Puzzleteilchen in einen sinnvollen Zusammenhang stellt. Das heißt, daß viele ihre Energien in die Ufologie investieren, obwohl es von vornherein ausgeschlossen ist, daß sie

je zu schlüssigen Erklärungen gelangen werden. Dieser Vorgang aber dient den Zwecken der Regierung – jeder Regierung. Die Tatsache, daß die Hypothese vom außerirdischen Ursprung der UFOs, obwohl sie nur schwer haltbar ist, immer wieder in den Vordergrund gespielt wurde, war unzweifelhaft ursächlich an der Entstehung verschiedener Pseudoreligionen beteiligt. Die Anhänger dieser UFO-Kulte werden die Regierung bestimmt nicht für Versäumnisse im Bereich der Wirtschaft oder der Außenpolitik kritisieren, da die galaktische Bruderschaft schon alles zum Besten wenden wird.

Mit Sicherheit gilt dieser Zusammenhang für ein berühmt gewordenes UFO-Phänomen im Jahr 1957. Die Vereinigten Staaten erlitten damals gerade mehrmals hintereinander schwere Demütigungen, da immer neue Versuche, den ersten amerikanischen Weltraumflugkörper, die Vanguard Rakete, ins All zu schießen, fehlschlugen. Im November 1957 gelang es der UdSSR, nur dreißig Tage nach dem epochalen *Sputnik*-Erfolg, auch noch einen zweiten Satelliten auf die Erdumlaufbahn zu befördern. Innerhalb von Stunden tauchten über Texas und Neumexiko UFOs auf, die prompt die sowjetische Raumfahrtsensation aus den Schlagzeilen der Zeitungen vertrieben.

Aber auch sogenannte Entführungsfälle können durchaus anderen Zwecken dienen. Es ist nicht weiter schwer, eine Begegnung mit Außerirdischen oder gar eine Entführung so zu inszenieren, daß sie „im Kopf des Augenzeugen Realität ist", sofern man Drogen oder Hypnose oder beides einsetzt. Die nötigen Spezialeffekte werden wohl weder die Mittel noch den Erfindungsgeist der Initiatoren überstrapazieren. Solche „Spielchen" würden es den Verantwortlichen ermöglichen, gleichzeitig den UFO-Mythos weiter wachzuhalten, psychologische Methoden und halluzinogene Mittel zu erproben, festzustellen, ob sich die jeweiligen Opfer auf diese Weise gefügig

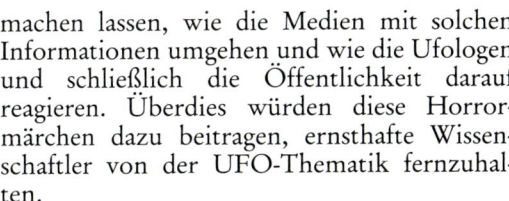

Unten rechts:
Diese Zeichnung von Betty Hill (unten) zeigt einen Ufonauten, der angeblich sie und ihren Ehemann Barney entführt hat. Waren die Eheleute Opfer eines haaresträubenden psychologischen Experiments des CIA?

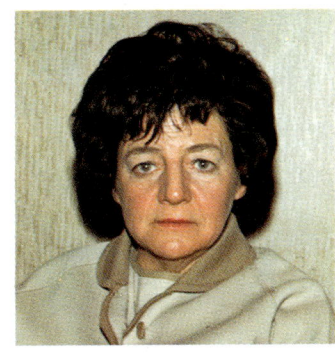

Unten:
Sputnik I, der sowjetrussische Satellit, dessen Start im Oktober 1957 Amerika schockierte, weil er die technologische Überlegenheit der Sowjetunion demonstrierte. Es ist sicher kein Zufall, daß unmittelbar nach dem Start eines zweiten Satelliten der UdSSR nur einen Monat später eine Flut von Berichten über angebliche UFO-Beobachtungen in Texas und Neumexiko in der Presse erschien und die Aufmerksamkeit der Öffentlichkeit auf sich zog.

machen lassen, wie die Medien mit solchen Informationen umgehen und wie die Ufologen und schließlich die Öffentlichkeit darauf reagieren. Überdies würden diese Horrormärchen dazu beitragen, ernsthafte Wissenschaftler von der UFO-Thematik fernzuhalten.

Natürlich werden viele Ufologen diese Verschwörungstheorie empört ablehnen. Doch es gibt noch ein weiteres Faktum, das sie stützt: Die Klärung der Frage, was es mit den echten UFOs auf sich hat, ist noch immer keinen Schritt weitergekommen. Erst mit ihrer Beantwortung erhielte jedoch die Beschäftigung mit Entführungs- und Kontaktaufnahmefällen (die derzeit die Energien der Forscher so weitgehend absorbiert) einen Sinn.

Was der Öffentlichkeit derzeit an Kenntnissen zugänglich ist, resümiert William H. Spaulding, der Begründer der Hypothese von der staatlichen Manipulation, als Erklärung für die Ungreifbarkeit des UFO-Phänomens wie folgt:

„... die letzten dreißig Jahre wurden darauf verschwendet, etwas zu erforschen, was es überhaupt nicht gab. ... Die Tatsache, daß sich der Glaube an die Fliegenden Untertassen trotz der Unlogik der Phänomene und des Mangels an Beweisen so lange gehalten hat, zeugt nur von der Leichtgläubigkeit der Menschen. Die Unverfrorenheit und die Erfindungskünste des CIA und anderer mit diesem Thema befaßter Forscher haben drei Generationen von UFO-Enthusiasten hervorgebracht und die Phantasie der Öffentlichkeit beschäftigt ... Was den Mythos von den Fliegenden Untertassen so interessant und bedeutsam macht, ist die Tatsache, daß es sich dabei um eine genuine, psychosoziale Bewegung handelt, die in unseren Zeiten ins Leben gerufen wurde und sich noch immer ausbreitet."

Abgestürzte UFOs – Erfindung oder Wirklichkeit?

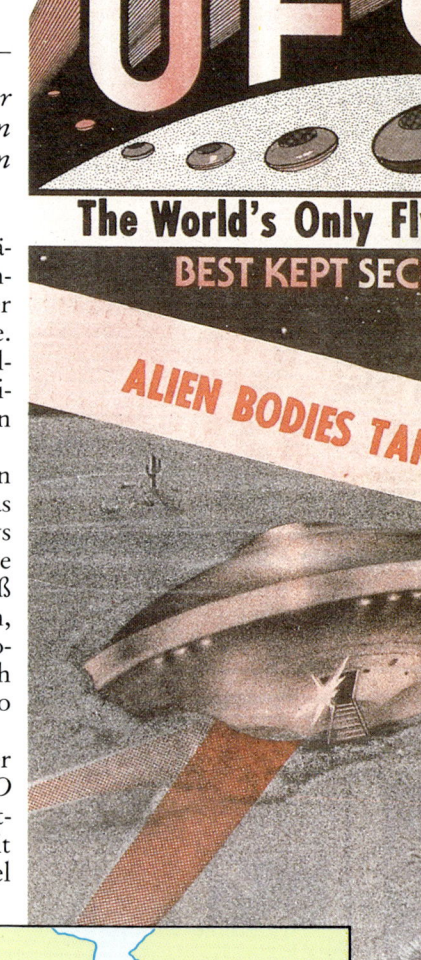

Seit der Begriff „Fliegende Untertasse" im Jahr 1947 geprägt wurde, hat es immer wieder Gerüchte gegeben, daß die US-Regierung Wracks abgestürzter UFOs mit den Überresten ihrer außerirdischen Besatzung in Gewahrsam hielten. So unglaublich diese Vorstellung sein mag, gibt es doch Indizien dafür.

Unmittelbar nachdem im Jahr 1947 die ersten „Fliegenden Untertassen" gesichtet wurden, begann das Gerücht umzugehen, daß eins der Flugobjekte abgestürzt und in die Hände amerikanischer Wissenschaftler geraten sei. Der Gedanke ist logisch: In Anbetracht der großen Zahl der angeblich gesichteten UFOs war es statistisch ganz plausibel, daß früher oder später eines davon verunglücken oder abgeschossen werden würde.

Diese Argumentation basiert jedoch auf der Annahme, daß es sich bei UFOs um aus greifbarer Materie bestehende Flugobjekte handelt, die durch Fremdeinwirkung oder technisches Versagen Schaden erleiden können. Damals hatte man so gut wie keinen Zweifel daran, daß UFOs solche Flugkörper waren: Ungewiß blieb nur ihre Herkunft.

In Frage gestellt wurde die Mär von den abgestürzten Fliegenden Untertassen paradoxerweise ausgerechnet durch eine Veröffentlichung, die sie eigentlich beweisen sollte. 1950 erschien von dem amerikanischen Schriftsteller Frank Scully das Buch *Behind the flying Saucers*. Es wurde in den USA ebenso wie in Europa zum Bestseller. Aufschlußreich ist, daß der Autor nicht nur Starkolumnist des Showbusinessmagazins *Variety's* war, sondern gleichzeitig auch der Verfasser der Werke *Fun in Bed* (wohlgemerkt kein Sexhandbuch, sondern ein unterhaltendes kleines Brevier für begeisterte Bettfans), *More fun in bed* und *Junior fun in bed*.

Scully behauptete, er habe während seiner schriftstellerischen Tätigkeit einen in der Ölförderung beschäftigten Mann namens Silas Newton in Texas kennengelernt, der ihm wiederum von einem Kollegen, Dr. Gee, erzählt habe. Dieser sollte aus eigener Erfahrung wissen, daß sich im Gewahrsam des amerikanischen Militärs drei UFOs befänden sowie 16 tote Außerirdische, die etwa einen Meter groß wären. Belegmaterial gab es allerdings keines. Die Geschichte beruhte allein auf den Aussagen jenes „Dr. Gee", der behauptete, von den Behörden als Experte zur Untersuchung der Flugkörper herangezogen worden zu sein.

Das Fehlen von Beweisen hinderte nicht, daß über 60 000 Exemplare von Scullys Buch verkauft wurden, hatte jedoch zur Folge, daß

es dem Journalisten J. P. Kahn zwei Jahre später leicht fiel, in einem Artikel die Öffentlichkeit davon zu überzeugen, daß es sich bei der Story um ein reines Phantasieprodukt handele. Die Leser übersahen dabei, daß Kahns Darstellung von Übertreibungen und Ungenauigkeiten strotzten: Newton und „Dr. Gee" waren aber zu Betrügern gestempelt.

Wenn der Mythos von den abgestürzten UFOs später viele Anhänger verlor, so lag das nicht allein an der Fragwürdigkeit von Scullys Geschichte. Die öffentliche Meinung wandte sich davon unabhängig der Vorstellung zu, daß UFOs nicht von Menschenhand stammten, sondern Produkte außerirdischer Technologien seien. So war es plausibel, daß sie auch nicht wie irdische Fluggeräte mit dem Risiko technischen Versagens behaftet waren.

Erst 25 Jahre später lebte der Mythos wieder auf. Im April 1976 erschien im *Official UFO* (damals eine recht ernst genommene Zeitschrift) unter der Überschrift „Was hat es mit den abgestürzten UFOs auf sich" ein Artikel

Orte, an denen angeblich UFO-Abstürze stattfanden

✈ Luftwaffenstützpunkte
★ Orte, an denen angeblich UFO-Abstürze stattfanden

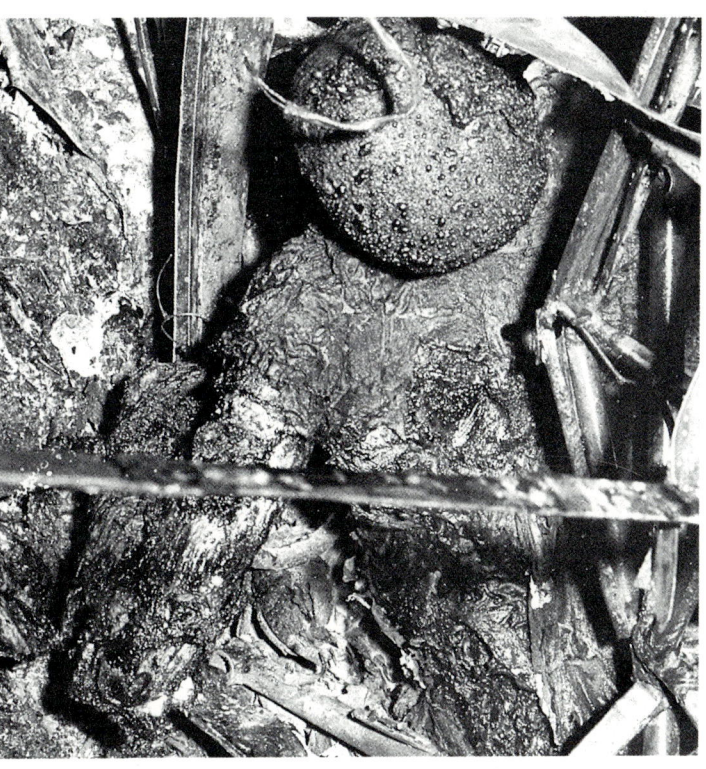

Die angeblich am 7. Juli 1948 aus einem in Neumexiko abgestürzten UFO geborgene Leiche eines Außerirdischen. Verblüffend das recht irdische Brillengestell unterhalb der Schulter des „menschenähnlichen Wesens".

Unten:
Eine Fliegende Untertasse kollidiert mit dem Washington Monument. Standfoto aus dem 1956 gedrehten Film Erde gegen Fliegende Untertassen. *Eine noch so hoch entwickelte Technologie kann grundsätzlich UFO-Abstürze nicht verhindern, und so ist es plausibel, daß das Militär großes Interesse zeigt.*

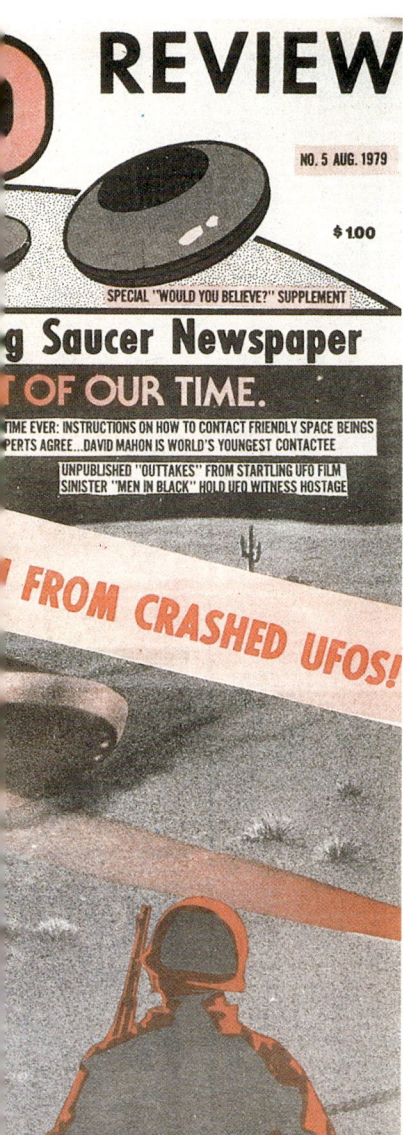

Titelblatt der amerikanischen
*UFO-Review vom August 1979.
US-Soldat, der bei einem
beschlagnahmten UFO Wache
steht. Von solcher
Sensationsmache einmal
abgesehen, mehren sich die
Indizien, daß die US-Streitkräfte
abgestürzte UFOs – samt deren
außerirdischer Besatzung – zu
Untersuchungszwecken in
Gewahrsam halten.*

Links:
*Die Orte, an denen zwischen 1947
und 1953 angeblich UFO-Wracks
gefunden und von der Armee
beschlagnahmt wurden – und die
damals als militärische Testgelände dienenden Luftwaffenstützpunkte.*

des renommierten Ufologen Raymond Fowler. Der Autor lieferte darin spektakuläres neues Beweismaterial: die durch Eid bekräftigte Aussage eines Technikers, er selbst habe am 21. Mai 1953 in Kingman im amerikanischen Bundesstaat Arizona das Wrack eines abgestürzten UFOs untersucht.

Das allgemeine Interesse für die geheimnisvollen Erscheinungen erwachte wieder. Während sich Leonard Stringfield, ebenfalls ein bekannter Experte, durch breit angelegte Nachforschungen um neue Beweise bemühte, konzentrierten sich William Moore, Stanton Friedman und Charles Berlitz auf einen Fall, der weltweite Berühmtheit erlangen sollte: das sogenannte Roswell-Wrack.

Seltsame Leichen

Hier ein kurzer Abriß der Geschehnisse: Am späten Abend des 2. Juli 1947 sah ein vor seinem Haus sitzendes Ehepaar in Roswell/ Neumexiko ein glühendes Objekt am Himmel dahinschießen. Am nächsten Morgen fand ein Viehzüchter etwa 120 Kilometer entfernt in der Flugrichtung des Phänomens seltsame Wrackteile auf seinem Weideland, und 250 Kilometer weiter stießen ein Ingenieur und mehrere Archäologen auf die Überreste eines unidentifizierten Fluggerätes und mehrere sonderbare Leichen. Offizielle Stellen erklärten, daß es sich um einen Wetterballon handle. Man hörte nichts mehr von der Angelegenheit – bis Moore Friedman und Berlitz sich ihrer annahmen.

Es gibt eine Fülle ähnlicher Fälle. So deuteten am 7. Juli 1948 in der Nähe von Del Rio/ Texas ungewöhnliche Radarbeobachtungen darauf hin, daß ein unidentifiziertes Objekt

etwa 50 Kilometer jenseits der mexikanischen Grenze abgestürzt sein müsse. Mit Erlaubnis der mexikanischen Regierung begannen US-Truppen mit der Nachforschung. Sie fanden eine metallische Scheibe und die verkohlten Leichen der Besatzung: mehr oder weniger menschenähnliche Wesen von etwa ein Meter fünfzig Größe. Der amerikanische Luftwaffenoberst Whitcomb, der das Objekt ebenfalls auf seinem Radargerät gesichtet hatte und sich unverzüglich mit einem Flugzeug zur Absturzstelle begab, stellte fest, daß inzwischen mexikanische Truppen die Szene beherrschten und das Objekt abschirmten.

Die an diesem Einsatz beteiligten Soldaten waren offensichtlich gewarnt worden, daß es „ihnen leid tun würde", wenn sie zu irgend jemandem darüber sprächen. Mehrere Jahre

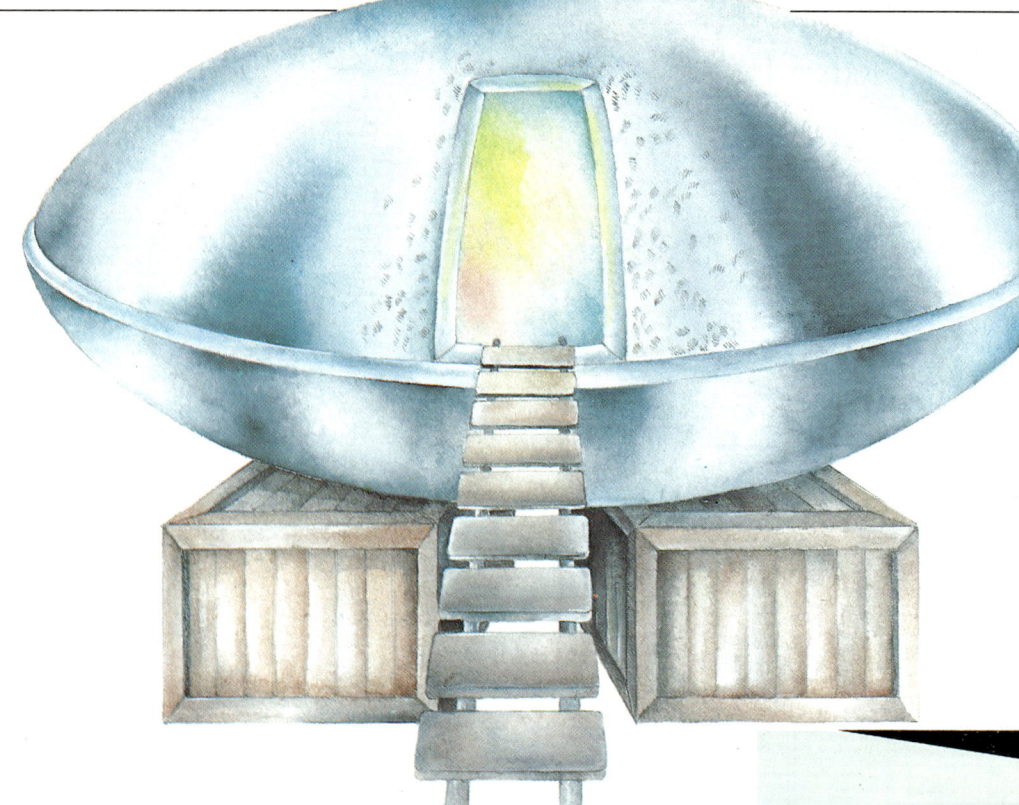

Im Jahr 1953 wurde der Metalloge Daly, der auf dem Luftwaffenstützpunkt Wright Patterson in Ohio tätig war, zu einer geheimen Mission abgeordert, die darin bestand, ein Objekt zu analysieren, bei dem es sich wahrscheinlich um eine Fliegende Untertasse handelte. Nach zweitägiger Untersuchung kam Daly zu dem Schluß, daß das Objekt außerirdischen Ursprungs sein mußte.

später tauchten angebliche Fotos der toten Besatzungsmitglieder des UFOs auf. Sie sind noch immer Gegenstand hitziger Auseinandersetzungen.

Zu einem nicht näher bekannten Zeitpunkt im Jahr 1952 verfolgte ein Radarbeobachter des Luftwaffenstützpunkts Muroc in Kalifornien auf seinem Schirm ein Flugobjekt, das sich mit großer Geschwindigkeit dem Erdboden näherte. Als feststand, daß sich tatsächlich ein Absturz ereignet hatte, wurde er instruiert: „Sie haben nichts gesehen!" Später erfuhr er, daß ein UFO von etwa 16 Metern Durchmesser in einer nahen Wüstenregion gefunden worden war. Es war metallen und weitgehend verglüht. An Bord befanden sich die Leichen etwa ein Meter fünfzig großer Wesen. Das Wrack wurde eine Zeitlang auf dem Stützpunkt behalten und dann angeblich zu einer anderen Luftwaffenbasis in Daayton im Bundesstaat Ohio gebracht. Es gibt stichhaltige Indizien dafür, daß zum fraglichen Zeitpunkt tatsächlich ein größeres Objekt unter Geheimhaltung zu diesem Stützpunkt transportiert worden war.

Mit dem gleichen Vorfall steht vermutlich auch ein Film in Zusammenhang, der im darauf folgenden Frühjahr offenbar auf Veranlassung hoher militärischer Stellen einer ausgewählten Expertengruppe vorgeführt wurde, darunter auch einem Mr. T. E., der als Radarspezialist für die Armee und die Luftwaffe tätig war. Der Fünfminutenstreifen zeigte ein silbernes, scheibenförmiges Objekt, in Wüstensand eingebettet. Auf der Oberseite war eine Kuppel und eine offene Luke zu sehen. In der Nähe des Objekts standen etwa zehn bis fünfzehn Militärangehörige. Mit ihrer Körpergröße verglichen, mußte die Scheibe etwa fünf

bis sieben Meter im Durchmesser groß sein. Die Aufnahmen zeigten ferner die Leichen dreier Besatzungsmitglieder: Sie waren klein und menschenähnlich mit übergroßen Köpfen. Die Zuschauer wurden aufgefordert, über den Film nachzudenken, aber niemandem davon zu erzählen. Zwei Wochen später erklärte man ihnen, es habe sich um eine Fälschung gehandelt. Diese Erklärung ist seltsam, da viele Indizien dafür sprechen, daß der Film Offizieren verschiedener Luftwaffenstützpunkte vorgeführt wurde. Außerdem hätte es eines gewaltigen Aufwands an Zeit und Mühe bedurft, um diese Aufnahmen so täuschend echt zu inszenieren.

Im Juni 1952 sichteten sechs norwegische Düsenjäger während sommerlicher Manöver über den rauhen und ungastlichen Inseln Spitzbergens Wrackteile in einer Bergregion unweit der Meerenge von Hinlope. Binnen Stunden trafen norwegische Experten mit Hilfe von Kufenflugzeugen am Fundort ein, darunter auch ein Raketenspezialist. Zweifellos hatte man ein Flugzeug oder einen Flugkörper sowjetischer Herkunft erwartet, aber gefunden wurde das Wrack eines scheibenförmigen Flugobjekts mit 46 düsenähnlichen Öffnungen am Rand. Es bestand aus einem unbekannten Metall. Von einer Besatzung war keine Spur zu entdecken.

Der bemerkenswerteste Aspekt dieses Vorfalls ist jedoch wohl der Kommentar des norwegischen zum Generalstab gehörigen Oberst Gernod Darnbyl. Dieser erklärte 1955: „Der Absturz der fliegenden

Fragmentarisch

Das überzeugendste Indiz für diesen Vorgang ist eine mit dem Pseudonym Fritz Werner unterzeichnete beeidete Aussage aus dem Jahr 1973. Die Identität des Zeugen ist bekannt. Werner versichert, daß er an der Untersuchung eines abgestürzten unbekannten Flugobjekts beteiligt war. Als Ingenieur im Dienst der Luftwaffe in der Nähe von Kingman/Arizona tätig, wurde er 1953 gemeinsam mit fünfzehn anderen Mitarbeitern eines Morgens in aller Frühe unter strengen Geheimhaltungsvorkehrungen in einem Bus mit verdunkelten Fenstern fünf Stunden über Land transportiert. Man erklärte ihm und seinen Kollegen, daß ein streng geheimes Fluggerät der Luftwaffe abgestürzt sei und jeder von ihnen diesen Unfall im Rahmen seines jeweiligen Spezialgebietes untersuchen solle.

Werners Beschreibung nach ähnelte das Objekt zwei aufeinandergestülpten tiefen Untertassen von etwa zehn Metern Durchmesser. Es habe aus einem stumpfen silbrigen Metall bestanden und sei durch eine Luke zugänglich gewesen. Seine besondere Aufgabe habe darin gelegen, die Aufschlaggeschwindigkeit des Objekts anhand der Spuren zu rekonstruieren. Er fand weder irgendeine Landevorrichtung, noch Dellen oder Kratzer. In einem Zelt in der Nähe sah er auf einem Tisch ein etwa ein Meter dreißig langes menschenähnliches Wesen liegen. Man verbot den Experten nicht nur, zu irgend jemandem über den Vorfall zu sprechen, sondern auch, ihn unter sich zu diskutieren.

Ein Meteorologe namens Daly, damals ebenfalls im Dienste der Luftwaffe, gibt an, 1953 zu einem ihm unbekannten, aber heißen und sandigen Ort gebracht worden zu sein, um dort die Bauweise eines silbrigen, metallenen Flugkörpers zu untersuchen. Von Besatzungsmitgliedern habe er nichts gesehen, aber er sei zu dem Schluß gelangt, daß das Objekt nicht irdischen Ursprungs sei.

Bedeutsam ist auch die Aussage der Frau eines Wachsoldaten auf dem Wright Patterson Luftwaffenstützpunkt, der auch im Zusammenhang mit den bisher genannten Vorfällen eine Rolle gespielt hatte. Die Frau behauptete, daß etwa zur gleichen Zeit ihr Mann gesehen habe, wie Wissenschaftler die Leichen etwa einen Meter großer menschenähnlicher Wesen mir riesigen Köpfen untersucht hätten.

Eine ebenfalls auf der Wright Patterson Basis beschäftigte Frau, deren Aufgabe es war, sämtliches im Zusammenhang mit UFOs stehende Material, das dem Stützpunkt vorlag, zu katalogisieren, sagte aus, sie habe gesehen, wie die Leichen zweier menschenähnlicher Wesen von etwa ein Meter fünfzig Größe mit überproportionierten Köpfen transportiert worden seien.

Im März 1964 wurde der Absturz eines runden, flachen UFOs am Mount Chitpec in Mexiko gemeldet. Behördenvertreter wollten es in die nächstliegende Stadt, San Cristobal de la Casas, bringen – aber der Häuptling des dort ansässigen Stammes der Chalulas behauptete, es handle sich um eine Gabe Gottes und der Heiligen Jungfrau und gab es nicht heraus.

Rätselhafte Geschehnisse in Bolivien

In Tarija, der entlegendsten und unzugänglichsten Region Boliviens, wurde am 6. Mai 1978 von verschiedenen Beobachtern ein glühendes Objekt am Nachmittagshimmel gesichtet. Nach der allgemeinen Beschreibung handelte es sich um einen sieben bis acht Meter langen, metallischen Zylinder, der zwar weder Fenster noch sonstige äußere Strukturen aufwies, aber eindeutig wie ein Flugkörper aussah. Dicht hinter ihm folgte noch ein kleineres Flugobjekt. Nur wenige Sekunden nach seinem Erscheinen war der Donner einer gewaltigen Explosion zu hören, begleitet von einem „Erdbeben", das über ein Gebiet von 200 000 Quadratkilometern von Seismographen registriert wurde. Nach dem Absturz wurde beobachtet, wie das kleinere Flugobjekt davonflog.

Das UFO flog viel zu langsam, als daß es ein Meteor hätte sein können. Den Untersuchungen zufolge war es ausgeschlossen, daß ein Satellit zur Erde zurückgekehrt war. Während sich die Presse noch in den wildesten Spekulationen erging, wurde von amtlicher Seite eine Nachrichtensperre verhängt. Reporter sahen, wie das Objekt abtransportiert wurde und behaupteten, die US-Luftwaffe habe es in die Vereinigten Staaten gebracht. Die NASA leugnete, in diesen Vorfall verwickelt zu sein.

Die hier gegebene Darstellung ist eine Rekonstruktion einer Vielzahl widersprüchlicher Angaben und gilt als die schlüssigste Version, die zur Zeit vorliegt. Allerdings berücksichtigt sie nur die Hälfte der bekannt gewordenen Fälle. Das Material ist zwar nicht sehr überzeugend, läßt sich aber dennoch nicht einfach ignorieren, weil dies bedeuten würde, eine große Zahl voneinander unabhängiger Zeugen als Lügner abzustempeln.

Unten:
Das Wrack eines in der Wüste von Arizona abgestürzten UFOs wird mit Scheinwerfern abgeleuchtet. Ein Zivilingenieur, der später unter dem Pseudonym „Fritz Werner" von seinen Erlebnissen berichtete, wurde zum Ort des Geschehens gebracht, um die Aufschlaggeschwindigkeit des Objekts zu berechnen. Dabei sah er den Leichnam eines kleinen menschenähnlichen Wesens in einem metallischen Anzug. Im Jahr 1973 gab Werner eine beeidete Erklärung ab, in der er diesen bereits 20 Jahre zurückliegenden Vorfall schilderte.

Indizien

Scheibe über Spitzbergen war von großer Bedeutung. Obgleich unser derzeitiger wissenschaftlicher Erkenntnisstand es uns nicht gestattet, alle sich in diesem Zusammenhang stellenden Rätsel zu lösen, bin ich doch zuversichtlich, daß die Wrackteile von Spitzbergen sich als äußerst aufschlußreich erweisen werden. Vor einiger Zeit ergaben sich Mißverständnisse, weil behauptet wurde, die fliegende Scheibe sei vermutlich sowjetischer Herkunft. Wir möchten hiermit nachdrücklich erklären, daß sie in keinem Land auf dieser Erde hergestellt sein kann. Die zu ihrem Bau verwendeten Materialien sind den an den Nachforschungen beteiligten Experten absolut unbekannt." Darnbyl fügte noch hinzu, daß auch amerikanische und britische Sachverständige zu Rate gezogen worden seien; seither – Schweigen …

Was geschah in Roswell?

Der wohl am besten dokumentierte UFO-Absturz ereignete sich im Juli 1947 in der Nähe von Roswell in der Wüste von Neumexiko. Das Militär behauptete zunächst, das unbekannte Flugobjekt in Gewahrsam zu haben, leugnete später aber seine Existenz. Was steckte hinter diesem Widerspruch?

Daß Fliegende Untertassen nach einem Absturz von staatlichen Stellen konfisziert wurden, läßt sich nur schwer beweisen oder widerlegen. Anhänger dieser Überzeugung verweisen auf eine breite Palette von Fakten, Gerüchten, Indizien und unbelegter Zeugenaussagen. Sie beharren darauf, daß alle diese Materialien zusammengenommen ausreichen, um ernsthafte Nachforschungen zu rechtfertigen. Die Skeptiker wiederum entgegnen, daß keins dieser Indizien für sich genommen stichhaltig sei und überhaupt kein konkretes Material existiere. Eine anfängliche bewußte Fälschung oder Fehldeutung sei von Schwätzern und Betrügern, sensationslüsternen Journalisten und krankhaften Paranoikern aufgegriffen und zum Mythos aufgebauscht worden.

Um diese Vorwürfe ins rechte Licht zu rücken, empfiehlt es sich, zunächst einmal festzustellen, wann diese Geschichte zum ersten Mal verbreitet wurde.

Die ersten Gerüchte beziehen sich offenbar auf Geschehnisse, die sich vom 2. Juli 1947 an in der Nähe der Stadt Roswell in Neumexiko ereigneten. Am Abend dieses Tages gegen 22 Uhr saß das in Roswell lebende Ehepaar Wilmot auf seiner Veranda, als plötzlich „ein großes glühendes Objekt" aus südöstlicher Richtung vom Himmel herabgeschossen kam

Rekonstruierter Kurs des vermeintlichen Raumschiffs, das am 2. Juli 1947 gegen 21.50 Uhr von Mr. und Mrs. Wilmot in Roswell (A) gesichtet wurde. Indizien dafür, daß das Flugobjekt diesen Weg flog, fand der Rancher „Mac" Brazel in Form mehrerer nichtidentifizierbarer metallischer Wrackteile auf seiner Ranch bei Corona in Neumexiko (B). Am Morgen des 3. Juli stieß schließlich ein bei St. Augustin (C) tätiger Zivilingenieur auf ein Wrack, bei dem es sich offenbar um ein abgestürztes UFO handelte und in dessen Nähe die toten Körper menschenähnlicher Wesen lagen.

und sich in nordöstlicher Richtung der kleinen Stadt Corona näherte. Es flog sehr schnell und war nur etwa 40 bis 50 Sekunden lang sichtbar. Dennoch waren die Wilmots in der Lage, es genauer zu beschreiben. Es sei oval gewesen und habe ausgesehen wie „zwei aufeinander gestülpte Untertassen". Mr. Wilmot hatte es als lautlos in Erinnerung, seine Frau hingegen meinte, ein leises zischendes Geräusch vernommen zu haben.

Am nächsten Morgen ging der Ingenieur Barney Barnett in der Ebene von San Augustin, etwa 400 Kilometer westlich von Roswell und unmittelbar im Westen von Socorro, seiner Arbeit nach. In der ansonsten menschenleeren Wüste sah er einen hell schimmernden Gegenstand in der Sonne blitzen. In der Befürchtung, es könne sich um ein abgestürztes Flugzeug handeln, lief er hin und fand „ein metallisches, scheibenförmiges Ding", das einen Durchmesser von acht bis zehn Metern hatte.

Noch während er es näher untersuchte, stießen Archäologiestudenten der Universität von Pennsylvania zu ihm. Der Gruppe bot sich ein seltsamer Anblick: Neben dem Objekt, das offenbar durch eine Explosion und den Aufprall auseinandergeborsten war, lagen herausgeschleuderte Leichen. Auch im Innern des Flugapparats befanden sich tote Wesen; menschenähnliche Körper mit sehr kleinen Augen, ohne Haare und übergroßen Köpfen. Sie trugen graue, gürtellose einteilige Anzüge ohne Reißverschlüsse.

Nach kurzer Zeit erschien ein Armeeoffizier in einem Jeep und erklärte, daß das Militär sich der Angelegenheit annehmen würde. Das Gebiet wurde abgeriegelt, man befahl den Zivilisten, sich zu entfernen und schärfte ihnen ein, daß es ihre patriotische Pflicht sei, für sich zu behalten, was sie gesehen hätten. Später hörte Barnett, daß die Soldaten den mysteriösen Fund auf einen großen Lastwagen verladen und abtransportiert habe.

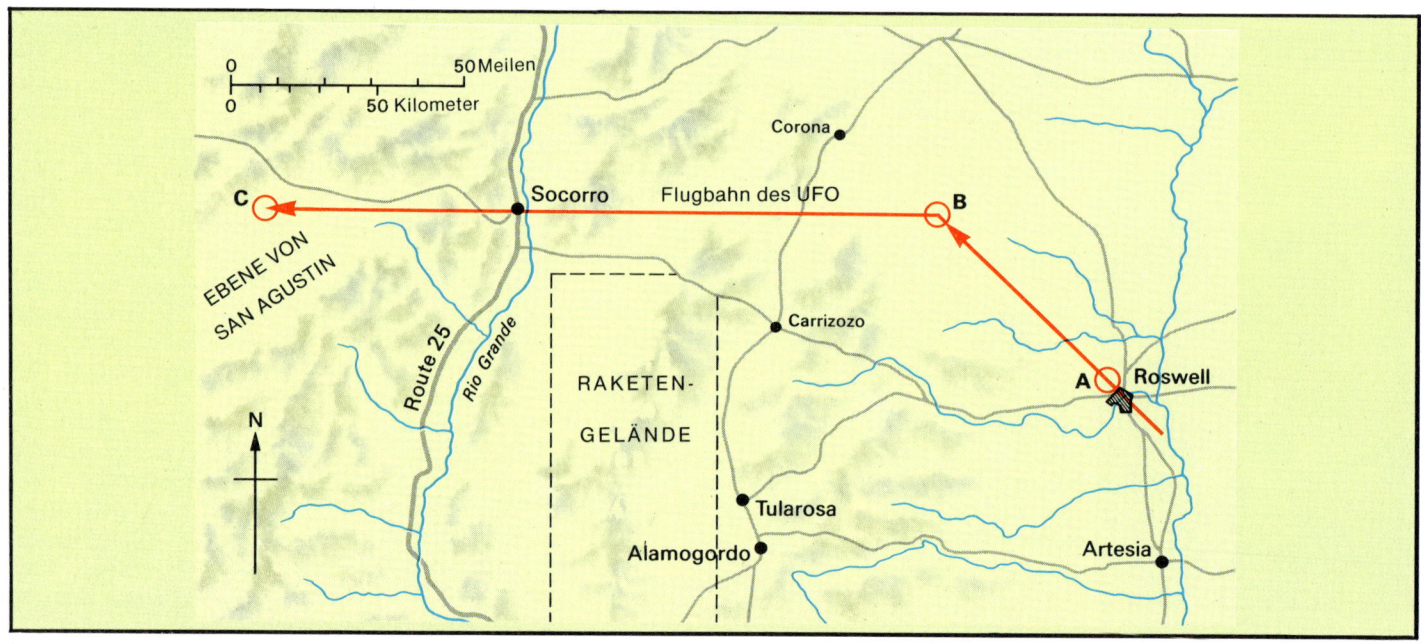

Dennoch berichtete Barnett, der mittlerweile verstorben ist, Freunden von diesem Erlebnis. Ufologen, die diesen Vorfall später untersuchten, sahen keinen Grund, ihre Aussagen nicht zu glauben. Auch Recherchen über Barnetts Person ergaben keine Zweifel an seiner Glaubwürdigkeit. Leider gelang es bis heute nicht, die Archäologiestudenten ausfindig zu machen, die seine Geschichte hätten bestätigen können.

Noch am gleichen Tag oder kurz darauf machte der Viehzüchter „Mac" Brazel auf seiner etwa 120 Kilometer nordwestlich von Roswell und 240 Kilometer östlich des Schauplatzes der von Barnett berichteten Ereignisse

„Mac" Brazel, der Teile eines UFO-Wracks auf seiner Ranch bei Corona in Neumexiko entdeckte. Zwei Jahre später erwähnte sein Sohn Bill beiläufig in einem Wirtshaus, daß sich noch immer einige dieser Fundstücke in seinem Besitz befänden. Schon am nächsten Tag wurden diese Teile von einer militärischen Dienststelle beschlagnahmt.

gelegenen Ranch bei Corona einen seltsamen Fund. Der folgende Bericht stammt nicht von ihm selbst, er starb 1963, sondern basiert auf einem Interview mit seinem damals ebenfalls anwesenden Sohn Bill.

In der Nacht vorher hatte es ein schweres Gewitter gegeben. Dabei hatte Brazel einen lauten Knall gehört, der eindeutig kein Donnerschlag war. Als er am nächsten Morgen ausritt, um nach seinen Schafen zu sehen, fand er eine Reihe unidentifizierbarer Wrackteile über einen schmalen Streifen Land verstreut, der etwa 400 Meter lang war und in der Richtung nach Socorro lag. Da er wichtigeres zu tun hatte, interessierte er sich zunächst nicht sonderlich dafür, kehrte jedoch einen oder zwei Tage später zurück, um sich die Sache noch einmal anzusehen.

Er fand Stücke einer Metallfolie, sehr dünn und biegsam, aber dabei ungeheuer widerstandsfähig. Sie ließ sich weder zerknittern noch dauerhaft verformen. Auf ihrer Ober-

fläche waren schriftähnliche Zeichen zu erkennen, und an einem der Stücke hing ein bandförmiger Streifen, der gegen das Licht betrachtet, eine Art Blumenmuster aufwies.

Als er am nächsten Abend zufällig nach Corona kam, berichtete er Freunden von seinem Fund: dabei erfuhr er, daß kurz davor mehrere Personen Fliegende Untertassen in der Gegend beobachtet hatten – insgesamt über ein Dutzend, die unverkennbar nichts mit dem nahegelegenen Raketentestgelände White Sands zu tun hatten. Auf Raten des Sherrifs, dem er von seinem Fund erzählte, wandte er sich an die gleich bei Roswell gelegene Luftwaffenbasis.

Zum Schweigen gebracht

Ein Funkreporter erfuhr von Brazels Entdeckung und interviewte ihn, noch ehe er den Stützpunkt aufsuchte. Aber schon bei den Vorbereitungsarbeiten der Radiogesellschaft wurde die Sendung sofort unter Androhung des Lizenzentzugs durch die Behörden gestoppt. Als Brazel sich bei der Luftwaffenbasis meldete, hielt man ihn gleich fest und fragte ihn aus, während Soldaten zu seiner Ranch fuhren und das ganze Gebiet durchkämmten, um jedes Fetzchen des seltsamen Materials einzusammeln. Neugierige Anwohner fanden die Straße von Militär blockiert und das Terrain abgeriegelt. Erst nach mehreren Tagen durfte Brazel nach Hause zurückkehren. Er war enttäuscht und verärgert darüber, wie man ihn behandelt hatte: „Mein Gott, ich wollte doch nur ein gutes Werk tun, und sie haben mich dafür ins Gefängnis gesteckt." Er erzählte, man habe ihn angewiesen, nichts über seinen Fund zu sagen. Seinen Kindern erklärte er, daß es besser wäre, wenn sie nicht mehr darüber wüßten, als was in der Zeitung stand.

Unter den durch die Nachricht alarmierten Reportern befand sich Jonnie McBoyle, Teilhaber der Radiogesellschaft KSWS in Roswell. Am 7. Juli erhielt der Radiosender KOAT im nahen Albuquerque, der über weitreichendere Senderanlagen verfügte, von McBoyle folgende Information am Telefon: „Eine Fliegende Untertasse ist abgestürzt … Nein, ich scherze nicht … Bei Roswell. Ich bin selbst dagewesen und habe es gesehen. Sie sieht aus wie eine große zerknautschte Abwaschschüssel. Ein Rancher hat sie mit seinem Traktor in einen Viehunterstand geschleppt. Die Armee ist da und will sie mitnehmen. Das ganze Gebiet ist jetzt abgeriegelt. Und was das wichtigste ist, sie sagen, es seien kleine Männlein an Bord gewesen … Geben Sie das sofort in den Fernschreiber. Jetzt gleich …"

Der Mann am Fernschreiber wollte dies tun, wurde jedoch durch eine gerade hereinkommende Meldung daran gehindert: „ACHTUNG ALBUQUERQUE: GEBEN SIE DIESE MELDUNG NICHT WEITER: STELLEN SIE DIE ÜBERMITTLUNG SOFORT EIN". Der Absender konnte nicht ermittelt werden.

Unten:
Eine lenkbare Rakete startet vom Testgelände White Sands im Rahmen eines in den sechziger Jahren durchgeführten Tests. Die Flugbahn des angeblichen UFOs von Roswell führt dicht an White Sands vorüber – der Grund für das starke Interesse des Militärs?

General Ramey (im Bild links) mit seinem Adjutanten Colonel Dubose. Nur wenige Stunden nach der Abgabe einer Presseerklärung des 509. Bombengeschwaders, die besagte, daß sie eine „fliegende Scheibe" zu Untersuchungen in ihrem Gewahrsam hielte, dementierte General Ramey die Meldung. Dieses Foto sollte die Behauptung belegen, daß es sich bei dem angeblichen UFO in Wirklichkeit lediglich um einen Wetterballon gehandelt habe. Hartnäckige Gerüchte wollen jedoch wissen, daß die gezeigten Wrackteile nicht die echten waren.

Als der Mann am Fernschreiber wieder mit McBoyle sprach, sagte dieser: „Vergessen Sie die ganze Sache. Sie haben nie davon gehört. Verstanden? Sie dürfen nichts davon wissen."

Die Unterschiede zwischen diesen beiden Berichten springen sofort ins Auge. McBoyle behauptete, er habe auf einer Ranch bei Roswell, es könnte gut die Ranch von Brazel gewesen sein, ein Objekt gesehen, das wie „eine zerknautschte Abwaschschüssel" ausgesehen habe. Brazel dagegen fand nur Wrackteile. Eigenartig ist auch, daß die Schlagzeile des *Roswell Daily Record* vom 8. Juli lautete: „Fliegende Untertasse auf Ranch bei Roswell in die Hände der Luftwaffe gefallen."

Der Artikel selbst war die Wiedergabe einer Presseverlautbarung der Luftwaffe. Darin hieß es:

„Die zahlreichen im Umlauf befindlichen Gerüchte von einer fliegenden Scheibe bestätigten sich gestern, als die geheimdienstliche Abteilung des 509. Bombergeschwaders des in Roswell stationierten 8. Luftwaffenregiments dank der Mithilfe eines hiesigen Ranchers und des Bezirkssheriffs ein scheibenförmiges Flugobjekt in Gewahrsam nehmen konnte.

Das Flugobjekt ging zu einem nicht näher bestimmten Zeitpunkt in der letzten Woche in der Nähe einer Ranch bei Roswell nieder. Da der Rancher kein Telefon besaß, brachte er den Flugkörper an einem geeigneten Ort unter, bis er Gelegenheit hatte, den Sheriff zu informieren, der seinerseits den Major Jesse A. Marcel von der geheimdienstlichen Abteilung des 509. Bombengeschwaders von der Sache in Kenntnis setzte.

Es wurde unverzüglich eine Aktion zur Bergung des Flugobjekts eingeleitet. Die fliegende Scheibe wurde auf dem Militärflughafen von Roswell untersucht und anschließend von Major Marcel an übergeordnete Stellen weitergeleitet."

Verantwortlich für diese Presseerklärung war der Public Relations Offizier des Stützpunktes, Lieutnant Haut. Handelte er auf Weisung seines Commanders? Er selbst bejaht diese Frage: Colonel Blanchard habe ihn gebeten, eine Presseverlautbarung herauszugeben, aus der hervorginge, daß die Luftwaffe das Wrack einer abgestürzten Fliegenden Untertasse geborgen habe. Er selbst habe gefragt, ob er das Objekt besichtigen könne, aber der Comman-

Links:
*Ein Blick auf die Wüste Neu-
mexikos in der Nähe des
Testgeländes White Sands, wo zur
Zeit des Vorfalls von Roswell ein
Programm zur Erprobung von
V2-Raketen lief.*

Rechts:
*Major Jesse Marcel, der zuerst die
Untersuchungen im Zusammenhang mit dem UFO-Absturz
leitete. Die damals gefundenen
Wrackteile bestanden aus einer
folienartigen metallenen Substanz,
die zwar biegsam, aber ungeheuer
widerstandsfähig war: sie ließ sich
weder knittern, noch dauerhaft
biegen. Marcel glaubte nicht, daß
es sich bei dem abgestürzten
Flugobjekt um einen Wetterballon
gehandelt haben könnte.*

der habe diese Bitte abgelehnt. Wenn Haut tatsächlich auf Befehl handelte, hat seine Verlautbarung den Charakter einer offiziellen Erklärung und wäre ernst zu nehmen. Das 509. Bombengeschwader war eine Elitetruppe, der kaum ein verantwortungsloser Scherz zuzutrauen ist. Colonel Blanchard wurde später General. Allerdings sind wir hier ausschließlich auf Lieutenant Hauts eigene Darstellung angewiesen.

Wie dem auch gewesen sein mag, die Meldung stieß höheren Orts auf Mißbilligung. Nur Stunden nach ihrer Veröffentlichung erklärte General Ramey aus Fort Worth im benachbarten Bundesstaat Texas über Radio, daß es sich bei der ganzen Angelegenheit um einen Irrtum bei der Identifikation des Flugkörpers gehandelt habe.

Diesem Dementi folgte eine Pressekonferenz. Es wurde gestattet, die Wrackteile aus einiger Entfernung zu fotografieren. Bei einer zweiten Konferenz durften sich die Reporter den Fundstücken nähern, aber es besteht der Verdacht, daß es andere Teile gewesen sind, schon gar nicht die auf der Brazel-Ranch gefundenen. Das Material war extrem zerbrechlich und leicht. Es paßte zu der Version von den Überresten eines verirrten Wetterballons. Brazel schwieg zwar im wesentlichen wie befohlen, erklärte jedoch immer wieder: „Ich bin ganz sicher, daß es sich bei meinem Fund nicht um einen Wetterbeobachtungsballon gehandelt haben kann."

Brazels Sohn Bill sammelte einige der Teile ein und bewahrte sie auf. Zwei Jahre später erwähnte er zufällig diese Tatsache in einem Wirtshaus in Corona. Schon am nächsten Tag erhielt er militärischen Besuch. Man beschlagnahmte das Material mit der Erklärung, die nationale Sicherheit erfordere diese Maßnahme. Daß die Armee noch zwei Jahre nach dem Vorfall ein so heftiges Interesse an einigen kleinen Teilen eines Wetterballons zeigen sollte, ist unwahrscheinlich.

Bemerkenswert ist ebenfalls, daß Brazel noch in militärischem Gewahrsam gehalten wurde, nachdem die Wrackteile amtlicherseits bereits als Teile eines harmlosen Ballons identifiziert worden waren. Dies wäre eine erstaunliche Überreaktion gewesen.

Die Geschehnisse von Roswell lassen sich nicht einfach als Einbildung eines Hysterikers einstufen. Brazel handelte ruhig und überlegt aus dem einfachen patriotischen Wunsch heraus, das Richtige zu tun. Es spricht nichts dafür, daß er politische, religiöse oder persönliche Motive verfolgte, er war weder ruhmnoch gewinnsüchtig. Auch für die militärische Presseverlautbarung kann man keine panische Reaktion verantwortlich machen. Offiziere setzen kaum leichtfertig ihre Karriere aufs Spiel – von den Interessen der Nation ganz zu schweigen –, indem sie sensationelle Gerüchte verbreiten. Dagegen erweckt ihr späteres Verhalten den Eindruck überstürzten Handelns und den Verdacht, es habe sich um den Versuch gehandelt, die ursprüngliche Meldung ihrer möglichen explosiven Wirkung wegen zurückzunehmen.

Was ist sicher?

Wenn man die einzelnen Teile des weitgehend auf Hörensagen beruhenden Belegmaterials zu diesem Vorfall zusammensetzt, werden Widersprüche offenbar, die aber nicht überbewertet werden sollten. Immerhin ergeben die Puzzlestücke zusammengenommen doch ein recht klares Bild der Geschehnisse. Wahrscheinlich ist, daß die Wilmots ein großes glühendes Objekt in Richtung der Brazel-Ranch über den Himmel schießen sahen. Daß Brazel in der Nacht eine Explosion hörte und am nächsten Morgen zu Boden gegangene Teile fand und daß ferner das Objekt, nachdem es seine Richtung geändert hatte, über Socorro nach Westen weiterflog, um schließlich bei San Augustin abzustürzen, wo es von Barnett gesehen wurde.

Ebenfalls festzustehen scheint, daß sich die militärischen Stellen plötzlich und heftig bemühten, die veröffentlichten Informationen wieder rückgängig zu machen. Dies gibt Anlaß zu der Vermutung, daß es dabei um Wichtigeres ging als nur um einen verirrten Wetterballon.

Weder ist die Roswell-Story hiermit zu Ende, noch handelt es sich dabei um einen Einzelfall. Und das Flugobjekt selbst, das angeblich von der Armee abtransportiert wurde? Die seltsamen Leichen im Wüstensand? Was wurde aus diesen Überresten?

Viele Teilchen fügen sich zu einem Ganzen

Begründete Hinweise, daß die US-Regierung geheimes Material über abgestürzte UFOs besitzt, wird oftmals in das Land der Legenden verwiesen. UFO-Forscher jedoch legen eine Vielzahl von Indizien für die Verschleierungsmanöver von offizieller Seite vor.

„Irgendwo in den USA gibt es eine sicher verschlossene Lagerhalle, die so scharf bewacht wird wie kaum ein anderes Gebäude auf der Welt. Nur absolut loyale Angehörige der Regierung und des Pentagon haben Zutritt. Denn in dieser Lagerhalle liegen unwiderlegbare Beweise dafür, daß es UFOs gibt."

Mit diesen Worten drückt der amerikanische Ufologe Otto Binder, Autor des sehr objektiven Werkes *What we really Know about flying saucers* (Was wir tatsächlich über Fliegende Untertassen wissen), seine Überzeugung aus, daß die amerikanische Regierung ein außerirdisches Flugobjekt verbirgt. Während manche fest daran glauben, halten andere die Behauptung für ein Sensationsmärchen. Die Verfechter dieser Überzeugung können sich kaum auf sichere Fakten berufen, doch liegen immerhin so viele Indizien vor, daß sich auch der größte Skeptiker fragen muß, ob nicht doch etwas an der Sache dran ist.

Da im gesamten Bereich der Ufologie die konkreten Anhaltspunkte so rar, so widersprüchlich und so ungesichert sind und wir oft genug auf anonyme Zeugenaussagen und rei-

Unten:
Washington D. C. bei Nacht. In der Mitte das berüchtigte Watergate Hotel. Ist zu befürchten, daß möglicherweise ein „kosmisches Watergate" im Gange ist, eine gigantische Vernebelungsaktion mit Gerüchten über abgestürzte Untertassen. Sollen diese Falschmeldungen nur die Aufmerksamkeit von ganz anderen Dingen ablenken?

nes Hörensagen angewiesen sind, liegt die Versuchung nahe, die Berichte von abgestürzten UFOs entweder als von sensationslüsternen Journalisten in die Welt gesetzt, oder als paranoisches Hirngespinst abzutun. Jahrelang vermieden ernsthafte Ufologen, diesen Hinweisen auf den Grund zu gehen.

Aber das änderte sich, als bei Aufdeckung der Watergate-Affäre und Enthüllungen über den Vietnamkrieg ans Licht kam, in welchem Maße die US-Regierung bereit war, durch gezielte Verschleierungs- und Täuschungsmanöver die Öffentlichkeit zu hintergehen. Nachdem es jahrelang geheißen hatte, der CIA habe nicht das geringste Interesse an UFOs, mußte

Kam das Roswell-UFO vom Raketenstützpunkt?

Links:
Präsident Dwight D. Eisenhower, der wahrscheinlich seinen Golfurlaub unterbrach, um am 20. Februar 1954 die Wrackteile einer abgestürzten Untertasse (und möglicherweise auch noch die tote Besatzung) in Muroc zu besichtigen. Normalerweise steht ein US-Präsident unter ständiger Beobachtung, aber für jenen Tag gibt es nur sehr unklare offizielle Berichte über Eisenhowers Tun. Auf jeden Fall ist sein Besuch in Muroc heute ein Teil der UFO-Legende.

Links:
Das NASA-Flugforschungszentrum beim Luftwaffenstützpunkt Edwards in Kalifornien. Er galt im Jahre 1947 (damals hieß er noch Muroc-Luftwaffenstützpunkt) als geheimer Bestimmungsort streng bewachter Wrackteile eines abgestürzten UFOs.

die US-Regierung auf das 1976 in Kraft getretene Informationsfreigabegesetz hin Unterlagen zur Veröffentlichung zulassen, aus denen das Gegenteil hervorging. Vermutlich handelt es sich dabei jedoch nur um die Spitze des Eisbergs. Was noch alles vertuscht wird, kann nur gemutmaßt werden.

Immerhin veranlaßte diese Erfahrung jedoch viele Ufologen, sich ernsthaft mit solchen Vorwürfen auseinanderzusetzen. Diese Ufologen gehörten zum großen Teil einer jüngeren Forschergeneration an, die nicht mehr einfach alles glaubte, was von offizieller Stelle verlautbart wurde.

Das größte Verdienst gebührt in diesem Zusammenhang dem Nestor der modernen Ufologie, Leonard Stringfield, der nahezu im Alleingang eine ganze Kette von Beweisen dafür zusammentrug, daß die amerikanische Regierung UFOs und UFO-Teile verwahrt. Am Ende seiner Bemühungen steht eine Sammlung von Zeugenaussagen, die zwar weitgehend anonym sind, aber dennoch ein beeindruckend geschlossenes Bild ergeben. Gleichzeitig gingen William Moore, Stanton Friedman und Charles Berlitz weiter den bereits geschilderten Ereignissen von Roswell nach.

Es gibt schlüssige Indizien dafür, daß zum Zeitpunkt des vermutlichen UFO – Absturzes in Neumexiko im Jahre 1947 eine ungewöhnlich große Fracht – möglicherweise also Wrackteile des abgestürzten Flugobjekts – unter strengen Geheimhaltungsmaßnahmen von Militäreinheiten über Land transportiert wurde. Der Bestimmungsort dieses Transport sei angeblich der Luftwaffenstützpunkt Muroc in Kalifornien gewesen. Und hier kommt nun tatsächlich eine kaum glaubliche, aber dennoch hartnäckig verfochtene Behauptung ins Spiel. Eben diesen Stützpunkt soll Präsident

Die Raketenabschußbasis White Sands Missile Range (WSMR) in Neu Mexiko liegt, an amerikanischen Maßstäben gemessen, nicht weit von Roswell: nur etwa 500 Kilometer. Seit 1945 sind von hier aus nicht weniger als 30 000 militärische Flugkörper verschiedenster Art gestartet worden, darunter auch die Lance Rakete (rechts). Besteht Anlaß zu der Vermutung, daß das 1947 bei Roswell gesichtete UFO, oder andere Flugobjekte, aus White Sands stammten?

Der Ufologe William H. Spaulding von der *Ground Saucer Watch* (GSW) ist davon überzeugt. Untersuchungen der GSW ergaben eine unverhältnismäßige hohe Zahl „unerklärlicher" UFO-Sichtungen über Neu Mexiko und den angrenzenden Staaten.

Viele der in White Sands gestarteten Flugkörper benahmen sich nicht so, wie man es von Raketen erwartet und konnten leicht mit „außerirdischen Raumschiffen" verwechselt werden, zumal die meisten Starts

bis 1964 bei Nacht stattfanden. Und schon im Dezember 1946 wurde im Rahmen „biologischer Experimente" eine V-2-Rakete 185 Kilometer hoch in den Raum geschossen: Vielleicht legte der Absturz einer solchen Testrakete, die Tiere an Bord hatte, den Keim für die Legende von den „Wesen aus dem All". Wäre ein derartiges Unglück überdies noch im Rahmen eines illegalen Raketentestflugs über Staatsgrenzen hinweg erfolgt, hätte schon Veranlassung bestanden, die zivilen Augenzeugen zum Schweigen zu bringen. Die Verantwortlichen von White Sands geben zu, daß etwa sieben Prozent ihrer Testobjekte verloren gehen, das bedeutet im Durchschnitt einen Absturz pro Woche.

Eisenhower am 20. Februar 1954 besucht haben, um dort die UFOs zu besichtigen.

Im Prinzip ist dies durchaus möglich. Eisenhower verbrachte damals einen Golfurlaub auf dem Landbesitz eines Freundes bei Palm Springs, nur 150 Kilometer von Muroc entfernt, obwohl er erst eine Woche zuvor von einem Jagdurlaub in Georgia zurückgekehrt war. Sollte der Präsident wirklich so kurz hintereinander zweimal Ferien gemacht haben?

Gewöhnlich verfolgt die Presse ganz genau, was der Präsident zu jeder Stunde des Tages tut. Für den 20. Februar jedoch fehlen für einen Zeitraum von mehreren Stunden derartige Informationen. Es ging sogar das Gerücht um, er sei gestorben. Auf einer rasch einberufenen Pressekonferenz wurde erklärt, er habe sich einer dringenden zahnärztlichen Behandlung unterziehen müssen. Einige Jahre später befragte man die Familie des betreffenden Zahnarztes. Die Auskunft lautete vage, ja, es könne schon möglich gewesen sein – als wenn man sich an so einen Tag nicht zeitlebens erinnern würde!

Im Mai 1954 behauptete ein Gerald Light in einem Brief, er habe mit eigenen Augen auf dem Stützpunkt Muroc gesehen, wie fünf außerirdische Flugobjekte von der Luftwaffe untersucht wurden. Außerdem bestätigte er den Eisenhowerbesuch. Leider ist über Light kaum etwas bekannt, wenn dieser Brief auch zweifellos existiert. Zu dem Eisenhowerbesuch gibt es noch zwei weitere Zeugenaussagen, die große Übereinstimmung aufweisen.

Aufgrund dieser Indizien entstand die Theorie, das gesamte UFO-Phänomen sei nur ein gezieltes Tarnmanöver der Regierung zur Verschleierung noch viel beunruhigenderer Tatsachen. Folgender Vorfall stützt diese Vermutung: Am 20. September 1977 beobachteten am frühen Morgenhimmel Einwohner der sowjetischen Stadt Petrosawodsk ein „quallenförmiges" Objekt. Man hielt es spontan für ein UFO; die Nachricht von dem Ereignis drang bis ins Ausland. Die Sowjetregierung leugnet

Die undurchdringlichen kanadischen Wälder, in denen, vermutlich streng geheim, irdische UFOs produziert werden. Wenn dies so ist, weshalb werden dann so viele verschiedene UFO-Typen an ganz unterschiedlichen Orten gesichtet, auch in so dicht besiedelten Regionen wie New York und London?

grundsätzlich, wie die anderen Regierungen auch, die Existenz von UFOs – aber diese Beobachtung konnte sie nicht einfach ignorieren.

Allerdings steckte dahinter etwas anderes, als die Öffentlichkeit vermutete; denn bei dem gesichteten Objekt handelte es sich um den von der geheimen Abschußbasis Plesetsk gestarteten Spionagesatelliten Kosmos-955. Das durften die Behörden aber nicht zugeben. Ihnen blieb keine andere Wahl, als die Öffentlichkeit in dem Glauben zu lassen, daß ein UFO gesichtet worden sei.

„CIA hat Beweise für die Existenz von UFOs", so lautete die Überschrift eines Artikels in der Zeitschrift *UFO-Report* im Jahr 1977, in dem ein ehemaliger Geheimdienstler eingestand, der CIA halte bewußt Beweismaterialien zurück. Allerdings könnten auch solche „undichten Stellen" Teil der Verschleierungsstrategie des CIA sein.

Sind UFOs doch irdischen Ursprungs?

Nicht ohne weiteres von der Hand zu weisen ist das Argument, daß die technischen Mittel, welche die UFOs auszeichnen, einen so hohen Standard haben, daß es keinem Staat auf Erden gelungen sein dürfte, sie heimlich zu entwickeln. Aber angenommen, die UFOs seien tatsächlich irdischen Ursprungs, wo kämen sie dann her? Aus den kanadischen Wäldern, wie eine Theorie besagt? Weshalb treten sie an so verschiedenen Orten und in so verschiedener Form auf? Wie erklären sich die Insassen, die sich von unserem Menschenbild so deutlich unterscheiden?

Im Dezember 1980 entdeckten zwei Frauen und ein Kind während einer Autofahrt in Texas ein gewaltiges glühendes Objekt am Himmel. Als sie anhielten, um es genauer zu beobachten, trugen sie Verbrennungen davon, die zum Teil sogar stationär im Krankenhaus behandelt werden mußten. Das Flugobjekt konnte über eine beträchtliche Entfernung gefährliche Strahlen aussenden. Ist es denkbar, daß die US-Regierung so riskante Versuche an einem Ort unternimmt, an dem sich Menschen aufhalten? Wenn das Militär aber nichts damit zu tun hatte, welche Aufgabe hatten dann die 23 Hubschrauber eines von der Luftwaffe verwendeten Typs, die das mysteriöse Flugobjekt begleiteten?

Es gibt noch viele andere ähnliche Berichte, die, für sich genommen, kaum glaubhaft sind, insgesamt betrachtet, jedoch den Verdacht erhärten, daß die US-Regierung, und möglicherweise auch noch andere Staaten, Flugobjekte besitzen, von denen die Öffentlichkeit nichts erfahren soll, gleichgültig, ob es sich nun um außerirdische UFOs oder um streng geheime militärische Flugkörper handelt.

UFOs
und die Wissenschaft

*Für die Untersuchung von angeblichen UFO-Fällen werden heute
hochkomplizierte technische Mittel eingesetzt. Computerfoto-
analyse, differenzierte Radarkontrolle des Luftraums und der
Einsatz moderner Flugzeuge sind von unschätzbarem Wert,
wenn es darum geht, Betrügereien und falsche Fährten von echten
UFO-Fällen zu unterscheiden.*

Rätselhafte Kräfte

Viele UFOs kündigen sich durch einen plötzlichen Ausfall elektrischer Geräte oder von Automotoren an, die sich in ihrer Nähe befinden. Welche Kräfte verursachen solche Störungen? Werden sie absichtlich ausgelöst, oder sind diese Phänomene nur Begleiterscheinungen?

Für den Streifenpolizisten A. J. Fowler in der texanischen Kleinstadt Levelland war der Abend des 2. November 1957 sehr ereignisreich. Gegen 23 Uhr erhielt er auf der Hauptwache den ersten von mehreren seltsamen Telefonanrufen. Es meldete sich ein Pedro Saucedo mit folgender Story: „Sechs Kilometer westlich von Levelland ist ein torpedoförmiges, hell erleuchtetes, gelbweißes Flugobjekt mit hoher Geschwindigkeit auf meinen Laster zugeflogen. Als es sich dicht über dem Fahrzeug befand, gingen Scheinwerfer und Motor des Lasters aus. Das Objekt gab große Hitze ab, und als ich ausstieg, um es besser zu sehen, wurde ich ohnmächtig. Als das UFO sich entfernte, gingen die Scheinwerfer wieder an, und der Motor ließ sich ohne Schwierigkeiten starten." Saucedo und sein Beifahrer mußten noch ein ganzes Stück fahren, um die Polizei anrufen zu können; aber Fowler maß der Geschichte zunächst keine Bedeutung bei.

Eine Stunde später erfolgte ein weiterer Anruf, diesmal von einer Stelle sechs Kilometer

Rechts:
Eine leuchtende Kugel schwebt über der spanischen Insel Gran Canaria in einer Juninacht im Jahre 1976. Dieses Foto gehört zu einer Serie von 36 Aufnahmen. Während anderer Sichtungen in derselben Nacht und vermutlich desselben Objekts fielen Radios und Fernsehgeräte aus.

Unten:
Dieses UFO wurde von Pedro Saucedo bei Levelland in Texas gesichtet. Dabei versagten Motor und Scheinwerfer seines Lastwagens.

östlich von Levelland (aus der gleichen Richtung, in die das Objekt geflogen war). Ein Mann berichtete von der Begegnung mit einem glänzenden, eiförmigen, ungefähr 60 Meter langen UFO mitten auf der Straße. Motor und Scheinwerfer seines Autos wären ausgefallen. Das Objekt habe ein helles neonartiges Licht ausgestrahlt. Als er aus dem Auto gestiegen sei, hätte sich das Objekt aufwärts bewegt. Danach hätte er sein Auto wieder starten können.

Kurze Zeit später meldete sich ein weiterer Autofahrer mit gleichen Beobachtungen.

Während der nächsten Stunde gingen noch mindestens vier ähnliche Meldungen ein. Ein Feuerwehrmann berichtete, er habe ein rotes Licht am Himmel gesehen, gleichzeitig hätte sein Motor gestottert, und die Scheinwerfer wären erloschen. Von einem geheimnisvollen roten Licht sprachen außerdem noch ein Sheriff und sein Gehilfe.

Nachrichten von derartigen Geschehnissen, wenn auch nicht in dieser Häufung, kommen aus aller Welt. Meist wird der Radioempfang gestört, Motoren stottern oder ersterben, Instrumente schlagen wild aus, Scheinwerfer erlöschen, oder gar die gesamte Elektrik des Fahrzeugs wird beschädigt. In der Regel lassen sich die Autos wieder starten, wenn sich die Flugobjekte entfernt haben. Manchmal erleiden die Autoinsassen schwere seelische

Unten:
*Eine Curtiss C-46 der brasilia-
nischen Luftfahrtgesellschaft
Varig. Bei einem Flugzeug dieses
Typs traten während einer UFO-
Beobachtung im Jahr 1957
schwerwiegende Störungen der
Bordelektrik auf.*

Ganz unten:
*Am 2. November 1957 versperrte
östlich von Levelland ein UFO
einem Auto die Straße.*

Schocks, und auch von starken Wärmeaus-
strahlungen, statischer Elektrizität oder außergewöhnlichen Gerüchen ist bisweilen die
Rede. Nur in seltenen Fällen werden außerirdische Wesen gesichtet.

Manchmal tragen Autos bleibende Schäden
davon, die dann von Wissenschaftlern untersucht werden können. Dabei gilt es, bewußte
oder unbewußte Täuschungen auszuschalten.
Von einigen wenigen solcher Schadensfälle
wird angenommen, daß sie durch Kugelblitze
verursacht wurden.

Auch in Flugzeugen kam es bei UFO-Begegnungen zu Störungen der elektrischen Anlagen. So traf am 4. November 1957 eine C-46
der Varig Airlines auf dem Flug vom Porto
Alegre nach Sao Paulo auf ein ungewöhnliches
Flugobjekt. Pilot und Co-Pilot sahen ein rotes
Licht rasch auf sich zukommen. Plötzlich
schoß es im Winkel von 45° nach oben und
wurde größer. Im Flugzeug verbreitete sich ein
Geruch von versengtem Gummi. Das Richt-
fluggerät, ein Generator und die Funkanlage
brannten durch. Unmittelbar darauf war das
Objekt verschwunden.

Auch auf Schiffen ist schon ähnliches passiert. So sahen am 15. Dezember 1968 gegen
15 Uhr zwei Seeleute an Bord des Frachters
Teel bei Hawk Inlet in Alaska eine runde weiße Lichterscheinung langsam auf sich zuschweben. Um 19 Uhr war das Objekt immer

Feuer eröffnen, aber die elektronisch gesteuerten Bordgeschütze reagierten nicht. Im Umkreis von 5 Kilometern des Objekts versagte die gesamte Elektronik einschließlich der Funkanlage.

Thesen über die Ursachen derartiger Phänomene bleiben bislang weitgehend Spekulation, da man erst sehr spät damit begonnen hat, sie wissenschaftlich zu analysieren.

Eine allgemein stark beachtete Untersuchung wurde im Auftrag des *Condon Committee* durchgeführt, die sich mit den Wirkungen starker Magnetfelder auf die Magnetströme am Auto beschäftigte. Man fand heraus, daß an Kraftfahrzeugen bei der Herstellung Magnetfelder entstehen, die von dem zur betreffenden Zeit herrschenden örtlichen Erdmagnetismus geprägt sind. Normalerweise bleibt dieses magnetische Feld konstant und ist bei allen Fahrzeugen eines bestimmten Typs und Baujahres gleich.

Als nun in dem Experiment über einen Test-Wagen Magnete geführt wurden, veränderte sich die Struktur des eigenen Magnetfeldes.

noch sichtbar, wobei es jetzt auf dem Wasser zu treiben schien. Dann stieg es empor und flog über einen nahen Bergkamm davon.

Am darauffolgenden Abend war das seltsame Licht wieder zu sehen. Es näherte sich langsam, bis es unmittelbar über dem Mast der *Teel* in etwa 21 Meter Höhe lautlos verharrte. Die Besatzung des Schiffes benachrichtigte über Funk den Luftwaffenstützpunkt Elmendorf und die Küstenwache. Nach etwa 5 Minuten fielen Schiffsmaschine und Funkanlage aus. Ein Notaggregat arbeitete nur mühsam und drohte ebenfalls zu versagen. Als das Objekt sich entfernte, funktionierte der Generator wieder normal. Der amerikanische Ufologe Dr. James Harder vertritt die Auffassung, das UFO habe möglicherweise einen Kurzschluß im Generator ausgelöst, durch den der Dieselmotor so überlastet worden sei, daß er zu stottern begann.

Es wird in diesem Zusammenhang auch von elektromagnetischen Phänomenen geredet. Das beweist jedoch gar nichts und wirft nur neue Fragen auf. Solche Vorgänge lassen sich auch durch die moderne Physik nicht klären. Eine andere Theorie besagt, daß UFOs ein starkes Magnetfeld um sich verbreiten, das auf die Steuerung elektrischer Anlagen einwirkt. In diesem Falle müßte es sich allerdings um ein sehr präzise kontrolliertes Feld handeln.

Von „gezielten Störaktionen" spricht ein Bericht aus dem Iran. Am 18. September 1976 wurde vom Kontrollturm des Flughafens Mehrabad in Teheran ein unbekanntes Flugobjekt ausgemacht, und zwei Phantom-Jäger der iranischen Luftwaffe stiegen auf, um seine Verfolgung aufzunehmen. Die Piloten beschrieben das Objekt als rund. Als sie sich ihm näherten, beschleunigte es auf mehrfache Schallgeschwindigkeit, wendete und flog auf die Jäger zu. Die Piloten wollten sofort das

Daraus ergibt sich: Bei jedem Auto, das einem fremden Magnetfeld von ausreichender Intensität ausgesetzt war, verändert sich sein eigenes Magnetfeld.

Daraufhin wurden zwei Autos untersucht, die bei UFO-Begegnungen Ausfälle gezeigt hatten. In beiden Fällen hatten sich die Magnetfelder seit ihrer Herstellung nicht verändert. Demnach konnte die Ursache der berichteten Störungen kein starkes Magnetfeld gewesen sein.

Effektverdoppelung

Das heißt aber nicht, daß Magnetfelder nicht in anderen Fällen eine Rolle spielen könnten. Dieser Schluß wäre voreilig, da bisher nur wenige der betroffenen Autos gründlich untersucht wurden.

Beeinflussen geistige Kräfte Motoren?

Die Beziehung zwischen UFOs und herkömmlichen „übersinnlichen" Phänomenen wurden in den letzten Jahren eingehend erforscht. Unter den Auswirkungen von „Poltergeistern", die möglicherweise aus der Psyche der Betroffenen resultieren, sind elektromagnetische Effekte relativ selten, aber nicht unbekannt. Eine junge Frau, die als Baby adoptiert worden war, hatte eine Woche vor ihrer Heirat das traumatische Erlebnis, ihrer leiblichen Mutter zu begegnen. Als sie an jenem Abend nach Hause kam, schaltete sie sämtliche Lampen ein. Eine Birne nach der anderen brannte durch, – einige explodierten. Dieser Vorfall, der Ähnlichkeit mit Poltergeisterscheinungen hat, war möglicherweise auf ihren seelischen Zustand zurückzuführen.

Elektromagnetische Effekte gehören zu den psychokinetischen Phänomenen, die im Labor gezielt herbeigeführt werden können. Dabei fand der Parapsychologe Julian Isaacs von der Aston Universität im englischen Birmingham heraus, das solche Effekte öfter dann auftreten, wenn die Versuchspersonen, aus Gründen, die man noch nicht kennt, mit dem Bild eines Babys oder dem Wort „Baby" konfrontiert werden.

Wären UFOs reine Gedankenprodukte der jeweiligen Augenzeugen, dann müßte dasselbe auch für die sichtbaren Auswirkungen, wie zum Beispiel das Versagen von Kraftfahrzeugen, gelten.

Unten:
Zu den Teilen des Automotors, die erfahrungsgemäß leicht durch äußere Einflüsse gestört werden können, zählen: Batterie, Lichtmaschine, Zündkerzen und der Spannungsregler. Unter dem Einfluß von Mikrowellenstrahlung kann sich die Batterie über die Scheinwerfer entladen, während eine Verringerung des Luftdrucks das Funktionieren des Vergasers beeinträchtigt.

rufen (was die geschilderten Hautverbrennungen erklären würde).

Eine abwegig anmutende, aber sorgsam durchdachte Hypothese lautet, daß Mikrowellen eventuell Wolframfäden im Scheinwerfer so zu beeinflussen vermögen, daß sich dadurch die Batterie entlädt und der Motor ausfällt.

Allerdings wird eine leere Batterie erst nach Wiederaufladung funktionsfähig, während in vielen der beschriebenen Fälle der Motor unmittelbar nach dem Verschwinden des UFOs wieder ansprang.

Die Ufologenvereinigungen verfügen nicht über die Mittel, um breit angelegte Untersuchungen zur Lösung dieser Fragen durchzuführen, aber in Zukunft werden offizielle

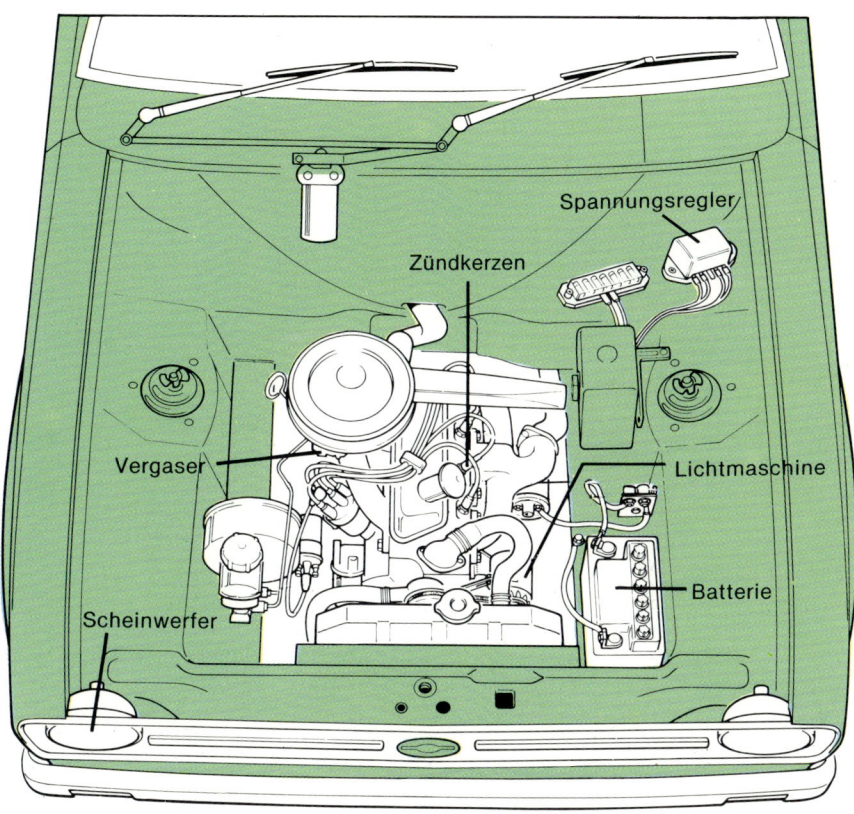

Spannungsregler

Zündkerzen

Vergaser

Lichtmaschine

Batterie

Scheinwerfer

Im Auftrag der *British UFO-Research Association* führte ein Forscherteam in kleinem Rahmen Experimente zur Wirkung von Magnetfeldern durch. Ein interessantes Ergebnis besagt, daß der Spannungsregler bei vielen Autos schon durch vergleichsweise schwache Magnetfelder gestört werden kann. Bei geschlossener Motorhaube stellt allerdings die Karosserie einen wirksamen Schutz gegen Magneteinwirkungen dar: Um auch nur schwache Magnetfelder im Innern des Motorraums zu erzeugen, müssen von außen sehr starke Kräfte einwirken.

Weitere mögliche Störungsursachen sind Mikrowellen, die eine starke Erhitzung bestimmter Teile bewirken könnten. Intensive ultraviolette Strahlung könnte Elektronen im Metall freisetzen und so Kriechströme hervor-

Linke Seite oben:
Ein unidentifizierbares Objekt schwebt auf dem Wasser. Bei Hawk Inlet in Alaska beobachtete die Besatzung des Frachters Teel *in zwei aufeinanderfolgenden Nächten ein weißes Licht. Es verursachte Störungen im elektrischen System und im Dieselgenerator des Schiffes.*

Linke Seite unten:
Ein Phantom *der ehemaligen Kaiserlich-persischen Luftwaffe. Das komplizierte elektronische Bordwaffensteuersystem eines dieser Überschalljäger fiel in dem Augenblick aus, als der Pilot versuchte, auf ein UFO zu schießen.*

Stellen sich zunehmend dieser Problematik annehmen müssen. Vor allem hat die Landesverteidigung Interesse an der Erforschung von Strahlen, die selbst schwere Fahrzeuge zum Stehen bringen und auf Flugzeuge einwirken können. Außerdem gehört es zu ihrer Aufgabe, sich um Abwehrmöglichkeiten zu kümmern.

Geologische Verwerfungen und Lichterscheinungen

Vulkanische Eruptionen können unter Umständen spektakuläre Lichterscheinungen auslösen. Haben diese Lichtphänomene etwas mit den UFOs zu tun?

Der chinesische Berg Wu Tai Shan nimmt vielleicht eine Schlüsselposition bei der Enträtselung des UFO-Phänomens ein. Auf seinem Südgipfel steht ein Turm, der einst erbaut wurde, um die Beobachtung eines aufregenden Phänomens zu ermöglichen, das im alten buddhistischen China als Manifestation Buddhas galt. John Blofeld war vermutlich der letzte Europäer, der es in den dreißiger Jahren mit eigenen Augen sah. Gemeinsam mit seinen Gefährten saß er im Turm auf Beobachtungsposten, als nach Mitternacht plötzlich ein

Ein seltenes Foto von Erdbebenlichtern bei Matsushiro in Japan. Es wurde während einer „Welle" leichterer seismischer Beben zwischen 1965 und 1967 aufgenommen. Schon seit Jahrhunderten gibt es immer wieder verläßliche Berichte über solche Phänomene, aber von der Wissenschaft werden sie erst seit kurzem anerkannt.

Mönch eintrat und rief: „Der Bodhisattva ist erschienen." Was Blofeld dann durch das Turmfenster sah, verschlug ihm den Atem. „Dort am weiten Himmel vor dem Fenster", so schrieb er später, „zogen unzählige Feuerbälle majestätisch vorüber ..." Offenbar traten diese Lichterscheinungen so regelmäßig auf, daß die Mönche den Beobachtungsturm bauten. Sie brachten das Phänomen mit dem Berg in Verbindung.

Es spricht vieles dafür, daß diese „Feuerbälle" tatsächlich auf „Gipfelentladungen" zurückgehen – sonderbare Lichtstrahlen, die zuweilen über hohen Bergspitzen beobachtet werden können. Man kennt sie vor allem aus den südamerikanischen Anden, und manchmal sind sie über ungeheure Entfernungen hin

Links und unten:
*Eine Illustration aus dem 1898
erschienenen Buch* Earthquakes
*(Erdbeben) von Arnold Boscowitz.
Der Himmel ist voller Blitze und
Meteore. Für die angstvoll zum
Himmel aufschauenden Augen-
zeugen sind sie Vorzeichen eines
Erdbebens. Ein weiteres Beispiel
für solche „Erbebenlichter" wurde
im März 1878 in Logelbach im
Elsaß beobachtet. Von der
etablierten Wissenschaft wurde
dieses Phänomen 1981 anerkannt,
als es Dr. Brian Brady gelang, im
Labor solche „Erdbeben"-Lichter
herbeizuführen und zu
fotografieren, indem er einen
Granitblock unter starken Druck
setzte (siehe nächste Seite).
Megalithe sind riesige Steinblöcke.
Ist es denkbar, daß auch sie Licht
abstrahlen, wenn sie durch
Naturkräfte unter enormen Druck
geraten?*

sichtbar. Über den chilenischen Andengipfeln kommen sie vom Spätfrühling bis zum Früherbst vor. Das gleichbleibende Leuchten rings um den Gipfel kann dabei in ausbrechende Strahlen übergehen, die wie gigantische Scheinwerferkegel aussehen. Derartige Phänomene wurden vor allem bei klarem Himmel beobachtet und scheinen in engem Zusammenhang mit Erdbeben zu stehen. So waren beispielsweise im August 1906, um die Zeit eines großen Erdbebens in Chile, die Gipfelentladungen dort so hell, daß, wie ein Zeuge sich ausdrückte, „der ganze Himmel in Flammen zu stehen schien".

Der Zusammenhang mit Erdbeben ist deshalb so interessant, weil in Verbindung mit seismischen Aktivitäten auch noch andere Lichterscheinungen beobachtet wurden – die „Erdbebenlichter", die sehr unterschiedliche Form annehmen können. Unmittelbar vor den heftigen seismischen Erschütterungen 1957 im Charnwood Forest in der englischen Grafschaft Leicestershire berichteten mehrere Dutzend Menschen von „kaulquappenförmigen" fliegenden Lichtern am Himmel. Während eines Erdbebens 1932 in der kalifornischen Humboldtregion sahen die beobachteten Lichter aus wie „vom Boden aus in den Himmel fahrende Blitze". Während eines anderen kalifornischen Erdbebens in der Gegend von Hollister 1961 sahen Leute blinkende Lichter, die von verschiedenen Punkten der benachbarten Berge ausgingen. Als man die betreffenden Stellen später untersuchte, fanden sich weder Spuren noch Hinweise auf die Ursachen dafür.

In Japan sind Erdbeben recht häufig, deshalb ist man dort auch in der Untersuchung seismischer Lichterscheinungen bis heute am weitesten fortgeschritten. Ein Forscher namens Musya sammelte nicht weniger als 1500 solcher Augenzeugenberichte bei einem einzigen Erdbeben, das am 26. November 1930 die Idu-

halbinsel erschütterte. Ganz unterschiedliche Lichterscheinungen wurden wahrgenommen: überlanges Wetterleuchten, nordlichtartige Streifen am Horizont sowie Lichtkegel, die vom Bebenzentrum ausgingen. Aber auch Feuerbälle und aneinandergereihte, runde Lichterscheinungen wurden beobachtet. Einige waren so hell, daß sie noch in 50 km Entfernung das Land mondlichtartig erleuchteten. Das wichtigste Material zu solchen Lichtphänomenen verdanken wir jedoch einem anderen Forscher, Yasui, der zwischen 1965 und 1967 Fotoaufnahmen von atmosphärischen Leuchterscheinungen bei den häufigen kleineren Beben in der Gegend von Matsushiro sammelte.

Damit steht fest, daß die seismische Aktivität unseres Planeten ungewöhnliche atmosphärische Lichterscheinungen verursachen kann, auch wenn die Wissenschaft bislang nicht entschlüsselt hat, auf welche Weise. In ihrem 1977 erschienenen Buch *Space-Time transients* (Reisende durch Raum und Zeit) stellen Michael A. Persinger und Ghislaine F. Lafrenière die Theorie auf, daß UFOs in Wirklichkeit nichts anderes als geologisch bedingte Lichterscheinungen sind. In Gegenden, wo Erdbeben vorkommen, kann die Seismoelektrizität in der Nähe geologischer Verwerfungen zu Ionisierungseffekten in der Atmosphäre führen. Die Forscher behaupteten weiter, daß die geophysikalischen Bedingungen, die solche Lichterscheinungen hervorbringen oder mit ihnen in Zusammenhang stehen, möglicherweise auch die Vorgänge im menschlichen Gehirn beeinflussen und Halluzinationen hervorrufen.

Allerdings hatten auch schon vorher Ufologen festgestellt, daß eine Korrelation zwischen UFO-Erscheinungen und geologischen Verwerfungen besteht. So untersuchte der Franzose F. Lagarde die UFO-Beobachtungen im Zuge der UFO-Welle in Frankreich 1954 und kam zu dem Schluß: „UFOs werden vor allem

über geologischen Verwerfungszonen gesichtet." Zum gleichen Ergebnis kamen auch die Ufologen Lopez und Ares bei der Untersuchung einer Häufung von UFO-Sichtungen in den Jahren 1968/69 in Spanien. Ende der sechziger Jahre wurde die Region um Pereiro in Brasilien von einer wahren UFO – „Plage" heimgesucht. Es kam zu gewaltigen Detonationen, und „gigantische" blaugrüne Feuerbälle „flogen kreuz und quer über den Himmel". Es gab aber auch kegelförmige Lichterscheinungen, und manche der UFOs schienen „Suchscheinwerfer" auf den Boden zu richten. Zur gleichen Zeit wurde die Region fast täglich von leichten Beben heimgesucht. Die Lichter traten immer einige Stunden vor den Erderschütterungen auf. „Die Lichtbälle deuteten genau darauf hin, wann und wo die Erde beben wird."

Unten:
Landkarten der Grafschaft Leicestershire, auf denen die Hauptverwerfungszonen und die Regionen der meisten UFO-Beobachtungen markiert sind. Im Rahmen eines zwischen 1972 und 1976 durchgeführten Forschungsprojekts ergab sich, daß sich die jeweiligen Zonen in erstaunlichem Maße decken.

Wo Seltsames schon Tradition ist

In der Zeit von 1972 bis 1976 wurde die mittelenglische Grafschaft Leicestershire unter Mitwirkung des dort ansässigen Ufologen Andrew York und des Autos dieser Darstellung einer gründlichen Untersuchung im Hinblick auf alte Kultstätten und Taditionen seismischer und meteorologischer Phänomene sowie UFO-Erscheinungen unterzogen. Dabei entdeckte man einerseits bis dato unbekannte Steinmale und andererseits die Tatsache, daß gerade diese Grafschaft eine besondere Häufigkeit seismischer Ereignisse aufweist, die sich bis ins 16. Jahrhundert belegen läßt. Zugleich fand man über Jahrunderte zurückreichende Berichte, in denen ausführlich von bemerkenswerten atmosphärischen Phänomenen in Leicestershire die Rede ist. Ein typischer Vorfall ereignete sich 1659 in dem Dorf Markfield, das im Charnwood Forest liegt, einer Gegend im Nordwesten der Grafschaft, die von zerklüftetem altem Felsgestein geprägt ist, Teil einer geologischen Verwerfungszone. „Gewaltige Blitze", so heißt es, fuhren aus den Wolken, begleitet von „fürchterlichen" Donnerschlägen. So ging es eine ganze Weile, ohne daß es regnete. Schließlich prasselten seltsam geformte große Hagelkörner herab. Dann fing die Atmosphäre an zu knistern, und es knallte „wie Musketen", und „wundersame feuerspeiende Erscheinungen" flogen dicht über dem Boden. Manche entwurzelten Bäume und zerstörten Häuser. Dieses sonderbare Spektakel endete genauso plötzlich, wie es begonnen hatte. Im darauf folgenden Jahrhundert vermerkte der Geistliche des ebenfalls im Charnwood Forest gelegenen Dorfes Shepshed in seinen Tagebüchern, daß ungewöhnliche Nordlichter am Himmel zu beobachten seien, die „heftig vibrierten oder hin- und herschossen". Die-

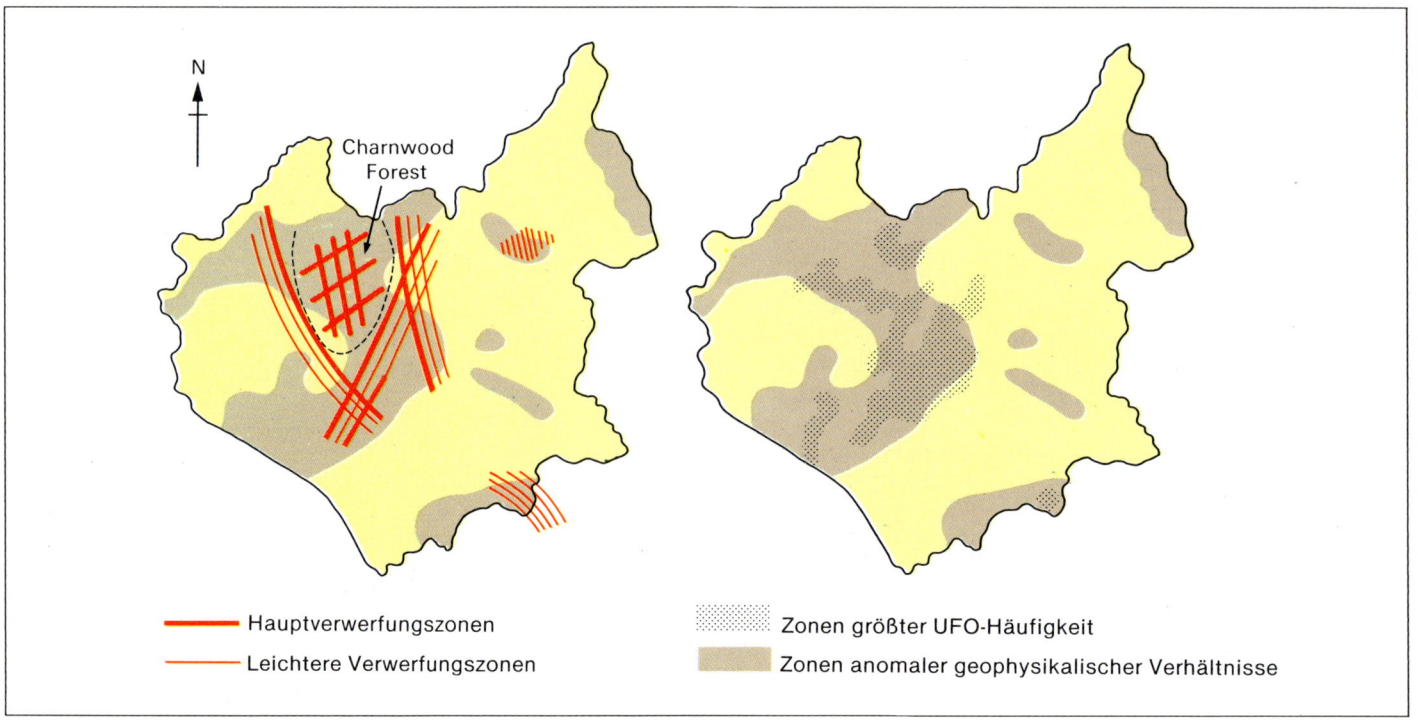

Hauptverwerfungszonen

Leichtere Verwerfungszonen

Zonen größter UFO-Häufigkeit

Zonen anomaler geophysikalischer Verhältnisse

se Lichterscheinungen traten neun Jahre lang zu allen Jahreszeiten über den ganzen Himmel verteilt auf, so daß es sich nicht um gewöhnliches Nordlicht gehandelt haben kann. In jüngerer Zeit waren in Leicestershire ebenfalls ungewöhnliche geophysikalische Ereignisse zu verzeichnen; so etwa der Niedergang der größten Menge von Bruchstücken eines einzigen Meteoriten, die in Großbritannien überhaupt belegt ist. Dieser Vorfall ereignete sich am Weihnachtsabend 1965 in Barwell, ungefähr 16 Kilometer südlich von Charnwood. Das „Bombardement" aus dem Weltall beschädigte Häuser und zwang die mit den letzten Weihnachtseinkäufen beschäftigten Menschen auf den Straßen, sich in die Ladeneingänge zu flüchten. Verletzt wurde niemand. Zehn Jahre später suchte noch ein außergewöhnliches Geschehnis dieses Dorf heim: Ein Feuerball, mit einem Durchmesser von etwa einem Meter, vielleicht ein Kugelblitz – rotierte durch die Hauptstraße. Schließlich stieß er gegen ein Haus und explodierte.

Sonderbare Unwetter

Die Leicestershire – Studien ergaben, daß sich die ungewöhnlichen seismischen und meteorologischen Erscheinungen in jenen Teilen der Grafschaft häufen, die auch die meisten geologischen Verwerfungen aufwiesen: in der westlichen Hälfte, insbesondere in der Gegend von Charnwood. Für die seismischen Aktivitäten war das zu erwarten, weniger für die meteorologischen Phänomene. Die meisten üblichen Unwetter traten im Osten des Landes auf, woraus die Forscher folgerten, es müsse in der Nähe geologischer Verwerfungszonen bestimmte magnetische oder elektrische Faktoren geben, die auf irgendeine Weise ungewöhnliche atmosphärische Phänomene verursachen oder deren Entstehung begünstigen.

Diese Hypothese wurde erhärtet, als man sorgsam gesammelte UFO-Sichtungen mit geophysischen Daten verglich und feststellte, daß die UFO-Erscheinungen an den Stellen am häufigsten auftraten, die geologische Verwerfungszonen bildeten. Sind UFOs also ein spezielles geophysisches Phänomen?

Im Rahmen eines britischen Forschungsprojekts wurde die Leicestershirestudie noch einmal herangezogen. Man wertete 800 UFO-Fälle aus 19 Jahren zwischen 1904 und 1977 aus und berücksichtigte bei der Feststellung der Beobachtungsorte auch die Bevölkerungsdichte des Gebietes, weil in einer dünn besiedelten ländlichen Gegend ein UFO eher unbeachtet bleiben kann, als über einer Großstadt.

Die nebenstehende Karte ist nur zur besseren Veranschaulichung der Situation zu verstehen. Sie beruht auf Daten, die nicht nach statistischen Gesichtspunkten ausgewählt wurden; aber sie ist die beste, die derzeit für England und Wales vorliegt. Vergleicht man sie mit einer Karte der englischen und walisischen Erdbebenzentren, ergibt sich eine erstaunliche Parallele.

Die Hanging Stone Rocks in Leicestershire sind ein eindrucksvolles Beispiel für Felsschichtungen in dieser Gegend um Charnwood Forest. Während eines von hier ausgehenden Bebens im Jahre 1957 gab es viele Berichte von kaulquappenförmigen Lichterscheinungen.

Unten:
Ein Felsmassiv in der Nähe des Dorfes Shepshed im Charnwood Forest. Im 18. Jahrhundert berichtete ein Geistlicher aus dieser Gegend von seltsamen Lichterscheinungen, die „heftig vibrierten oder am Himmel hin- und herschossen".

Unerklärliche Phänomene?

Besonders aufregend sind die auf der UFO-Karte eingezeichneten sogenannten „Fenster" von Barmouth, Dyfed und Warminster. Die UFO-Sichtungen von Barmouth fielen in die Zeit einer regelrechten UFO-Welle in den Jahren 1904 und 1905. Damals wurden zahlreiche kugelförmige und andere bizarre Lichterscheinungen beobachtet. Viele Menschen hielten sie für Wundertaten der Methodistenpredigerin Mary Jones. Die Analyse dieser Berichte war deshalb sehr aufschlußreich, weil eine Reihe der Augenzeugen hervorhob, daß die Lichterscheinungen größtenteils vom Erdboden ausgingen oder zumindest zuerst in Bodennähe auftraten. So erblickten drei Geistliche

bei Cefn Mawr, das unmittelbar über einer Verwerfung liegt, Lichtbälle, die „von der Erde aufstiegen und letztlich mit einem grellen Blitz zerplatzten". Ein anderer Augenzeuge, Bewohner des Dorfes Dyffryn in der Nähe von Barmouth, sah im Januar 1905 drei Lichtsäulen aus dem Erdboden emporragen, und im Mai des gleichen Jahres wurde ein ähnliches Phänomen beobachtet, nur daß hierbei aus den Säulen auch noch Lichtbälle austraten. Ein Ehepaar wiederum bemerkte in der Nacht des

Oben:
Darstellung eines geheimnisvollen Lichtobjektes, das der Maler John Petts während einer UFO-Welle um St. Brides Bay, Dyfed/Wales im Jahre 1977 beobachtete.

Unten:
Vergleichskarten von England und Wales für ausgewählte UFO-Sichtungen (blau) und Erdbebenepizentren.

25. März 1905 dunkelrote Lichtkugeln, die von einem Feld in der Nähe einer Kapelle bei Harlech aufstiegen. Dies sind nur einige von vielen Beispielen. Eine ebenfalls ungewöhnliche Erscheinung erlebte nur wenig später im gleichen Jahr ein Augenzeuge. Er sah „am Himmel einen verschwommenen Lichtball von etwa 17 bis 20 Zentimeter Durchmesser … dann wurde die Lichtkugel sehr viel heller und … sehr viel größer … Sie hatte jetzt eine ovale Form … Sie glitzerte und zitterte heftig. Daraufhin schienen sich zwei lange verschwommene Lichtstrahlen von der Kugel bis fast auf den Boden herabzusenken." Ein anderer Zeuge sah die selbe Lichterscheinung kurze Zeit später. Sie schwebte jetzt frei dahin und leuchtete sehr hell. Könnte es sein, daß UFO-Zeugen irrtümlicherweise glauben, daß die „Suchscheinwerferstrahlen" von oben nach unten gerichtet sind, während es sich in Wirklichkeit um Bodenentladungen handelt?

1981 gelang es Dr. Brian Brady vom *US Bureau of Mines* in Denver (Colorado) im Labor den Nachweis dafür zu erbringen, daß geologisch bedingte atmosphärische Lichterscheinungen möglich sind. Er setzte ein Stück Granit unter starken Druck und filmte die dabei entstehenden kurzaufflammenden Lichtpunkte um das Mineral. Sie schossen davon, schwebten auf der Stelle oder folgten den Rissen im Graphit.

Forschungsergebnisse, Zeugenaussagen und Experimente bestärken die Annahme, daß UFOs nicht von fernen Planeten kommen, sondern eher von unserer Erde stammen, die selbst Geheimnisse genug birgt.

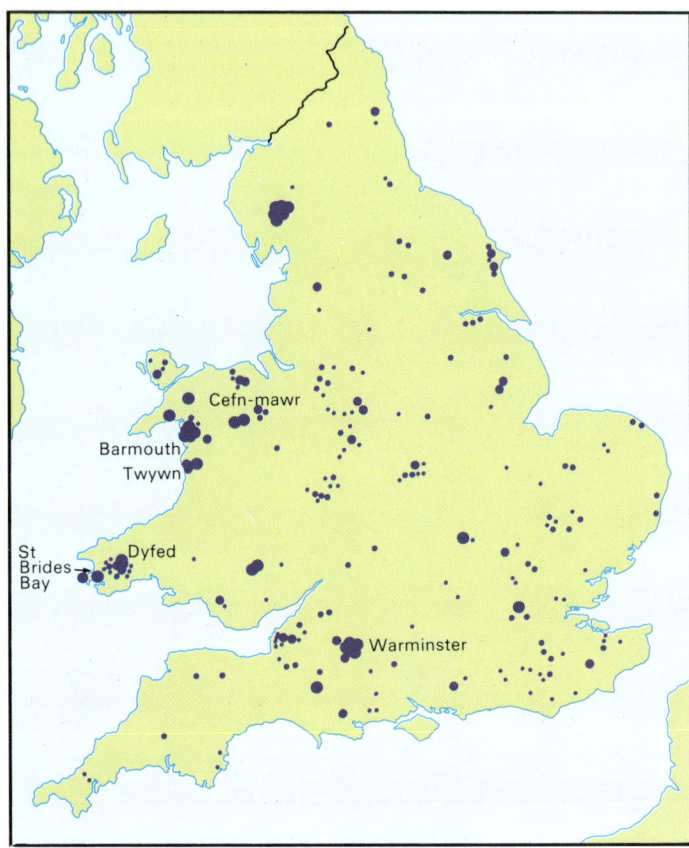

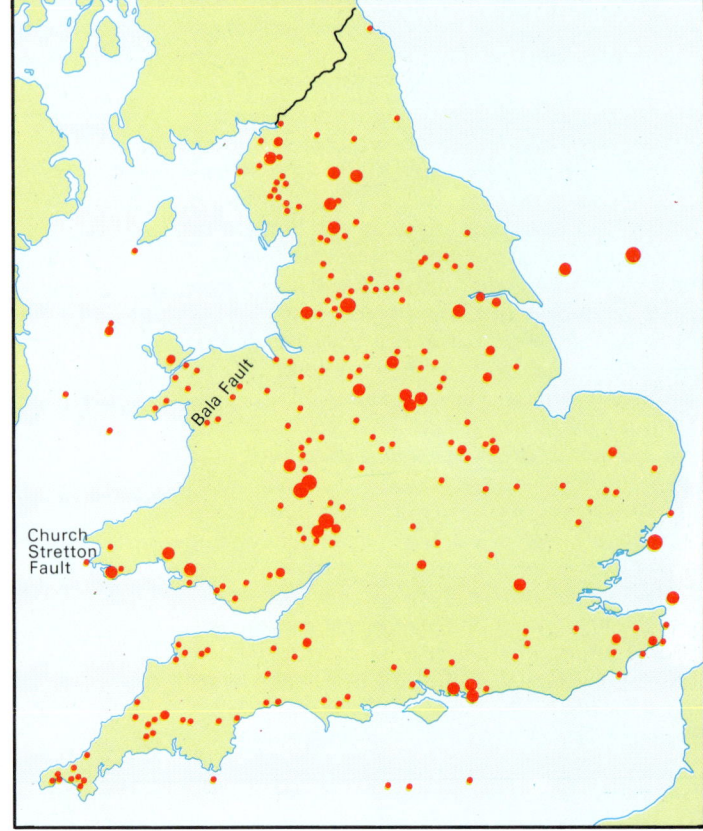

Ist die Erde an allem schuld?

Vielleicht sind die in der Nähe von Steinkreisen gesichteten UFOs gleicherweise Produkte der Erdenergie. Diese kaum erforschten Energien könnten den Zusammenhang zwischen alten Kultstätten, seismischer Aktivität, elektromagnetischen Feldern und UFOs herstellen.

Menhire, die aufgestellten hochragenden Steinsäulen aus vorgeschichtlicher Zeit, stehen wahrscheinlich an besonders energiegeladenen Punkten der Erde. Dafür sprechen viele alte Bräuche, Erfahrungen aus der Geomantik und Wünschelrutengängerei sowie die Reaktionen von menschlichen Medien auf solche Orte und eine Reihe gesicherter naturwissenschaftlicher Forschungsergebnisse. Um die Untersuchung solcher Zusammenhänge hat sich insbesondere das *British Dragon Project* seit 1977 verdient gemacht. Die Ergebnisse geben Grund zu der Annahme, daß bei der Errichtung dieser alten Kultstätten geophysikalische Faktoren eine Rolle gespielt haben könnten. Gleichzeitig deutet manches darauf hin, daß einige dieser Faktoren eventuell auch eine Verbindung zwischen solchen Megalithanordnungen und jenen außergewöhnlichen atmosphärischen Phänomenen, die wir UFOs nennen, herzustellen vermögen.

Bereits 1969 hat John Michell die These aufgestellt, daß diese Steinkreise über geologischen Verwerfungen lägen. Das war jedoch nur Spekulation, und erst 1982 bestätigte der Geologe Paul McCartney diese Annahme. Großbritannien bietet sich hier als ein ideales Forschungsfeld an, da es nicht nur sehr viele dieser Steinmonumente aufweist, sondern auch zugleich ein ungeheuer breites Spektrum an unterschiedlichen geologischen Landschaftstypen kennt. Hier haben eine Fülle von Gebirgsbildungsprozessen stattgefunden. Der letzte war die „armorikanische Orogenese" vor ungefähr 300 Millionen Jahren. Dabei sind natürlich auch die präarmorikanischen Felsschichten verschoben worden, weswegen sie auch die meisten Verwerfungen auf den Britischen Inseln aufweisen. Ein Blick auf die geologische Karte zeigt, daß die meisten Verwerfungen im Norden und Westen Großbritanniens anzutreffen sind.

In der Umgebung solcher Verwerfungen gibt es Anhäufungen von Mineralien: Die in den Felsschichten enthaltenen Mineralien sind auf relativ kleinen Raum komprimiert worden, einschließlich der dort lagernden Erze. Aber nur wenige Metalle weisen magnetische Eigenschaften auf. Deshalb schwankt an solchen Orten oft der Erdmagnetismus.

Im Zuge dieser geologischen Umschichtungen früherer Erdzeitalter wurden gewaltige Mengen glutflüssiger Magma durch die Erdkruste emporgepreßt. Diese Bruchstellen blieben später Zentren ständiger Faltungen und sonstiger tektonischer Unruhen, die der Landschaft ihr besonderes Gesicht verliehen.

Wenn bestimmte Megalithanordnungen, wie etwa Steinkreise, tatsächlich besondere Energiepunkte markieren, so wäre zu erwarten, daß sie sich besonders häufig in geologisch instabilen Regionen finden, da dort die Erdenergien am stärksten wirksam sind. Und genau das ist auch der Fall. Wie die Abbildung zeigt, decken sich die Vorkommen präarmorikanischer Felsformationen, kultischer Steinkreise und komprimierter Mineralien weitgehend.

Der Steinkreis von Castlerigg (vorige Seite oben und unten) in Cumbrien liegt mitten in einer geologisch instabilen Zone. Dies gilt für die meisten britischen Steinkreise. Die drei unten abgebildeten Landkarten zeigen erstaunliche Übereinstimmung zwischen Zonen präarmorikanischer Felsformationen, Verbreitungsgebieten von Steinkreisen und mineralischen Verdichtungszonen.

Orte mit besonderen magnetischen Kräften

Obwohl bisher über diese Fragen außerhalb von Großbritannien nur wenig geforscht wurde, liegen Ergebnisse eines französischen Projektes vor, die bisherige Annahmen bestätigen und um zusätzliche Informationen ergänzen. Pierre Mereaux untersuchte über Jahre die Megalithanordnung bei Carnac in der Bretagne, die größten Steinreihungen der Welt. Er zeigte auf, daß die vielen tausend Steine, die dieses Monument bilden, auf einer riesigen Granitplatte stehen – auf Intrusionsgestein, das auch Magneteisenerz enthält. (Das gleiche gilt auch für die britischen Steinkreise auf den großen Intrusionen von Dartmoor, Bodmin Moor usw.) Rings um diese Granitplatte befinden sich beträchtliche Verwerfungen, und es verwundert nicht, daß diese Region der Bretagne die größte seismische Aktivität in Frankreich aufweist. Mereaux hat im Lauf der Jahre eine Fülle von Experimenten im Zusammenhang mit den Steinreihungen von Carnac durchgeführt, ihre Ergebnisse erklären, weshalb Megalithe an bestimmten Orten zu finden sind. Die Schwerkraft ist nicht an allen Punkten der Erdoberfläche gleich, und an ganz bestimmten Stellen sind die Abweichungen überdurchschnittlich groß. Mereaux hat in der

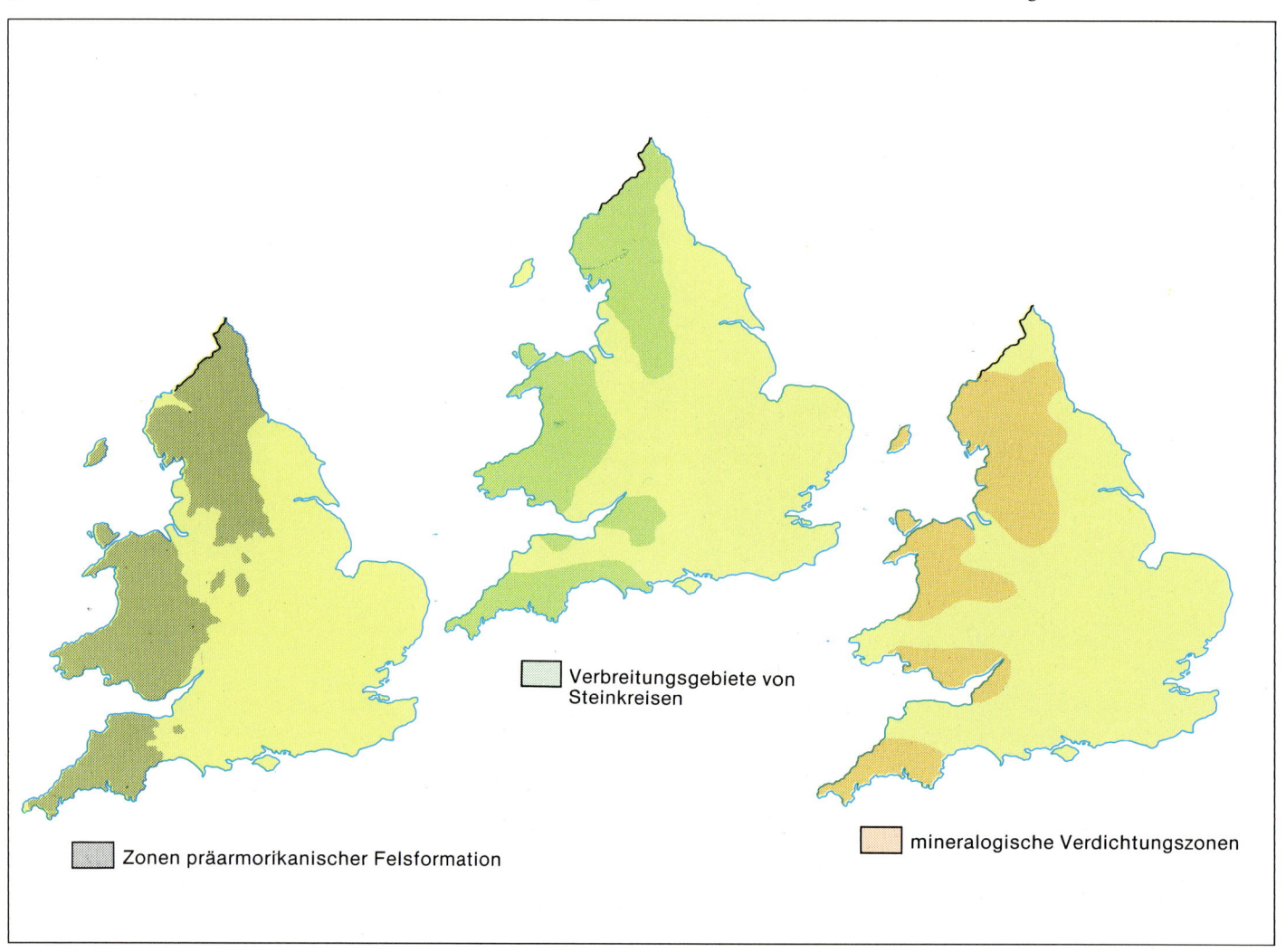

Zonen präarmorikanischer Felsformation

Verbreitungsgebiete von Steinkreisen

mineralogische Verdichtungszonen

von Seismoelektrizität ausgesetzt, die dadurch entstehen, daß der Granit und andere Gesteine im Boden unter starkem Druck stehen, wenn die Schichten der Verwerfungen in Bewegung geraten. Es ist bislang noch unbekannt, wie sich dieser Vorgang auf die Menhire in ihrer besonderen geometrischen Anordnung auswirkt, aber es steht fest, daß sie einen Energieinput erfahren, von dem nicht auszuschließen ist, daß er in Verbindung mit unterirdischen Wasseradern, Sonneneinstrahlung, Mondanziehung, menschlichen Energiefeldern oder sonstigen variablen elektromagnetischen Bedingungen die verschiedenartigsten Effekte hervorrufen kann. Diese wiederum könnten den alten Volkssagen zugrunde liegen, die von heilenden Kräften, Weissagung, besonderen meteorologischen Auswirkungen und der Anwesenheit von Geistern an solchen Stätten erzählen.

Sonne und Mond üben, wenn sie auf- oder untergehen, eine horizontale Kraft auf die Verwerfungen aus. Von daher sind Morgenröte und Sonnenuntergang die Zeitpunkte, an denen es am wahrscheinlichsten ist, daß ansonsten schlummernde tektonische Unruheherde ihre subtilen elektromagnetischen Effekte hervorbringen. Vielleicht steckte ja der Wunsch nach genauer Kenntnis solcher geophysischer Mechanismen hinter der offensichtlich intensiven Beschäftigung der Megalitherrichter mit dem Lauf der beiden großen Gestirne. Interes-

Gegend um Carnac mit hochempfindlichen Geräten diese Gravitation gemessen und herausgefunden, daß hier Schwankungen vorliegen. Er stellte fest, daß die fünf größten Steinreihenkomplexe an Grenzlinien zwischen Zonen „positiver" und „negativer" Gravitationsabweichungen liegen. Eine Münze ist also auf der einen Seite einer Steinreihe leichter als auf der anderen. Normalerweise würden wir diesen Unterschied gar nicht bemerken, aber geophysikalisch betrachtet, existiert er. Die These der französischen Forscher lautet nun, ebenso wie die der Mitarbeiter des *Dragon Project,* daß die Errichter dieser Megalithen – ohne sich des Elektromagnetismus bewußt zu sein – Schwankungen in den Kräftefeldern der Erde feststellen konnten.

Ein weiteres wichtiges Ergebnis von Mereaux besagt, daß sieben Steinreihen in Carnac genau an den Grenzen einer Zone mit gleichbleibendem Magnetfeld stehen. Während eine achte Reihe, *Vieux Moulin* genannt, genau in deren Mitte lokalisiert ist. Dies erinnert an magnetische Anomalien, die Dr. Balanovski und Professor John Taylor Mitte der siebziger Jahre auf und um einen fast vier Meter hohen Megalithen in Wales feststellten. Auch einem hartgesottenen Skeptiker dürfte es schwer fallen, dies alles als Zufall abzutun.

Die Megalithe, die in der Nähe geographischer Verwerfungen stehen, und insbesondere jene auf Granitintrusionen, sind feinen Wellen

Der Steinkreis Loanhead in Daviot bei Aberdeen/Schottland ist einer von zahlreichen Anlagen in der Gegend, die einen liegenden Menhir umfassen. Untypischerweise ist dies keine geologisch instabile Region. Sonst befinden sich, wie der Geologe Paul McCartney (links) nachwies, derartige frühe Kultstätten generell über geologischen Verwerfungszonen. So ist beispielsweise Loch Ness (Seite 67 rechts unten) über der Great Glen-Verwerfung von einer ganzen Reihe von Steinkreisen umgeben.

Unten:
Im Bereich des Mehirkomplexes bei Carnac, in der französischen Bretagne, verursachen Mineralienkonstellationen und Verwerfungen feinste Schwankungen der Erdanziehungskraft.

Auftreten in bestimmten Regionen hätten sie diese urzeitlichen Gesellschaften mit Sicherheit in ihre jeweiligen Kosmologien integriert, und es wäre nur natürlich, daß sie auch ihre Kultstätten in solchen Gegenden angelegt hätten. Wir können diesen Vorgang an einem Beispiel aus unserer Zeit studieren. Dem Gebiet um den Manchester See in der Nähe von Brisbane in der australischen Provinz Queensland wird nachgesagt, daß dort häufig kleine Lichtbälle auf mysteriöse Art am Himmel erscheinen und wieder verschwinden. Die dort ansässigen Ureinwohner halten diese Lichter, die sie „min min-Kugeln" nennen, für Totengeister und haben ihnen in unmittelbarer Nachbarschaft eine Totenstätte errichtet.

Derartige Reaktionen auf Naturphänomene sind bei Naturvölkern nicht selten. Es ist daher anzunehmen, daß auch die Errichter der Megalithe sich ähnlich verhielten und jene „Geister" sorgfältig beobachteten, ihr Verhalten studierten und selbst die Gesetzmäßigkeiten ihres Erscheinens herausgefunden haben. Unwahrscheinlich, daß solche Phänomene die religiösen oder schamanistischen Bräuche jener Völker nicht geprägt haben sollten. Vielleicht kann uns das Studium jener Steinmonumente, die uns diese frühen Gesellschaften hinterlassen haben, mehr über das geheimnisvolle UFO-Phänomen enthüllen, das so alt ist wie unsere Erde und doch noch immer eins der bemerkenswertesten und aufregendsten ungelösten Rätsel unseres Planeten.

sant ist auch, daß Erdverwerfungen, wenn sie in Bewegung geraten, Ultraschallwellen erzeugen können. Möglicherweise ist das die Erklärung für die Ultraschallphänomene, die die Forscher des *Dragon Project* aufgezeichnet haben.

Wenn Felsgestein großem Druck ausgesetzt wird, so kann es zu ungewöhnlichen atmosphärischen Lichterscheinungen kommen. Nun wurden, wie dargestellt, die meisten UFOs in Großbritannien über solchen Verwerfungszonen gesichtet, daher entstand die Theorie, daß es sich bei UFOs in Wirklichkeit um durch seismische Aktivität erzeugten Lichterscheinungen handelt. Das Beobachtungsmaterial deutet allerdings darauf hin, daß diese Lichterscheinungen außerdem noch besondere Eigenschaften besitzen; wohl die wichtigste ist ihre Fähigkeit, verschiedene Formen anzunehmen. Britische Wissenschaftler meinen, daß sie aus sensibler Energie bestehen und deshalb auf Vorgänge im menschlichen Bewußtsein zu reagieren vermögen.

Lichter im Dunkeln

Wenn bereits seit Jahrtausenden UFOs in unserer Erdatmosphäre erschienen sind, müssen auch die Errichter der Megalithe von ihnen gewußt haben – geheimnisvolle Lichter im Dunkel einer prähistorischen Nacht wären nicht unbemerkt geblieben. Bei massiertem

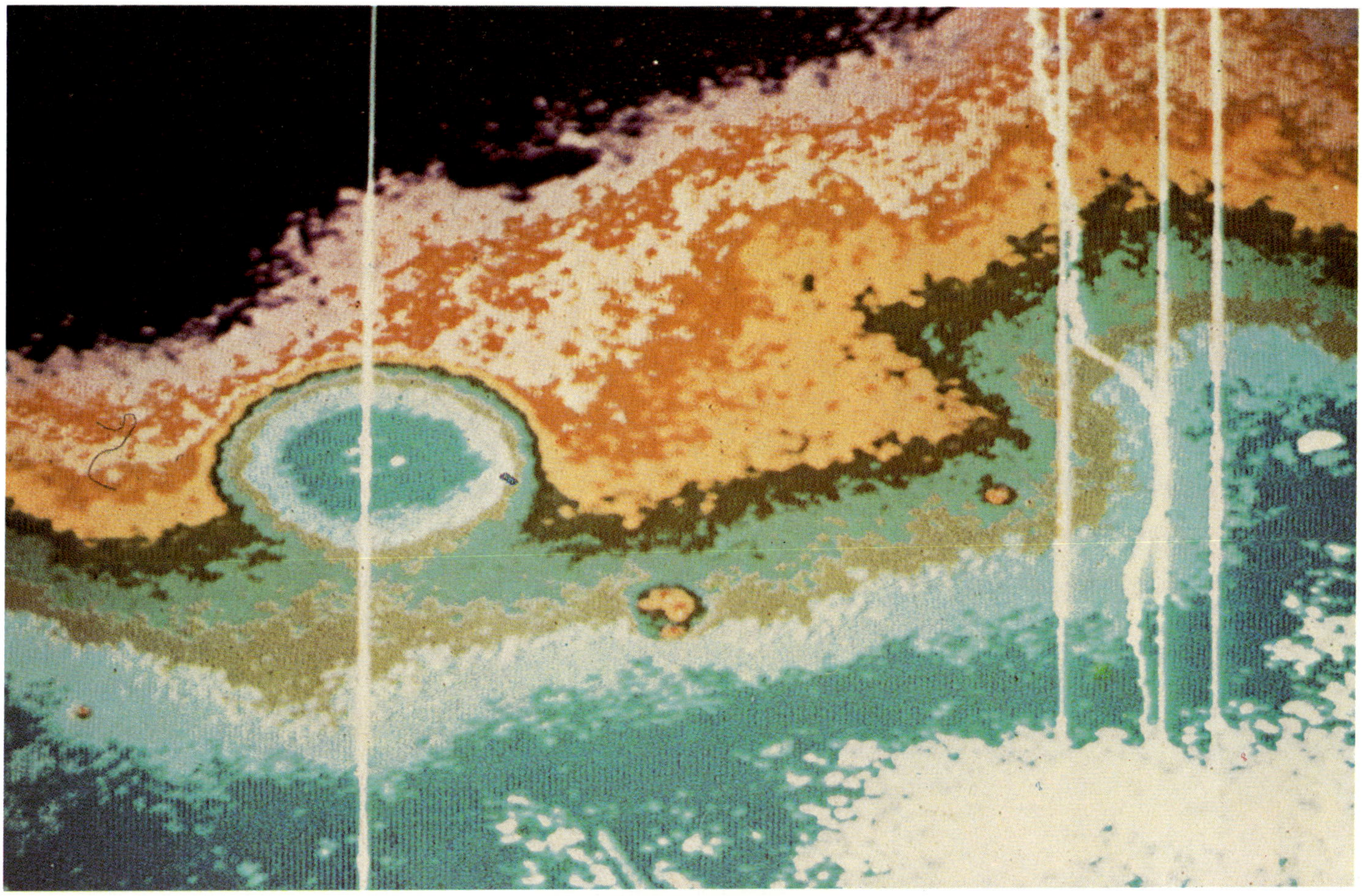

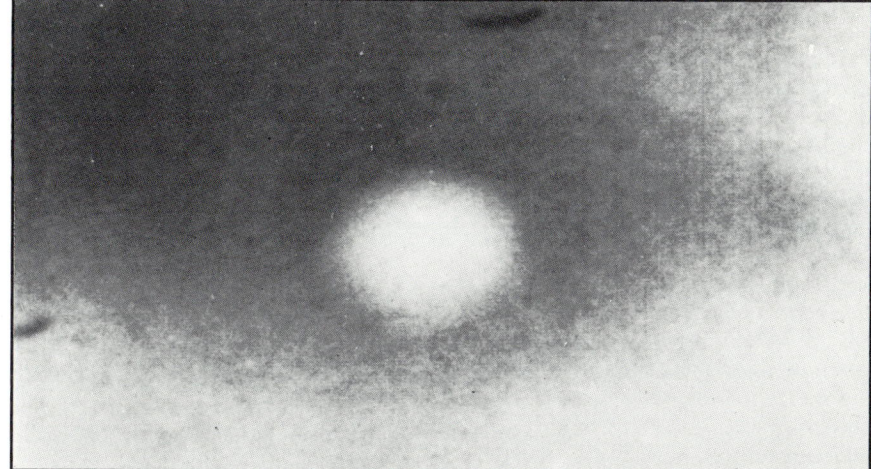

UFOs und Computer- analysen

Computeranalysen von UFO-Fotografien ergeben eindrucksvolle Bilder und enthüllen Einzelheiten, die sonst kaum feststellbar sind. In der Anwendung dieser neuen Forschungstechnik haben vor allem die Forscher von „Ground Saucer Watch" Pionierarbeit geleistet.

Die meisten UFO-Fotografien enttäuschen, weil sie unscharf, arm an Details und somit auf den ersten Blick wenig informativ sind. Häufig fehlen Landschaftsmerkmale oder alltägliche Gegenstände, die es ermöglichen, Größe und Entfernung der Objekte abzuschätzen. Die wenigen „brauchbaren" Fotos entpuppen sich gewöhnlich als Fälschungen.

Die Aufgabe der Wissenschaftler, die UFO-Fotografien analysieren, ist es, sich durch die Flut von minderwertigem Material zu arbeiten, Trickaufnahmen und nicht identifizierte Flugzeuge, Vögel und Himmelskörper auszusondern und die Aufmerksamkeit der Ufolo-

Dieser bunte Farbwirbel ist die „Computerumsetzung" des Fotos einer über dem amerikanischen Bundesstaat Colorado gesichteten glühenden Scheibe. Die verschiedenen Farben repräsentieren unterschiedliche Helligkeitsgrade des Originalfotos und zeichnen in verstärkter Form die Strukturen des UFOs und des ihn umgebenden Himmels nach. Die Linien auf dem Bild hat der Computer bei der genauen Messung bestimmter in der Aufnahme enthaltener Daten „gezogen".

gen auf den kleinen Rest von echt dokumentierten Phänomenen zu lenken.

Meist stehen den Forschern bei der Analyse von UFO-Fotografien nur wenige Techniken zur Verfügung. Durch das Ausmessen von Schatten ist es möglich, nachzuweisen, daß das Bild eine Montage einer Landschaftsaufnahme oder eines Fotos von einem Flugkörpermodell darstellt, die unter verschiedenen Lichtverhältnissen aufgenommen wurden. Durch Analysen der Brennweite können sie vielleicht zeigen, daß das UFO sich viel dichter vor der Kamera befand, als der Augenzeuge behauptet, und daher in Wahrheit viel kleiner gewesen sein muß. Durch Ausschnittvergrößerung kann bisweilen auch nachgewiesen werden, daß das Objekt eine bekannte „Frisbee" Marke trägt. Häufig läßt sich feststellen, daß das Foto ein natürliches Objekt zeigt – oft sogar wirklich das Lieblingskind aller Skeptiker, die Venus, unter ungewöhnlichen atmosphärischen Bedingungen.

Aber leider nur zu oft mußten Fotos weiterhin als „unidentifiziert" gelten, weil ihre Aussagekraft nicht ausreichte, um die Frage zu beantworten: „Worum handelt es sich bei diesem rätselhaften Himmelsobjekt?" Selbst auf der verschwommensten Fotografie verbergen sich manchmal noch viele subtile Hinweise. Ihre Entschlüsselung ist nun durch ein neues Forschungsinstrument wesentlich verbessert worden: den Computer. Er ermöglichte es der *Ground Saucer Watch,* von 1000 UFO-Fotografien, die für das bloße Auge allesamt überzeugend echt wirkten, die meisten, bis auf 45, als Fehldeutungen oder Fälschungen auszusondern. Hier nun einige der Techniken, mit deren Hilfe sich solche Materialmengen differenzieren lassen:

Zur Analyse der Fotografien benutzte man ein Computerauge. Dieses tastet wie eine Fernsehkamera das Bild ab und zerlegt es in nahezu eine Viertelmillion winzige Bildzellen, die in 512 senkrechten und 480 waagerechten Reihen angeordnet sind.

Obgleich die Farben der Fotografien wichtige Informationen liefern, spielen sie bei der Computeranalyse keine Rolle, da das Kameraauge nur schwarzweiß „sieht". Es mißt die Helligkeit jeder einzelnen Bildzelle und ordnet ihr einen bestimmten Grauwert zwischen 0 (ganz dunkel) und 31 (hell weiß) zu. Auf diese Weise wird das Bild in eine Viertelmillion Zahlenwerte zerlegt, vom Computer gespeichert und dann auf einem mit dem Rechner verbundenen Bildschirm zu einer schwarzweißen Kopie des Originals zusammengesetzt. Man kann die Fotos den verschiedenartigsten Verfahren unterziehen, um neue Bilder herzustellen, die dann zunächst nicht sichtbare Informationen auf dem Original enthüllen.

Der Computer vermag auch Bildausschnitte sofort zu vergrößern. Diesem Verfahren sind jedoch Grenzen gesetzt, da das Bild mit zunehmender Vergrößerung immer grobkörniger und damit undeutlicher wird.

Ferner kann der Computer Kontraste verstärken, was besonders bei unscharfen Originalen oft hilfreich ist.

Wie Bilder aussagefähiger gemacht werden

Durch den Computer wird es einfach, Strecken und Winkel auf einem Foto zu bestimmen. Mit Hilfe eines Netzrasters, das über das Bild gelegt wird, kann der Computer die exakte Position bestimmter Punkte bezeichnen, also auch Entfernungen und Winkel berechnen.

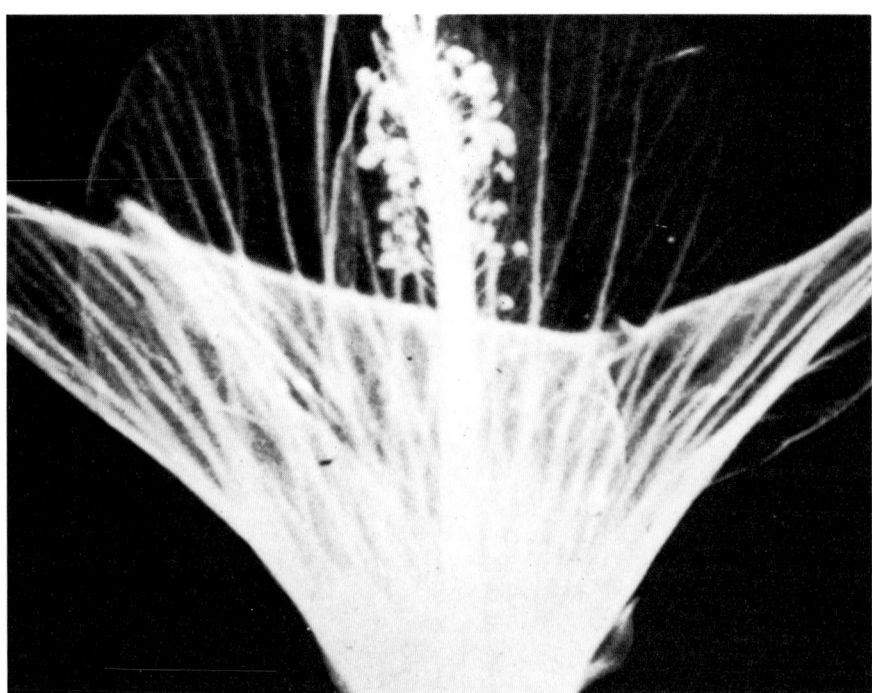

Ganz oben:
Röntgenaufnahme einer Blume. Die helleren Zonen stellen die dickeren Teile dar, die Röntgenstrahlen stärker absorbieren als die dünneren Gewebeschichten.

Oben:
Die obige Aufnahme vom Computer weiterverarbeitet. Die Konturen sind hier stärker hervorgehoben. Mit der gleichen Methode können auch UFO-Aufnahmen untersucht werden.

Diese Verfahren erleichtern die Arbeit und ermöglichen es, wesentlich mehr Material zu bearbeiten als früher. Darüber hinaus vermag der Computer mühelos eine ganze Reihe von Leistungen zu erbringen, die ohne ihn nicht möglich wären.

So kann er beispielsweise die Konturen hervorheben. Den Effekt dieser Technik zeigt die hier abgebildete Röntgenaufnahme einer Blume. Jeder Grauton gibt eine Information über die Blume – in diesem Fall die Dicke ihrer einzelnen Bestandteile –, die gleichbedeutend ist mit der Fähigkeit, Röntgenstrahlen zu absorbieren. Auf dem Negativ entsprechen hellere Zonen den dickeren Gewebepartien, die Blütenblätter und der Stempel weisen dabei sehr feine Strukturen auf.

Doch die Fähigkeit des Auges, Grautöne zu unterscheiden, ist begrenzt. Das zweite Foto auf der gegenüberliegenden Seite zeigt, was bei einer Verstärkung der Konturen herauskommt. Die Struktur der Blüte, die auf dem zarten, eher schleierähnlichen Röntgenbild unterging, tritt hier in metallischer Klarheit zutage.

Diese Technik hat bei der Analyse vieler UFO-Bilder, auf denen nur verschwommene Formen zu sehen sind, wenig Erfolg. Sie kann jedoch bei Fotos viel enthüllen, auf denen zumindest noch schwache Details erkennbar sind: meist dunkle Objekte vor taghellem Himmel. Ein anderes Verfahren, die Farbkodierung, vermag besonders aus sehr hellen Stellen des Originals Informationen zu gewinnen. Sie beruht auf der Fähigkeit des Auges, Farben leichter unterscheiden zu können als Grauabstufungen.

Dabei wird an den Computer ein Farbfernsehgerät angeschlossen. Der Bildzelle wird ent-

Ähnlich einem Künstler mit Hang zum Dekorativen, hat der Computer hier die Röntgenaufnahme der Blume in eine Farbkomposition umgesetzt. So werden auch die kleinsten Details für das menschliche Auge sichtbar und können zuverlässiger interpretiert werden.

sprechend ihrer Helligkeit ein Farbwert zugeordnet. So erscheinen bei der Umsetzung des Röntgenbilds der Blume die dunkelsten Zonen schwarz. Die tiefsten Grautöne (die dünnsten Teile der Blüte) werden als Violett- und Rottöne wiedergegeben. Die nächsthelleren Zonen erscheinen gelb, grün und blau, die hellsten Bereiche (die dicksten Teile der Blüte) weiß.

Das Ergebnis ist eine farbenprächtigere Blüte, als die Natur sie geschaffen hat. Ihre Struktur wird in allen Feinheiten deutlich. Die gleiche Technik verwenden auch Radiologen, um sich genaueren Aufschluß über das Innere des menschlichen Körpers zu verschaffen, sowie Astronomen und Raumfahrtwissenschaftler bei der Auswertung von Teleobjektiv- und Satellitenfotos.

Eine vieldeutige Botschaft

Was enthüllt nun diese moderne Untersuchungsmethode über die UFOs? Licht und Schatten auf den Fotos enthalten vielschichtige und oft unklare Aussagen, so etwa zur Form des Objekts, der an einem bestimmten Punkt abgestrahlten Helligkeit, dem eigenen Helligkeitsgrad, der Blendung oder Sichtbehinderung durch Dunst. Bei Anwendung der Farbkodierungstechnik wird oft die eigentliche Form des Gegenstandes unmittelbar erkennbar. Eine ungleichmäßige Dichte weist auf eine Wolke hin, eine zylindrische Form mit Protuberanzen (aus der Sonne herausschießende glühende Gasmasse) läßt auf einen Flugzeugrumpf und durch Lichtreflexionen teilweise unsichtbar gewordene Tragflächen schließen. Die Konturen eines Tageslicht-UFOs ähneln oft verdächtig denen einer Kameraverschlußkappe, eines Kuchentellers oder einer Radkappe.

Unter den Tausenden von Fotos, welche die *Ground Saucer Watch* mit Hilfe dieser Techniken untersuchte, befanden sich auch die beiden umseitig abgebildeten berühmten „Colorado"-Fotos. Sie zeigen ein einzelnes UFO, das am 28. August 1969 um 6 Uhr 20 von Norman Vedaa und seinem Begleiter während der Fahrt auf der Landstraße 80 S in nordöstlicher Richtung, etwa 110 Kilometer östlich von Denver (Colorado), gesichtet und fotografiert wurde. Vedaa beschrieb das Flugobjekt als goldgelb, sehr hell, oval und geräuschlos. Er sagte: „Das Objekt war so hell, daß man kaum hinsehen konnte – und schien für Momente auf der Stelle zu schweben. Sein heller Schein wurde von den Wolken darunter reflektiert ..." Die beiden Farbdias zeigen tatsächlich einen leuchtend gelben Lichtfleck mit klar umrissenen Konturen, der von den Wolken reflektiert wird.

Die Farbkodierungstechnik wurde auf diese Bilder angewendet. Das Ergebnis ist auf Seite 69 zu sehen. Hellere Zonen des Originals sind durch weiße, blaue und gelbe, dunklere Zonen durch rote, violette und schwarze wiedergegeben.

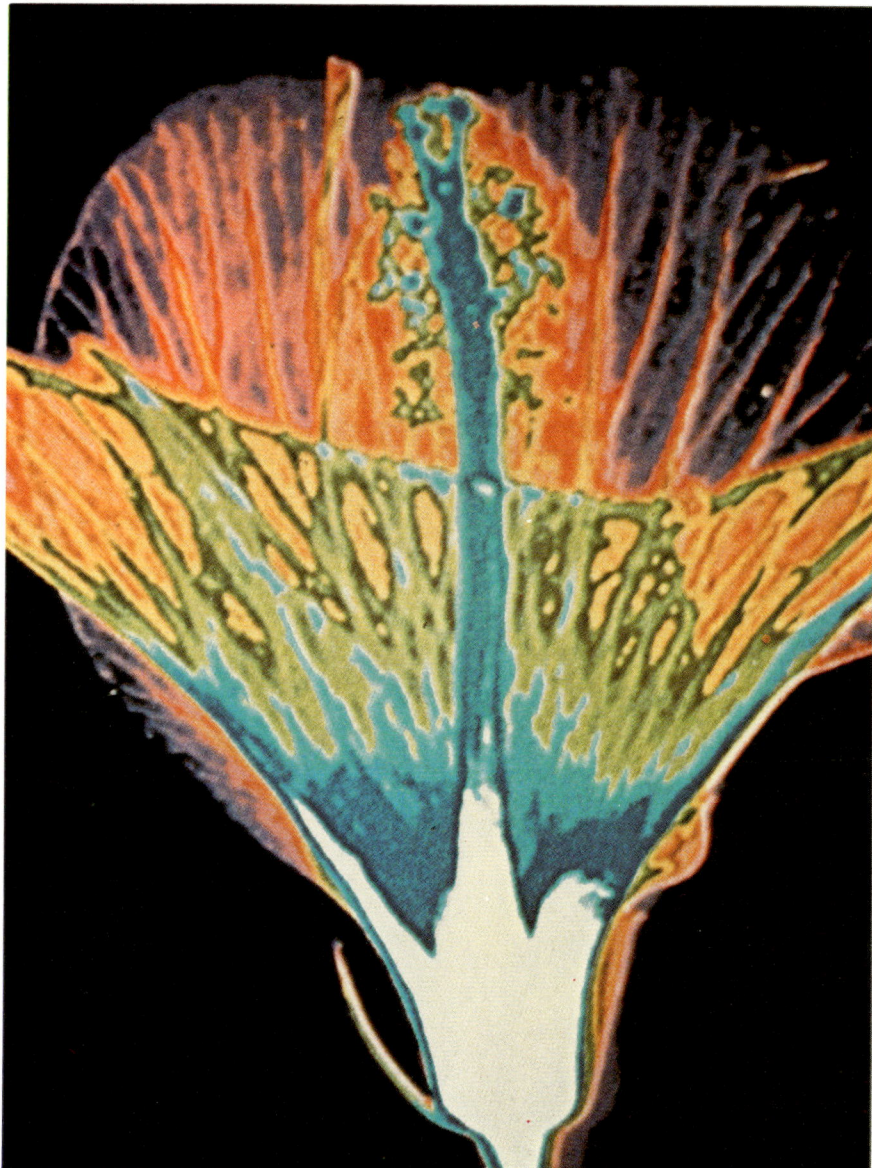

Die weißen senkrechten Linien sind eine andere Möglichkeit, Helligkeitswerte darzustellen. Auf der linken Seite hat der Computer einen Schnitt senkrecht durch das Bild gelegt und auf der rechten Seite die Helligkeit entlang der Linie in Form der zweiten fluktuierenden Linie markiert. Die „Beule" in der Wellenlinie bezeichnet das Helligkeitszentrum.

Man kann den Licht-Schatten-Kontrast des angeblichen UFOs mit dem abgebildeter Landschaftsdetails vergleichen: Ergeben sich dabei Diskrepanzen, deutet dies auf eine Fotomontage oder die Aufnahme eines dicht vor der Kamera befindlichen Modells hin. Die gleiche Methode läßt sich auch dafür benutzen, zu bestimmen, inwieweit atmosphärischer Dunst das UFO verdeckt. Je weiter entfernt das Ob-

jekt, desto heller und kontrastarmer wird es erscheinen, da das Licht durch Luftmoleküle, Staub und Wasserdampf gefiltert wurde. Dieses Faktum ermöglicht es oft, die Entfernung des UFOs vom Beobachter zu bestimmen.

Sorgfältige Messungen des Schärfegrades verschiedener Bilddetails ergeben ebenfalls wertvollen Aufschluß über Entfernungen. So muß oft gerade die Verschwommenheit der meisten UFO-Aufnahmen als Indiz für ihre Echtheit gewertet werden.

Manchmal ist das UFO gestochen scharf zu erkennen, während sämtliche Details auf der Erde, die mehr als 15 Meter entfernt sind, verschwommen sind. Ein Beweis dafür, daß das Objekt sich sehr dicht vor der Kamera befunden haben muß. Entweder handelt es sich um eine Manipulation oder aber die „kleinen grünen Männchen" in diesem Fall müßten sehr winzig gewesen sein. Die Auswertung der verschiedenen Schärfegrade ist ein routinemäßi-

Ganz oben und oben:
In seinem Auto sah der Amerikaner Norman Vedaa vor sich eine leuchtende Scheibe am Himmel. Er hielt seinen Wagen an, um sie zu fotografieren. Die Erscheinung ist in der oberen Bildmitte zu erkennen. Das Foto darunter wurde wenige Sekunden später gemacht und ist das Ergebnis verschiedener Computerumsetzungen.

Rechts:
Helligkeitsmessungen durch den Computer. Die Messungen erfolgen entlang des Strichs auf der linken Seite. Die Kurvenlinie auf der rechten Bildseite zeigt die Werte an. Je heller das Foto ist, umso stärker ist die Ausformung der Linie nach rechts. Die Kurve trug mit dazu bei, daß eine Linsenspiegelung, ein Wetterballon oder ein Flugzeug ausgeschlossen werden konnten.

ger Bestandteil der Analysen von UFO-Fotos. Durch Computereinsatz wird die Arbeit heute erheblich erleichtert.

Bei der Untersuchung der Vedaa-Bilder konnte die *Ground Saucer Watch* immer mehr natürliche Erklärungen ausschließen. Es war kein Wetterballon, Vogelschwarm oder Meteor – die Helligkeitswerte ergaben eindeutig die Form einer Scheibe. Es handelte sich auch nicht um ein durch reflektierendes Sonnenlicht entstelltes Flugzeug – dafür war es zu hell, und von Tragflächen war auch keine Spur zu entdecken. Ebenso ließen sich Objektivspiegelung, Wolkenreflexionen, Luftspiegelung und sonstige atmosphärische Phänomene ausschließen; dafür stand die Sonne in der falschen Position. Das Objekt war dreidimensio-

Diese Farbkodierungsumsetzung des Bildes eines riesigen Sternensystems enthüllt Informationen, die auch die Schwarzweiß-Version (unten links) enthält, die das per Computer hergestellte Mittel aus fünf Aufnahmen darstellt. Die Galaxis, ein riesiger, spiralförmiger Wirbel von Milliarden Sternen sowie riesigen Gas- und Staubmassen, ist 40 Millionen Lichtjahre von der Erde entfernt. Die Farbumsetzung zeigt, daß ihre Spiralarme bis zu der kleineren ellipsenförmigen Galaxis rechts unten im Bild reichen. Weitere Computerumsetzungen des Bildes machen

nal und mit Sicherheit weit von der Kamera entfernt.

Schon in naher Zukunft werden solche Fotoanalysen mit wesentlich leistungsfähigeren Computerprogrammen durchgeführt, und auch die Hardware wird sich weiterentwickeln. Noch schnellere Rechner mit größerer Speicherfähigkeit werden die Originalbilder in noch feinere Details auflösen können. Bald schon werden Fälschungen praktisch unmöglich sein. Ist nun die Lösung des UFO-Rätsels in Sicht?

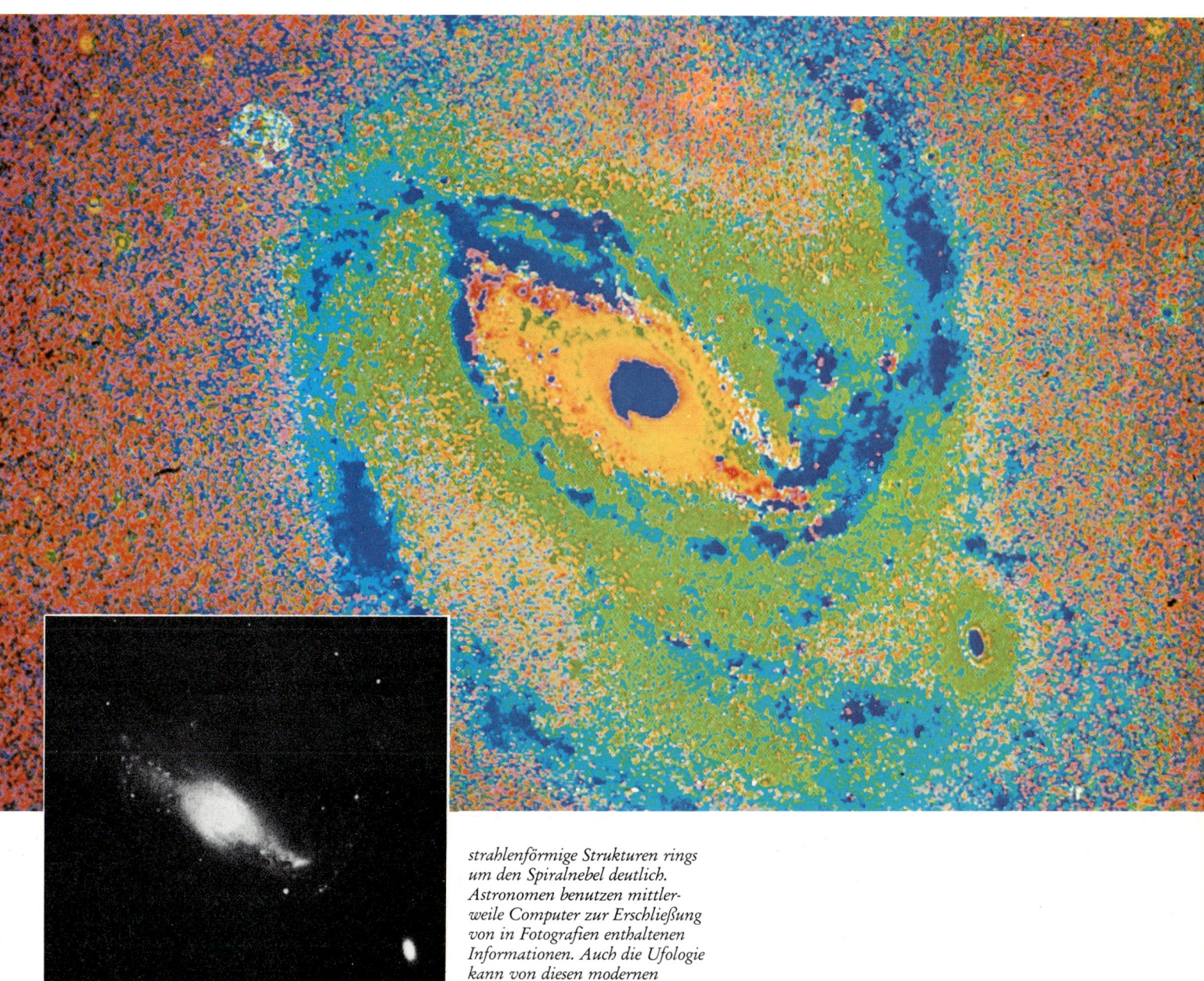

strahlenförmige Strukturen rings um den Spiralnebel deutlich. Astronomen benutzen mittlerweile Computer zur Erschließung von in Fotografien enthaltenen Informationen. Auch die Ufologie kann von diesen modernen Methoden profitieren.

Die Analyse der Trent-Fotos

Computeranalysen von zwei berühmten UFO-Fotos ergaben bislang keine Hinweise auf Fälschungen. Die Untersuchungen erhärten vielmehr den Verdacht, daß die US-Regierung seit Jahren in der UFO-Frage eine Vernebelungspolitik betreibt.

Einer Computeranalyse wurden auch zwei der wohl eindrucksvollsten UFO-Fotos überhaupt unterzogen, die dem amerikanischen Ehepaar Trent in der Nähe von McMinnville/Oregon gelang. Die Untersuchungen bestätigten und ergänzten das Urteil des vom *Condon Committee* der Universität von Colorado mit der Untersuchung beauftragten Experten, daß sich nämlich das abgebildete Objekt nicht durch irgendein bekanntes Phänomen erklären läßt.

Nach Aussage der Eheleute Trent erschien das UFO am Abend des 11. Mai 1950 am Himmel über ihrer kleinen Farm (vergl. Seite 156). Mrs. Trent entdeckte es beim Kaninchenfüttern und rief sofort ihren Mann herbei. Mit einer rasch herbeigeschafften Kamera schoß

Mrs. Trent zwei Aufnahmen von nur wenige Meter auseinanderliegenden Standorten. Es war kein Geräusch zu hören während die fliegende Scheibe von Nordosten nach Nordwesten über den Himmel glitt.

Die Trents maßen dem Vorfall zunächst so wenig Bedeutung bei, daß sie noch einige Tage bis zur Entwicklung des Films warteten, da noch einige Aufnahmen auf dem Streifen fehlten. Danach legten sie die Abzüge achtlos beiseite. Erst durch Zufall erfuhr die Lokalzeitung von der Sache. Dann wurden die Bilder jedoch rasch zur Sensation, und schließlich veröffentlichte sie sogar das *Life*-Magazin. Die beiden Aufnahmen waren die einzigen Bilder, die der überaus skeptische *Condon Report* der US-Luftwaffe aus dem Jahr 1967 nicht einfach ignorieren konnte. Der von dem Untersuchungsausschuß eingesetzte Experte, William K. Hartmann, gelangte zu dem Schluß, daß sämtliche Untersuchungen, die sich sowohl auf die Fotos als auch den Schauplatz der Beobachtung erstreckten, die Behauptung nicht erschüttern konnte, „daß ein ungewöhnliches, silbriges metallisch glänzendes, scheibenförmiges und offenbar künstlich geschaffenes Flugobjekt von mehreren zig Metern im Durchmesser vor den Augen zweier Zeugen über den Himmel geflogen sei". Das vorliegende Material, so sagte er weiter, ließe nicht definitiv auf eine Fälschung schließen – was aus dem Munde eines Mitglieds des Condon Teams beinahe einer Echtheitserklärung gleichkommt.

Natürlich gab es auch um diese Fotos, wie um alle eingehend geprüften UFO-Aufnahmen (siehe Kasten), Kontroversen. Die neue Technik der Computeranalyse bot sich an, die Trent-Fotos noch einmal zu untersuchen, um möglicherweise versteckte Informationen aus ihnen herauszuholen.

Unten:
Eine riesige fliegende Scheibe schwebt lautlos über der kleinen Farm der Eheleute Trent im amerikanischen Bundesstaat Oregon und wird in einer der berühmtesten UFO-Aufnahmen festgehalten.

Rechts:
Das Foto zeigt deutlich die Scheibenform des Objekts. Aussage der Trents: „Das UFO kam direkt auf uns zu und stand ein wenig schräg. Es war sehr hell, fast silbrig. Wir hörten keine Geräusche und sahen keinen Feuerstrahl."

Die Farbkonturierung und ihre Ergebnisse

Die erste Technik, welche die *Ground Saucer Watch* bei der Analyse der Trent-Fotos anwandte, war die der Farbkonturierung. Dabei werden alle Grautöne des Originals in verschiedene Farben umgesetzt, um die Verteilung von Licht und Schatten auf dem Objekt leichter „lesbar" zu machen.

Die Unterseite der Scheibe zeigte keine auffallende Schattierung, was auf eine gleichmäßig beleuchtete ebene Fläche schließen läßt. Das zweite Foto, das die Scheibe von der Seite darstellt, ergab, daß das Zentrum des Objekts deutlich dunkler schattiert erscheint als der äußerste Rand, was wiederum auf einen runden, nach oben schräg zulaufenden Körper hindeutet.

Die Methode der Farbkodierung machte die Verteilung von Licht und Schatten auf dem Foto deutlich sichtbar. Genauere Hinweise auf die exakte Form des abgebildeten Objekts geben detaillierte Computerberechnungen.

Trickaufnahmen zeigen im allgemeinen Gegenstände wie Radkappen oder Schüsseln. Die spezifische Form solcher Gegenstände tritt klar hervor, wenn die Ausschnittvergrößerungen der Farbkonturierung unterzogen werden.

Die untersuchenden Wissenschaftler maßen die Helligkeit des abgebildeten Flugobjekts und verglichen sie mit den Schatten auf der Garage am linken Bildrand. Dabei ergab sich, daß das UFO wesentlich heller ist. Die einfachste Erklärung wäre, daß das Objekt sich sehr weit von der Kamera entfernt befand. In diesem Fall lägen atmosphärische Dunstschleier vor der Scheibe – wie ja auch bei klarem Wetter der ferne Horizont blasser er-

scheint als näher gelegene Objekte. Es wurden jedoch auch andere Faktoren, wie Lichtreflexionen vom Erdboden oder Beläge auf dem Kameraobjektiv, geltend gemacht. Die Einwände lassen sich angesichts der Resultate der Entfernungsbestimmung und anhand der verschiedenen Schärfegrade der Fotos nicht halten. Die Objekte im Vordergrund, wie Telefondrähte und das Haus, erscheinen schärfer als das UFO und weiter entfernte Einzelheiten am Boden.

Der nächste Analyseschritt bestand darin, herauszufinden, ob die Scheibe etwa mit Drähten aufgehängt oder abgestützt war. Dann hätte es sich wohl um ein relativ dicht vor der Kamera postiertes Modell gehandelt. Um das festzuhalten, machte sich das Forscherteam die Fähigkeit des Computers zunutze, Konturen hervorzuheben. Die Bilder, die dabei entstanden, ähneln auf den ersten Blick einem aus rauhem Stein herausgearbeiteten und aus einem flachen Winkel beleuchteten Halbrelief. Helle und dunkle Linien markieren jetzt die Konturen der Einzelheiten des Objekts und selbst winzige Fehler im Negativ. Mit dieser Technik lassen sich Drähte einer Stärke von einem viertel Milimeter auf eine Entfernung

Unten:
Eine Computerumsetzung des von den Trents fotografierten scheibenförmige Objekts. Alle Grauschattierungen des Originals sind hier in verschiedene Farben umgesetzt, dadurch werden Einzelheiten des Bildes für das menschliche Auge leichter erkennbar. Die Darstellung zeigt, daß das Objekt eine flache, ungleichmäßige beleuchtete Unterseite besitzt.

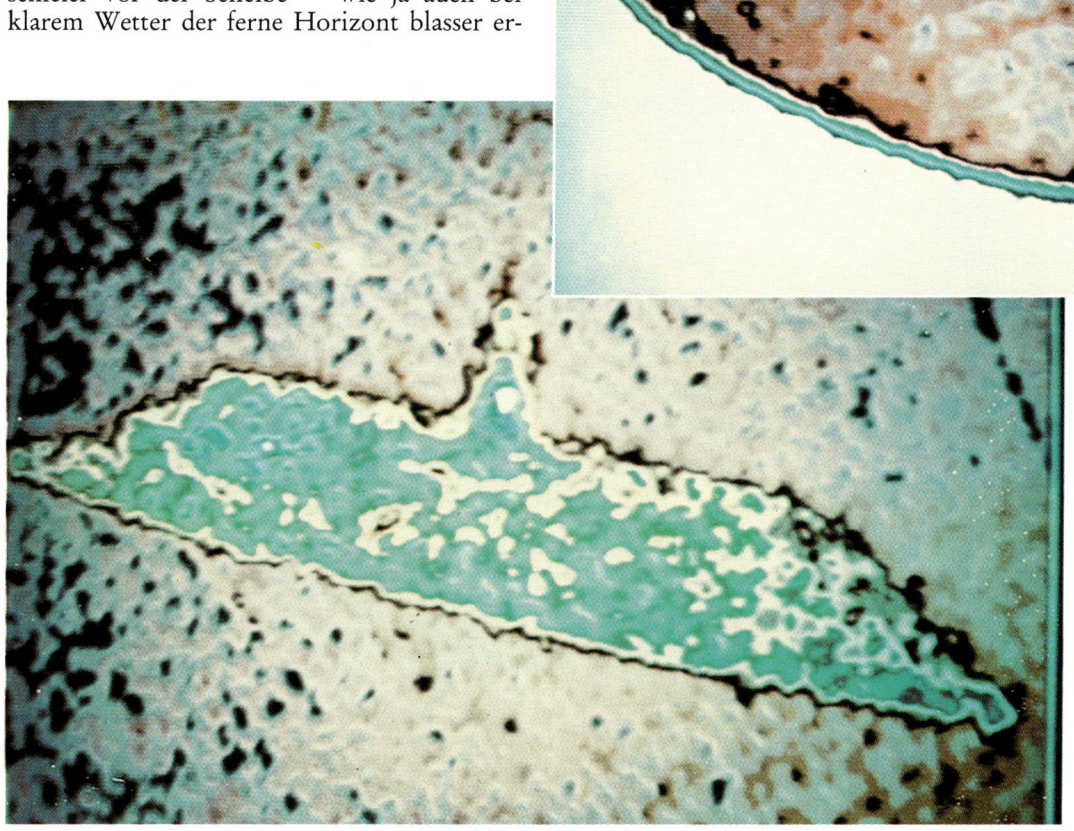

Links:
Die Farbkodierung hebt die in der Seitenansicht erkennbare Form des Objekts hervor. Die tragflächenlose Scheibe mit ihrem seltsamen außerhalb des Mittelpunkts liegendem Aufbau ähnelt keinem bekannten irdischen Flugobjekt.

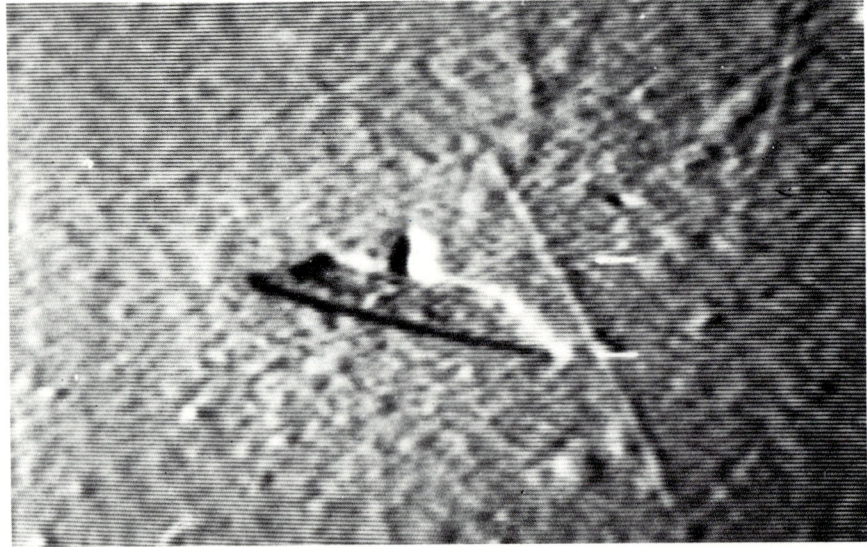

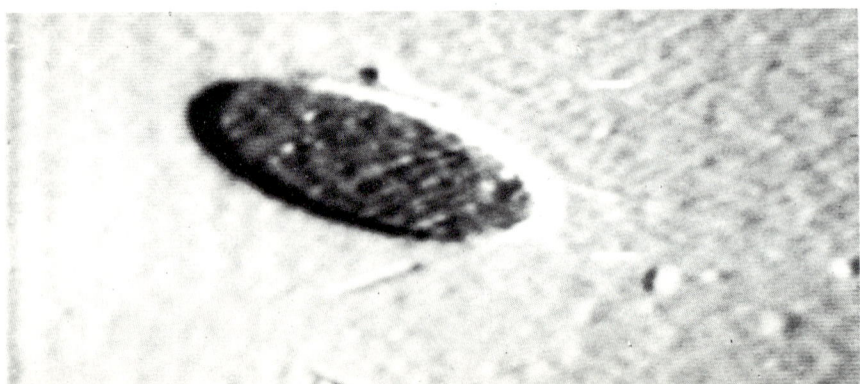

von drei Metern ausmachen, die aber in der Umgebung des aufgenommenen Objekts eindeutig nicht feststellbar sind.

Die Analyseergebnisse

Abschließend kam die *Ground Saucer Watch* durch Anwendung verschiedener Analysemethoden zu dem Ergebnis, daß das Foto eine fliegende Scheibe von 20 bis 30 Metern im Durchmesser zeigt, die (wie Laborvergleiche der Lichtreflexionswerte ergaben) aller Wahrscheinlichkeit nach aus poliertem Metall besteht.

Das UFO-Phänomen verdient es fraglos, mit wissenschaftlichen Methoden gründlich und vorurteilsfrei untersucht zu werden. Die moderne Technologie eignet sich dafür hervorragend. Leider gibt es Widerstände. Die Regierungen vieler Länder haben bislang der Öffentlichkeit wesentliches Informationsmaterial vorenthalten. Die US-Regierung zum Beispiel verfügt zu diesem Komplex vermutlich über die größte Datensammlung der Welt mit Aussagen von Mitarbeitern ihrer eigenen Behörden, Angehörigen des Militärs, Polizisten und Bürgern. Von zivilen UFO-Forschern wird schon seit langem behauptet, die US-Geheimdienste wüßten Bescheid über die Existenz und die Herkunft von UFOs. In zahlreichen Fällen hatte die Einschaltung offizieller Stellen in die Untersuchung von UFO-Sichtungen zur Folge, daß Material auf rätselhafte Weise verschwand oder vernichtet wurde. Der Compu-

Die Einwände der Skeptiker

Unten:
Die rätselhaften Schatten auf der Garagenwand, durch Computerfarbkonturierungen hervorgehoben.

Die Trent-Fotos wurden drei Jahrzehnte gründlich analysiert. Der erste Wissenschaftler, der sich mit diesen Aufnahmen beschäftigte, William K. Hartmann, untersuchte insbesondere den atmosphärischen Dunst, der das UFO wie ein Schleier umgab, und kam zu dem Ergebnis, daß sich das Objekt in etwa 1,3 Kilometer Entfernung befand. Robert Sheaffer machte hingegen geltend, daß der Dunst auch von Verschmutzungen auf der Linse herrühren und deshalb sich das Objekt dicht vor der Kamera befunden haben könnte. Sheaffer wies weiter auf den im Bild erkennbaren Schatten der Garagendachrinne an der Wand hin. Da diese nach Osten liegt, ist das Foto nicht, wie von den Trents behauptet, am Abend, sondern am Morgen aufgenommen

Rechts:
Durch Farbkodierung deutlicher strukturierter Ausschnitt aus einem der Trent-Fotos. Untersuchungen der Brennweite ergaben, daß das scheibenförmige Objekt sich zu weit von der Kamera entfernt befand, als daß es sich um ein Modell hätte handeln können.

ter und andere moderne analytische Hilfsmittel können allerdings nicht erfolgreich eingesetzt werden, solange wichtiges Beweismaterial zurückgehalten wird.

Mittlerweile gibt jedoch das Informationsfreigabegesetz den US-Bürgern das Recht, die Herausgabe von archiviertem Informationsmaterial zu erzwingen. Es haben bereits erste gerichtliche Auseinandersetzungen stattgefunden, die dazu führten, daß die Ufologen an Dokumente gelangten, die der CIA gewiß lieber für sich behalten hätte.

Möglicherweise wird sich in dem Maße, wie den offiziellen Stellen immer mehr Informationsmaterial abgerungen wird, herausstellen, daß die US-Regierung in der UFO-Frage viel stärker engagiert ist, als man zunächst vermutete. Es spricht manches dafür, daß eine kleine noch unbekannte Gruppe innerhalb des Staatsapparats sowohl die öffentliche Meinung als auch die Arbeit der Ufologen manipuliert hat, indem sie Berichte und Daten in unvollständiger oder verfälschter Form herausgab, Gerüchte in die Welt setzte, Ufologen durch „vertrauliche" aber falsche Hinweise in die Irre führte – und vielleicht hin und wieder sogar eine UFO-Erscheinung selbst inszenierte. Dies hatte dazu gedient, einesteils allgemein den Glauben an UFOs zu stärken – während gleichzeitig andere staatliche Stellen eifrig bemüht waren, UFOs als Hirngespinste oder Schwindel zu entlarven.

Für eine solche Strategie wären mehrere Motive denkbar. So kam es schon vor, daß zur

„passenden" Zeit plötzlich einsetzende „UFO-Wellen" die Aufmerksamkeit der Öffentlichkeit von Dingen ablenkten, die der Regierung unangenehm waren. Ein Beispiel dafür können die zahlreichen UFO-Sichtungen über Texas und Neu-Mexiko gelten, innerhalb von Stunden, nachdem die Sowjetunion im November 1957 einen zweiten Sputnik gestartet hatte, während die amerikanischen Vanguard Raketen nicht von ihren Abschußrampen hoch kamen.

Der UFO-Mythos könnte dazu dienen, psychologische Erfahrungen darüber zu sammeln, wie Menschen sich verhalten, wenn sie meinen, von unbekannten und möglicherweise bedrohlichen Mächten beobachtet zu werden.

Und drittens könnte die Fülle der angeblichen UFO-Phänomene in den letzten 30 Jahren auch den Zweck erfüllen, gelegentliche Beobachtungen neuentwickelter Flugkörper durch „Unbefugte" zu vertuschen.

Links:
Auf diesen beiden Computerumsetzungen sind die Konturen des auf den beiden Trent-Fotos erkennbaren Objekts hervorgehoben. Dabei treten Kratzer und andere Beschädigungen der Negative deutlich zutage. Von einem möglichen Aufhängedraht ist jedoch nichts zu erkennen.

Links:
Bei den der Untersuchung versucht William K. Hartmann die Aufnahmen mit Hilfe eines kleinen aufgehängten Modells nachzustellen.

Unten:
Philip J. Klass, der die Echtheit der Trent-Fotos anzweifelt.

worden. Philip J. Klass kann sich ein Motiv für die falsche Zeitangabe vorstellen: Eine UFO-Sichtung am Morgen wäre deshalb wenig plausibel gewesen, da die Bauern der Gegend sich zu dieser Zeit auf den Feldern befunden hätten und es unwahrscheinlich gewesen wäre, wenn keiner von ihnen das UFO gesehen hätte. Ein weiterer Experte, Bruce Maccabee, kontert diesen Einwand **damit, daß die Schatten auf der Garage vielmehr auf eine diffuse Lichtquelle hindeuten, möglicherweise eine von der Abendsonne angestrahlte Wolke. Seiner Berechnung nach befand sich das UFO etwa einen Kilometer entfernt, selbst wenn man das Vorhandensein von Verschmutzungen auf dem Objekt annimmt.** Klass behauptet ferner, daß die Positionsveränderung des UFOs von einer Aufnahme zur anderen genau derjenigen entspricht, die von einem dicht vor der Kamera aufgehängten Modell zu erwarten wäre. Während er zu Bedenken gibt, daß die Trents sich einem Lügendetektor-Test widersetzten, heben Maccabee und andere Wissenschaftler, die den Fall untersuchten, gerade die beeindruckende Ehrlichkeit der Eheleute bei den Befragungen hervor. Der Fall ist nach wie vor umstritten.

Der UFO-Mythos

Um einen solchen UFO-Mythos zu pflegen und dafür zu sorgen, daß hin und wieder eine UFO-Hysterie ausbricht, brauchten interessierte staatliche Stellen gar nicht allzu viel zu tun. Die UFO-Begeisterten und die breite Öffentlichkeit würden ihnen rasch die Arbeit abnehmen. Zuverlässigere Analysen von UFO-Material aller Art, zu denen besonders die Computertechnik einen wesentlichen Beitrag leistet, könnten solchen Kampagnen entgegentreten und sowohl der Leichtgläubigkeit als auch dem verbohrten Skeptizismus den Boden entziehen. Das ist jedoch nur möglich, wenn das vollständige von der Regierung gesammelte Material den Forschern zur Verfügung gestellt wird.

UFO-Fotos – Mißdeutungen oder Schwindel?

Neun von zehn UFO-Fotos sind fehlinterpretierte Aufnahmen alltäglicher Objekte und Phänomene oder aber das Werk von Schwindlern. Immer raffiniertere Analysetechniken scheiden „die Böcke von den Schafen".

Die erprobten Methoden der Analyse und Beurteilung von UFO-Fotos werden zwar zunehmend durch die Computertechnik ergänzt, aber in keinem Fall ersetzt. Die verfeinerten und entsprechend teuren Analysetechniken kommen vor allem bei solchen Fotos in Frage, die bereits allen Prüfungen in traditionellen Verfahren standgehalten haben. Dies sind jedoch höchstens zehn Prozent aller Aufnahmen.

Ein UFO-Foto muß genauso gründlich überprüft werden wie jede Zeugenaussage. Viele augenscheinlich authentische Aufnahmen können deshalb nicht als Beweis für das Auftreten unerklärlicher Phänomene herangezogen werden, weil sie unter ungünstigen Bedingungen entstanden, also etwa der Fotograf zum entscheidenden Zeitpunkt allein war. So überzeugt der untersuchende Ufologe auch sein mag, daß ein Zeuge die Wahrheit sagt, der Skeptiker wird die Möglichkeit einer Trickaufnahme nicht ausschließen wollen.

Weshalb immer wieder Trickaufnahmen?

Sehr häufig stecken hinter Trickaufnahmen finanzielle Motive. Ein Amateurfotograf, dessen Bilder angeblich das Ungeheuer von Loch Ness zeigten, weigerte sich, seine Negative für eine eingehende Untersuchung zur Verfügung zu stellen. Trotz dieser Tatsache und seiner recht widersprüchlichen Aussagen werden seine Aufnahmen bis heute immer wieder groß in der Presse veröffentlicht. Die weltweite Nachfrage nach seinen Publikationen hat ihm schon im ersten halben Jahr etwa zweihunderttausend Pfund eingetragen. Später kassierte er noch weitere Honorare für Vorträge und Interviews. Es gibt also viele Anreize dafür, dem Publikum das zu liefern, was es sehen möchte.

Es ist, besonders bei kleveren Schülern, schon fast zum Hobby geworden, Trickaufnahmen von „Fliegenden Untertassen" herzustellen. Einer der bekanntesten Fälle dieser Art ereignete sich 1962 in Großbritannien. Damals erregte der 14-jährige Schüler Alex Birch mit einem Foto Aufsehen, auf dem eine Formation von fünf untertassenähnlichen Objekten zu sehen war. Alex wurde in Funk und Fernse-

Oben:
Alex Birch bei der Enthüllung des Tricks, den er anwandte, um zu seiner Fotografie von „Fliegenden Untertassen" zu gelangen, die zehn Jahre lang als echt galt, bis er sein Geständnis ablegte.

Oben rechts:
Die „Fliegenden Untertassen" bei Tage, die der damals 14-jährige Schüler Alex Birch bei ihrem Flug über das nordenglische Sheffield im Jahr 1962 fotografiert haben wollte. In Wahrheit hatte er die Silhouetten an die Fensterscheibe gemalt, durch die er die Aufnahme machte.

Rechts:
Eins der vielen in Neu Mexiko von Paul Villa aufgenommenen Fotos Fliegender Untertassen. Er behauptete, auch mit den Besatzungen der Flugobjekte gesprochen zu haben. Computeranalysen ergaben, daß die Bilder nur kleine Modelle zeigten.

hen interviewt und vom Luftfahrtministerium befragt. Er trat bei der Gründungsversammlung der *British UFO Research Association* auf und erläuterte die näheren Umstände seiner Beobachtung. Erst zehn Jahre später gestand er ein, daß seine so hartnäckig aufrechterhaltene und scheinbar authentische Geschichte nur ein Schwindel war.

Es leuchtet also ein, wie wichtig es ist, für jede UFO-Beobachtung mehrere voneinander unabhängige Zeugen zu haben. Der Idealfall vom Standpunkt des Ufologen aus ist dann gegeben, wenn die übrigen Zeugen mit dem Fotografen weder befreundet noch verwandt sind und sich ausführlich zu den Ereignissen geäußert haben, ehe der Film entwickelt wurde. Die meisten Betrüger haben nicht den Mut, über ihre „Erlebnisse" zu reden, ehe sie die Gewähr haben, daß ihre Bilder auch überzeugend genug sind.

Stichhaltige Beweise

Das erste, was also von einem echten Dokumentar-Foto erwartet wird, ist das Vorhandensein mindestens eines weiteren unabhängigen Zeugen. Die zweite Forderung wäre, daß der Originalfilm – gleichgültig, ob Schwarzweiß – oder Farbnegativ oder Diapositiv – qualifizierten Wissenschaftlern zur Analyse vorgelegt wird, und zwar der vollständige Film, auch wenn nicht alle Bilder das UFO zeigen. Die übrigen Aufnahmen geben nämlich unter Umständen wertvolle Hinweise auf Wetterbedingungen, eventuelles Fett oder Schmutz auf dem Objektiv, mögliche Lichtflecken, besondere Charakteristika des Films.

Zum dritten ist es wichtig, daß auf dem Bild Bezugspunkte erkennbar sind. Zeigt es lediglich ein Objekt vor dem Hintergrund des Himmels, können Entfernung und Größe nicht errechnet werden.

Unten:
Ein kleines, dicht vor der Kamera befindliches Modell kann auf dem Bild wie ein großes, weiter entferntes Objekt erscheinen. Die eigentliche Größe läßt sich ausrechnen, wenn man die Entfernung bestimmen kann, beispielsweise durch Untersuchungen der Brennweite.

Ganz unten:
Eine in der Erdumlaufbahn befindliche „Fliegende Untertasse", die im Mai 1962 von dem Raumfahrzeug Aurora 7 *fotografiert wurde. Dieses rätselhafte Bild hätte sicher Anlaß zu endlosen Spekulationen über Beobachtungen der Erde durch außerirdische Wesen gegeben, wenn nicht der Fotograf Scott Carpenter selbst gewußt hätte, worum es sich in Wirklichkeit handelte: einen kleinen Klumpen von Eiskristallen, der sich löste, als er an die Wand des Raumschiffes klopfte.*

Eine vierte Voraussetzung ist nicht zwingend erforderlich, aber doch wünschenswert: Es sollte möglichst eine Serie von Bildern vorliegen. Sie liefert naturgemäß mehr Informationen als eine einzige Aufnahme. Noch aufschlußreicher ist ein Kamerafilm. Dieser ist schwerer mit Hilfe von Tricks herzustellen als eine Einzelaufnahme und gibt dazu noch Aufschlüsse über die Zeitspanne der Beobachtung. Bei manchen Filmkameras läßt sich die Filmgeschwindigkeit, die normalerweise 24 Bilder pro Sekunde beträgt, verändern, daher ist es wichtig, diese genau festzustellen. Ferner sind Angaben über den verwendeten Fotoapparat, den Film, Entfernung, gewählte Blende und Belichtungszeit wünschenswert. Wurde ein Filter benutzt? Wenn ja, welcher Typ? Weiter ist zu berücksichtigen, ob bei einer Einzelaufnahme diese mit oder ohne Stativ gemacht wurde.

Die Wissenschaftler haben also schon einiges abzuklären, bevor sie das Bild im einzelnen untersuchen. Was geschieht nun?

Im Jahr 1966 wurde die Universität von Colorado von der US-Luftwaffe damit beauftragt, eine Enquete zur UFO-Frage durchzuführen. Der Forschungsbericht erschien schließlich unter dem Titel *Unbekannte Flugobjekte im*

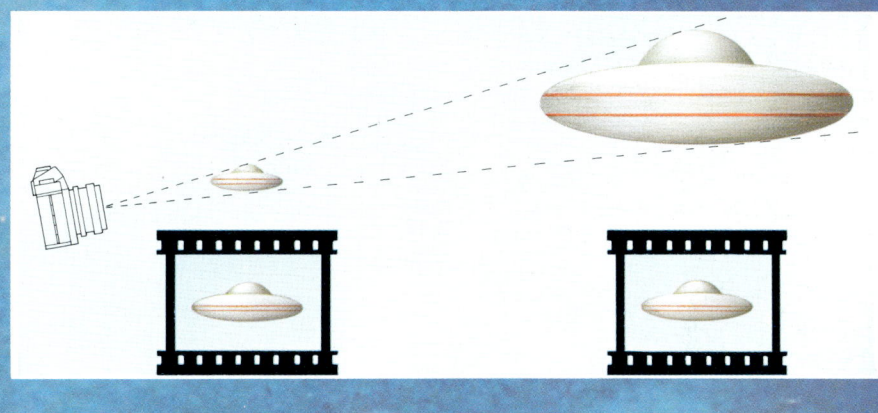

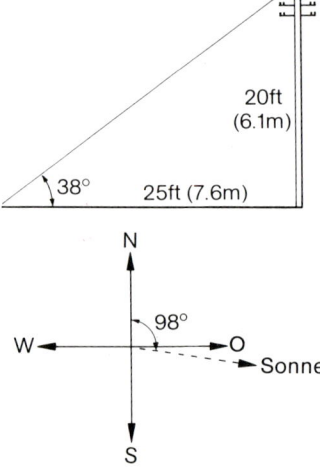

Aus der Brennweite des Fotos lassen sich recht genaue Schlüsse über die Entfernung des Objekts ziehen. Das ist sehr wichtig, weil bei den meisten Trickaufnahmen kleine Objekte aus kurzer Dinstanz aufgenommen werden. Doch selbst, wenn sich ergibt, daß das Objekt tatsächlich weit vom Fotografen entfernt war, bleibt doch für ihn immer noch die Möglichkeit, ein alltägliches Objekt, wie etwa ein unter einem ungewöhnlichen Winkel gesehenes Flugzeug, zu fotografieren und das Bild der staunenden Welt als echte UFO-Dokumentation anzubieten.

Die Lichtverhältnisse als Informationsquelle

Bei Tageslichtaufnahmen lassen sich Sonneneinfallswinkel und Wetterbedingungen daraufhin überprüfen, ob sie mit dem angeblichen Datum und Zeitpunkt der UFO-Sichtung zusammenfassen. Wenn man die Höhe eines auf dem Bild sichtbaren Objekts und die Länge seines Schattens bestimmen kann, läßt sich daraus relativ leicht der Sonnenstand errechnen. Aus diesem wiederum kann eine Gestirnbestimmungstafel auf die Tageszeit geschlossen werden. Über Einzelheiten des Wetters am betreffenden Tag gibt das zuständige Wetteramt Auskunft. Detaillierten metereologische Informationen sind nicht nur wichtig, um die Zeitangaben der Zeugen zu überprüfen, sondern Daten, wie etwa die Höhe der untersten Wolkenschicht, können auch zur Bestimmung der Flughöhe des Objekts beitragen.

Die Untersuchung der Lichtverhälnisse ermöglicht oft Erkenntnisse, ob die einzelnen Bilder als Sequenz innerhalb eines kurzen Zeitraums aufgenommen wurden. Wenn die UFO-Beobachtung angeblich nur wenige Sekunden gedauert haben soll, die Sonne aber zwischen zwei Aufnahmen um 10 Grad weitergewandert ist, bedeutet das einen zeitlichen Abstand von 40 Minuten, was natürlich an der Glaubwürdigkeit des Zeugen zweifeln läßt.

In dieses Stadium der Untersuchung sollte auch die Kamera einbezogen werden. Bei vielen weichen Blende und Belichtungszeit erheblich von den nominellen Werten ab, und es kann entscheidend sein, die tatsächlichen Daten zu kennen.

Empfehlenswert ist es auch, den Beobachtunsort aufzusuchen, nicht so sehr, um nach konkreten Spuren des UFOs zu suchen, sondern vielmehr um die auf dem Bild sichtbaren Objekte zu vermessen.

Solche Testreihen überstehen nur wenige Fotos, ohne daß ihre Glaubwürdigkeit geschmälert wird, doch selbst wenn das Ergebnis günstig ausfällt, so handelt es sich doch nur um Ausschlußkriterien. Das abgebildete Objekt ist also weder ein aus der Nähe abgelichteter Gegenstand noch ein Flugzeug oder ein Meteorit.

Leider führt die verbreitete Assoziation des Begriffs „UFO" mit außerirdischem Flugobjekt zu erheblichen Mißverständnissen. Immer

Lichte wissenschaftlicher Untersuchungen. Auch
wenn dieser vielfach auf Skepsis stieß, enthält er doch unbestritten eine gute Darstellung der Untersuchungsmethoden für das Fotomaterial und kann anderen UFO-Forschern wertvolle Hilfe leisten. Der Analyseprozeß gliedert sich in mehrere Phasen:

Der erste Schritt ist eine subjektive Einschätzung des Bildmaterials. Es wird die fotografische Qualität geprüft. Sind die Fotos zusammen mit den Augenzeugenberichten aussagefähig und in sich schlüssig?

Als zweites gilt es, die Frage zu beantworten, ob sich für das Bild eine rationale Erklärung finden läßt. Dazu bedarf es umfassender Erfahrung mit astronomischen, metereologischen, optischen und fotografischen Phänomenen. Obgleich die Möglichkeiten hier sehr vielfältig sind und auch Experten sich oft täuschen lassen, können doch meist in diesem Untersuchungsstadium schon viele Fotos als Fehldeutungen ausgesondert werden.

Im dritten Untersuchungsschritt muß die Möglichkeit einer bewußten Täuschung ausgeschlossen werden. Deuten irgendwelche Anzeichen daraufhin, daß der Originalfilm manipuliert wurde? Bilden die einzelnen Aufnahmen eine durchgängige Serie? Wenn aus der Nummernfolge des Films hervorgeht, daß die Kontinuität unterbrochen ist und die fehlenden Fotos nicht vorgelegt werden können, erhebt sich der Verdacht, daß entweder die Aufnahmen zu verschiedenen Zeitpunkten „gestellt" wurden oder aber der Fotograf die weniger gelungenen Bilder einfach unterschlug.

Stehen Brennweite, Schärfe und Kontrast im Einklang mit den Angaben des Fotografen und anderer Zeugen, daß sich das Objekt mit hoher Geschwindigkeit bewegt habe, müßte es auf dem Bild verschwommen erscheinen.

Ganz oben:
Wann wurde dieses UFO fotografiert? Ein Bild wie dieses hypothetische Beispiel enthält für den geübten Analytiker viele Hinweise. Das Verhältnis zwischen der Höhe der Telefonleitungsmasten und der Länge ihrer Schatten zeigt, daß die Sonne in einem Winkel von 38° steht. Die Auswertung der Richtung der Schatten im Verhältnis zu den Objekten, die sie werfen, ergibt, daß sich die Sonne (siehe obiges Schema) 8° südlich von Ost befindet. Aus diesen Informationen lassen sich, wenn man die geographische Breite des betreffenden Ortes kennt, Datum und Zeitpunkt der Aufnahme genau errechnen.

Links:
Ein kugelförmiges UFO schwebt über der New Yorker City – zumindest sieht es auf dem Bild so aus. Die Aufnahme wurde von Angehörigen des Zivilschutzes gemacht, die ein „rundes orangefarbenes Licht" über der Stadt dahinziehen sahen. Eingehende Untersuchungen ergaben jedoch, daß es sich bei der Erscheinung um eine Linsenspiegelung gehandelt hat.

Unten:
Ralph Ditter aus dem amerikanischen Bundesstaat Ohio behauptete, im November 1966 ein großes, scheibenförmiges Flugobjekt mit einer Kuppel über seinem Haus beobachtet zu haben. Während der anderthalb Minuten dauernden Sichtung habe er drei Polaroid-Aufnahmen gemacht, von denen zwei gelungen seien. Anhand der Nummern auf dem Film ließ sich aber feststellen, daß das angeblich zuerst aufgenommene Bild tatsächlich später entstanden ist. Außerdem waren die Zeiträume zwischen den Aufnahmen, wie sich anhand der Schatten nachweisen ließ, eindeutig wesentlich länger als anderthalb Minuten.

wieder wird gefragt: „Gibt es denn UFOs?" Sind tatsächlich jemals Objekte am Himmel gesehen worden, deren Identität nicht geklärt werden konnte? Diese Frage ist ganz eindeutig zu bejahen. Im Grunde ist eigentlich gemeint: Gibt es außerirdische Raumschiffe, die unsere Erde besuchen? Darauf gibt es noch keine endgültige Antwort, da bisher stichhaltige Beweise dafür fehlen.

Es ist daher vielleicht sinnvoller, die Frage etwas bescheidener zu formulieren: Gibt es Fotos, die bislang allen Ausleseverfahren widerstanden haben? Zu den wohl überzeugendsten Beispielen gehören eine Reihe von Einzelaufnahmen, die von Bord eines Schiffes der brasilianischen Marine gemacht wurden, das an wissenschaftlichen Untersuchungen im Rahmen des Internationalen geophysikalischen Jahres beteiligt war. Am 16. Januar 1958 um 12.15 Uhr sahen Besatzungsmitglieder des vor der Insel Trinidad im Südatlantik operierenden Schiffs, wie sich ein seltsames Flugobjekt der Insel mit großer Geschwindigkeit näherte, eine Zeitlang über ihr schwebte, hinter einem Berggipfel verschwand, wieder auftauchte und sich in Richtung Meer entfernte. Almiro Barauna, der sich als privater Fotograf an Bord befand, schoß vier Aufnahmen, auf denen ein Objekt zu erkennen ist, das zwei aufeinander gestellten Schüsseln gleicht.

Diese Beobachtung war in vielerlei Hinsicht nahezu ideal. Es gab viele Zeugen, und die Negative wurden sofort entwickelt, so daß eine Fälschung nahezu ausgeschlossen ist.

Später behauptete die US-Luftwaffe, sie habe den Fall nachgeprüft und sei zu dem Schluß gekommen, daß es sich um einen Schwindel gehandelt habe. Dennoch befindet sich merkwürdigerweise in ihren Akten, soweit sie der Öffentlichkeit zugänglich sind, kein wertender Bericht über den Vorfall. Wenn die Air Force tatsächlich im Besitz von Informationen ist, die ihre Zweifel begründen, so hat sie diese für sich behalten. Bislang sind keine gegen die Echtheit der Bilder sprechenden Beweise veröffentlicht worden. Die brasilianischen Forscher schätzten, daß das abgebildete Objekt einen Durchmesser von 36 Metern hatte und mit 900 bis 1000 km/h flog.

Es gibt noch weitere Fotos, die ähnlich eindrucksvoll Objekte zeigen. Ob es sich dabei jedoch um Besucher aus dem All oder gar um noch exotischere Dinge, wie etwa Gedankenprojektionen handelt, läßt sich mit den Mitteln der Bildanalyse allein nicht herausfinden.

Nachweis von UFOs durch Radar

Die Ortung eines UFOs auf dem Radarschirm scheint schon fast so viel wert zu sein wie die erträumte Möglichkeit, ein solches Objekt festzuhalten und im Labor zu untersuchen. Es stellt sich jedoch immer wieder heraus, daß Radarortungen vieldeutig sind und ebenso viele Fragen aufwerfen wie sie beantworten.

Im Sommer 1952 sah ein Nachrichtenoffizier der britischen Luftwaffe auf der Isle of Wight vor der südenglischen Küste einen ungewöhnlichen Lichtpunkt auf seinem Radarschirm. Ein weiterer kam hinzu, und schließlich bewegten sich neun unidentifizierbare Punkte in einem Tempo über den Schirm, das einer völlig unglaublichen Fluggeschwindigkeit entsprach. Eine Überprüfung des Geräts ergab keinen Defekt. Dann entschwanden die Objekte mit etwa 11 000 km/h außer Reichweite des Radars. Diese Geschwindigkeit überstieg bei weitem die Möglichkeiten aller Flugkörper der damaligen Zeit, mit Ausnahme der noch im Stadium der Erprobung sich befindenden Raketen.

Der Offizier verfaßte einen Bericht über das Vorkommnis. Kurz darauf wurde das gesamte Personal der Radarstation zusammengerufen und höflich, aber bestimmt, dahingehend „beraten", daß ein solcher Zwischenfall sich niemals abgespielt habe. Außerdem wurde ausdrücklich auf das Gesetz hingewiesen, das den Umgang mit Staatsgeheimnissen regelt, und dem sie besonders verpflichtet wären.

Die Vorschriften gelten für derartige Vorfälle aber nur 30 Jahre. Deshalb berichtete der mittlerweile pensionierte Zeuge 1982 UFO-Forschern von seinem Erlebnis. Er erkundigte sich auch, ob zur gleichen Zeit irgendwelche ungewöhnlichen Flugobjekte beobachtet worden seien. Nichts dergleichen war bekannt.

Den Ufologen liegen noch viele ähnliche Zeugenberichte aus aller Welt vor. Sie lassen darauf schließen, daß in den Akten der Militärorganisationen der verschiedenen Staaten eine Fülle solcher Fälle dokumentiert sein müßten, die oft sogar noch durch gleichzeitige Augenzeugenaussagen gestützt sein dürften. Das britische Verteidigungsministerium scheint solchen außergewöhnlichen Radarbeobachtungen offiziell keine große Bedeutung beizumessen. Es behauptete 1982, daß ihm keine weiter als bis 1962 zurückreichenden Berichte dieser Art vorlägen. Das wäre allerdings erstaunlich, denn es würde bedeuten, daß die Royal Air Force beispielsweise keinerlei Unterlagen über jenen bedeutsamen Vorfall von Lakenheath/Bentwaters im August 1956 besäße — einem Fall, der nie geklärt wurde und weiterhin als eins der besten Beispiele überhaupt für das Auftreten eines völlig unbekannten Phänomens gilt. Die andere Möglichkeit, daß Unterlagen über Radarphänomene in Geheimakten vorliegen, ist jedoch noch beunruhigender.

Wenn ein unbekanntes Flugobjekt auf dem Radarschirm geortet wurde, ist das für manche schon fast der Beweis dafür, daß es sich dabei um ein materielles Objekt gehandelt hat — vielleicht sogar einen außerirdischen Flugapparat mit phantastischen Fähigkeiten. In Wirklichkeit lassen solche Radarphänomene jedoch sehr unterschiedliche Deutungen zu. Um dies

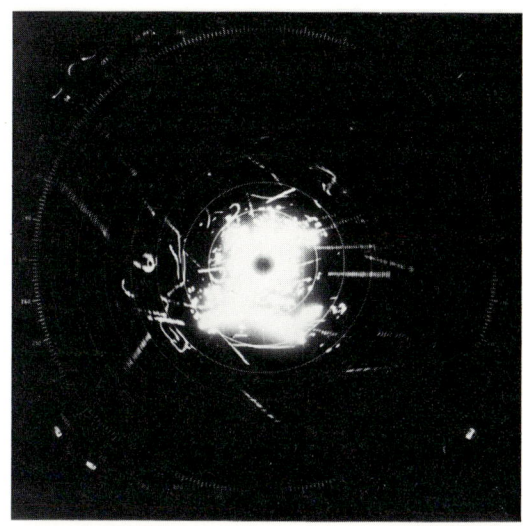

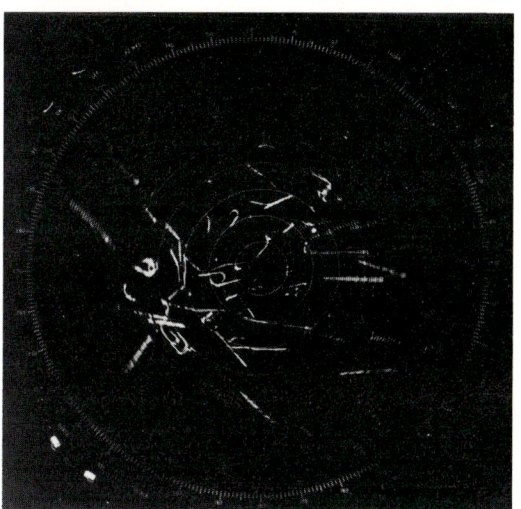

Links:
Radarantennen sind ein ins Auge fallender Bestandteil jedes Flughafens. Manche haben nur eine relativ kurze Reichweite (links), andere kontrollieren den Luftverkehr über große Distanzen (ganz links). Die Parabolantenne funktioniert wie der Spiegel eines Leuchtturms. Sie wirft die Radarwellen zu einem schmalen Strahl gebündelt in die jeweilige Richtung. Wenn die Antenne sich dreht, erfaßt dieser Strahl alle Himmelsrichtungen. Zwischen den einzelnen Sendestößen „lauscht" die Antenne auf Echowellen von Objekten. Für die Beobachtung des Luftverkehrs sind solche Radaranlagen unerläßlich: Was leisten sie nun für die Erforschung von UFOs?

Rechts:
Ansicht eines Luftüberwachungs-Radarschirms. Die obere Aufnahme enthält sämtliche Echosignale, die von stationären Objekten am Boden stammen. Bei dem zweiten Bild sind diese Signale durch Computer ausgeschaltet worden, so daß auch ein von einem stillstehenden UFO herrührender Lichtpunkt unweigerlich herausgefiltert worden wäre.

Unten:
Eine ganze Wolke von Lichtpunkten ist auf dieser Radaraufnahme aus Südostengland erkennbar. Dabei handelt es sich weder um Flugzeuge noch um UFOs, sondern um Zugvogelschwärme.

veranschaulichen zu können, muß zunächst einmal erklärt werden, wie Radar eigentlich funktioniert und es eingesetzt wird.

Das Wort Radar ist eine Abkürzung für Radio Detection and Ranging („durch Funk auffinden und die Entfernung messen"). Es wurde erstmals während des Zweiten Weltkrieges benutzt. Seine Anwendungsmöglichkeiten im militärischen und zivilen Bereich erweiterten sich in den darauffolgenden Jahren rasch. Anfangs mußte noch viel über das Verhalten der Radarwellen geforscht werden, außerdem waren die eingesetzten Geräte noch nicht ausgereift. Offenbar gab es in den fünfziger Jahren auch viel mehr Radarortungen von UFOs als in den darauf folgenden 20 Jahren. Es drängt sich der Verdacht auf, daß dies an der mangelhaften Beherrschung des Radarsystems lag. Doch auch heute sind die Radargeräte keineswegs perfekt. Zunehmend werden große Anlagen auf Computerbetrieb umgestellt, und solche Übergangsphasen bergen das Risiko von Störungen.

Alle Radaranlagen funktionieren nach dem gleichen Grundprinzip. Eine sich ständig drehende Antenne sendet in kurzen Abständen ein schmales Bündel Radiowellen aus. Dieser Strahl wird zwar nur sehr langsam breiter, deckt jedoch nach ein paar hundert Kilometern bereits mehrere Kilometer Luftraum ab. Stellt sich den Radiowellen ein Objekt in den Weg, so werden diese nach allen Richtungen reflektiert und Signale an die Antenne zurückgeschickt, die in den Intervallen zwischen den Sendephasen solche Informationen zu empfangen trachtet. Jetzt kann die Position des Objekts genau bestimmt werden. Es muß sich in der Richtung befinden, in welche die Antenne gerichtet ist. Eine Entfernung berechnet sich nach dem Zeitraum zwischen der Abgabe eines Signals und dem Empfang des Echos durch die Antenne. Die Positionen aller auf diese Art georteten Objekte lassen sich auf einem kreisförmigen Bildschirm darstellen. Bei einer einfachen Radaranlage, ohne Anwendung komplizierter Computertechnik, erscheinen auf diesem Schirm Lichtpunkte, deren Helligkeit der Stärke des Echos entpricht.

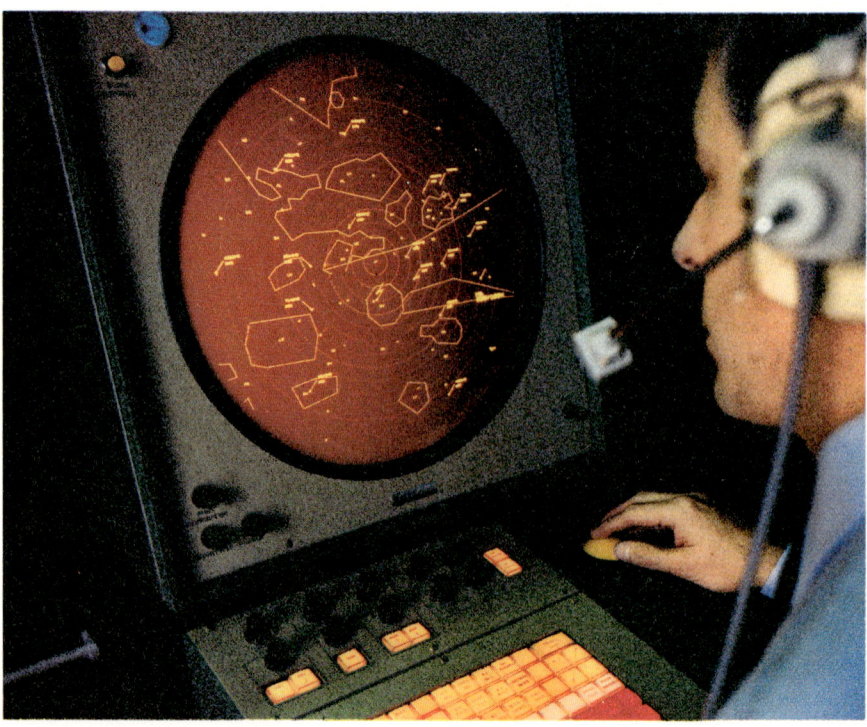

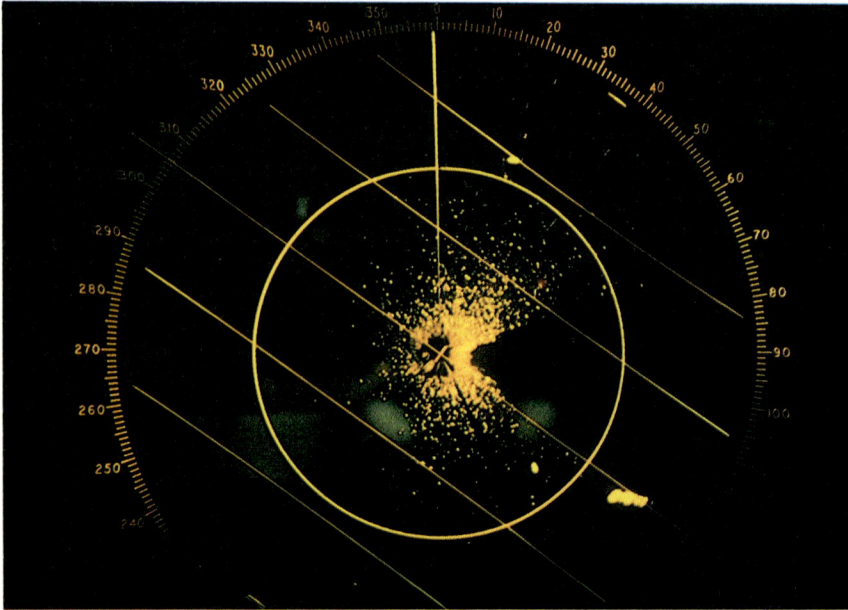

Diese ist teilweise abhängig von der Größe des Objekts, beruht jedoch noch auf anderen Faktoren – etwa der Form des Objekts und dem Material, aus dem es besteht.

Außerdem kann es sein, daß zwei in relativ dichter Nähe zueinander befindliche Objekte nicht als zwei getrennte Lichtpunkte auf dem Schirm erscheinen. Angenommen, der Radarstrahl geht in einem Winkel von 3 Grad auseinander, dann hat er in einer Entfernung von 40 Kilometer einen Durchmesser von 2,1 Kilometer.

Natürlich ist die Deutung der Zeichen auf dem Radarschirm eine komplizierte Arbeit, die gute Sehkraft, einen kühlen und klaren Kopf und viel Erfahrung voraussetzt.

Was die Sache noch erschwert, ist die Vielfalt der Objekte, die auf dem Bildschirm

Die Lichtpunkte beim „einfachen" Radar (oben) entstehen direkt aus der Reflexion der Radarwellen durch einzelne Objekte. Im durch Computer aufbereiteten Radarbild (ganz oben) erscheinen neben den Lichtpunkten Angaben zu Identität und Flughöhe der erfaßten Flugzeuge. Diese Zusatzinformationen liefert ein Sender an Bord des jeweiligen Flugzeugs, der auf die vom Boden kommenden Radarwellen reagiert. Gleichzeitig erscheinen auf dem Radarschirm noch die Umrisse bestimmter besonders wichtiger Gebiete.

erscheinen können. Berge, Ölraffinerien, Hochhäuser usw. können den Radarstrahl reflektieren, ebenso Insekten und Vogelschwärme. Selbst Luftmassen, die sich in Temperatur, Druck und Luftfeuchtigkeit von der umliegenden Atmosphäre unterscheiden, werden manchmal auf dem Bildschirm sichtbar.

Da feststehende Objekte das Radarbild unnötig komplizieren, sind Anlagen für den Luftverkehr oft mit besonderen Computerfiltersystemen ausgestattet, die auf Knopfdruck die entsprechenden Lichtpunkte eleminieren.

Radaranlagen, die im Dienst der Wetterbeobachtung stehen, arbeiten mit größten Wellenlängen und sind besonders anfällig für Störungen durch Bodenobjekte, beziehungsweise Reflexionen der Meeresoberfläche.

„Hänschen, piep"

Heutzutage haben alle großen und viele kleine Flugzeuge einen kleinen Sender an Bord, der auf ein Radarsignal hin automatisch eine codierte Botschaft zurückschicken kann, die Aufschluß über die Identität, die Höhe und den Bestimmungsort des Flugzeugs gibt. Wenn der Pilot nun auf Aufforderung durch das Radarpersonal hin mit Hilfe dieser Anlage „piept", erscheinen die Daten neben dem entsprechenden Lichtpunkt auf dem Schirm. Die Computerfilteranlage verdeutlicht das Bild, in dem es alle stationären Objekte – und oft sogar solche, die sich wesentlich langsamer bewegen als ein Flugzeug – wegläßt. Ohne diese Hilfen sähe sich das Radarpersonal einer Menge chaotischer Informationen gegenüber, der es nicht gewachsen wäre.

Unter diesen Bedingungen ist es ziemlich unwahrscheinlich, daß ein UFO überhaupt bemerkt würde, selbst wenn unidentifizierte und sich nicht selbst ausweisende Objekte erfaßt werden. Der Mann am Schirm wird sehr wahrscheinlich überhaupt nicht die Zeit haben, sich den Kopf über sie zu zerbrechen, solange sie keine Bedrohung für die Flugsicherheit darstellen.

Auch der Luftverkehr zwischen den Flughäfen wird mit einem ähnlichen System überwacht. Dafür gibt es in Großbritannien drei Zentren: London, Manchester und das schottische Prestwick. In diesen Kontrollräumen geht es sogar noch lebhafter zu als in einem Flughafentower. Tag für Tag müssen Hunderte von Flugzeugen überwacht und vor Kollisionen bewahrt werden.

Außer dem Flughafenradar gibt es noch andere Radarsysteme.

Eine weitere Anwendungsform von Radar ist das Raketenfrühwarnsystem, dessen Stationen sich in Alaska und im nordenglischen Fylingdales befinden. Sie unterliegen der militärischen Geheimhaltung und konzentrieren sich ausschließlich auf weit entfernte Objekte, welche die spezifischen Flugeigenschaften von Raketen aufweisen.

Unten:
Das Kontrollpersonal auf einem großen internationalen Flughafen. Entgegen der landläufigen Ansicht ist die Tätigkeit solcher Flugüberwachungsdienste nicht besonders geeignet, mehr über UFOs herauszufinden. Selbst wenn zuweilen unidentifizierte Objekte auf ihren Radarschirmen erscheinen, muß das Radarpersonal doch seine ganze Aufmerksamkeit auf die Flugzeuge konzentrieren, für deren Sicherheit es verantwortlich ist.

Der amerikanische ·Ufologe Allan Hendry hat Radarsysteme in den USA untersucht und ist zu dem Schluß gekommen, daß sie zum Aufspüren von UFOs weniger gut geeignet sind als man dies zuerst angenommen hatte.

Es kommt jedoch vor, daß UFO-Sichtungen durch Radarbeobachtungen bestätigt werden. In einem Jahr geschah dies bei 13 000 dem Zentrum für UFO-Forschung in Evanston (Illinois) eingegangenen Berichten fünfmal. Ein typisches Beispiel war die Sichtung eines orangefarbenen Lichts am Himmel über Fairborn (Ohio). Eine befragte lokale Radarstation erstattete zunächst Fehlanzeige, fing dann jedoch doch noch ein kurzes, schwaches Signal auf. Nachforschungen ergaben, daß es sich bei dem Objekt um einen Heißluftballon gehandelt hatte. Das schwache und flüchtige Radarecho war auf die leichte Bauart des Ballons zurückzuführen.

In allen fünf Fällen konnten erklärbare Phänomene nachgewiesen werden: drei Ballons und zwei farbig funkelnde Sterne. Bemerkenswert ist jedoch, daß auch bei den Sternen Radarsignale aus der Richtung des vermeintlichen UFOs registriert wurden. Mit solchen Anlagen ist es nämlich unmöglich, ein Radarecho von Himmelskörpern auszulösen. Die Übereinstimmung zwischen Beobachtung und Radarortung war reiner Zufall.

Rechts:
Riesige Kuppeln schützen die Radar-Frühwarnanlage Fylingdales in den Moorregionen von Yorkshire. Diese Station soll eventuell von der Sowjetunion aus gestartete Raketen erfassen. Wenn hier je ungewöhnliche Radarsignale empfangen werden, so würden diese strenger Geheimhaltung unterliegen.

Jenseits unserer Möglichkeiten?

Können sich UFOs Radarstrahlen entziehen? Weshalb erscheinen sie auf dem Radarschirm häufiger bei Nacht als bei Tag?

Wenn UFOs materielle und nicht nur psychologische Phänomene sind, dann müßten sie eigentlich mit Radaranlagen erfaßbar sein – sofern sie nicht über eine so fortgeschrittene Technik verfügen, daß sie sich für Radarstrahlen unsichtbar machen können. Mittlerweile werden ja auch bereits Flugzeuge entwickelt, die mit Radar nur noch schwer zu erfassen sind. Es ist durchaus möglich, daß die militärische Forschung in dieser Richtung bereits Lösungen erreicht hat?

Diese Annahme würde einen rätselhaften Aspekt der bisher vorliegenden Daten zu Radarbeobachtungen erklären. Der bekannte Ufologe Dr. J. Allen Hynek hat nämlich nachgewiesen, daß unter diesen Fällen viel häufiger nächtliche Lichterscheinungen auftreten als bei UFO-Sichtungen allgemein.

Vielleicht liegt die Ursache darin, daß nächtliche Lichterscheinungen tatsächlich reale Phänomen sind, während es sich in anderen Fällen um Übertreibungen, Irrtümer, Fälschungen, Sinnestäuschungen handelt. Eine andere Möglichkeit wäre, daß bei geheimen militärischen Versuchen tagsüber so etwas wie Radar-

Oben:
UFO-Erscheinung über dem Iran im September 1976. Einer der beiden an der Verfolgung des UFOs beteiligten Phantom-Jäger näherte sich dem Objekt, das sich in Form bunter Lichtblitze präsentierte. Plötzlich schoß ein kleineres, leuchtendes Objekt aus dem UFO hervor und näherte sich der Maschine. Der Pilot versuchte, auf das UFO zu feuern – aber Funkanlage und elektronisches Steuersystem der Bordwaffen versagten.

Rechts unten:
Phantom-Jäger in den Farben der früheren Kaiserlich-persischen Luftwaffe, eine Maschine des gleichen Typs, die an der UFO-Begegnung vom September 1976 beteiligt war.

tarnkappen eingesetzt werden, weniger häufig bei Nacht, weil dann das Risiko, entdeckt zu werden, geringer ist.

Im September 1957 stieg ein amerikanischer Bomber vom Typ RB-47 mit einer erfahrenen sechsköpfigen Besatzung von einem Stützpunkt in Kansas auf. Über eine Strecke ihres Fluges wurden sie von einem unglaublich wendigen UFO verfolgt. Es tauchte auf und verschwand wieder, völlig unberechenbar. Der Pilot begann nun seinerseits, das UFO zu jagen, war jedoch dessen Manövrierfähigkeit nicht gewachsen. Während das Gespann die Südstaaten überquerte, konnte das UFO eine Stunde lang vom Bodenradar erfaßt werden. Die RB-47 war mit einer sehr modernen Anlage ausgerüstet, die im Kriegsfall Signale des feindlichen Bodenradars aufspüren sollte. Dieses Gerät ortete ein Objekt, das radarähnliche Wellen ausstrahlte, und verfolgte deren Bewegung. Die Besatzung war überzeugt, daß es sich dabei um das gleiche UFO handelte, das Pilot und Co-Pilot sahen.

Aber selbst einen scheinbar so eindeutigen Fall von UFO-Sichtungen läßt sich mit einleuchtenden Hypothesen durchaus in Zweifel ziehen. Philip J. Klass hat nach ausgiebigen Recherchen die These aufgestellt, daß die georteten Wellen von einer Bodenradarstation ausgegangen wären, während Pilot und Co-Pilot nacheinander einen Meteor, ein im Landeanflug befindliches Passagierflugzeug und helle Sterne als UFO fehldeuteten. Eine solche Erklärung der Radarphänomene kann noch als plausibel gelten, die Spekulationen von Klass über die direkte Beobachtung jedoch keinesfalls.

Rechts:
Ein Düsenbomber vom Typ Boeing B–47. Eines Nachts im Jahr 1957 meldete die Besatzung eines Aufklärers dieses Typs wiederholt Beobachtungen rätselhafter Lichterscheinungen, die offenbar mit einem Flugobjekt in Zusammenhang standen, das Radarwellen aussandte.

Unten:
Der B-1-Überschallbomber, der so konstruiert wurde, daß er bei Radarortung schwer auszumachen ist. Der Rumpf ist schmal, um wenig Reflexionsfläche zu bieten und so geformt, daß er die Radarwellen zerstreut, anstatt sie zu den Bodenradarstationen zurückzuwerfen. Außerdem wurde beim Bau dieser Maschine radarabsorbierendes Material benutzt.

Für Fälle wie diesen schlagen Peter Warrington und Jenny Randles die Bezeichnung UAP (unidentifiziertes atmosphärisches Phänomen) vor, da der Ausdruck UFO von vielen Menschen ganz stark mit Objekten verbunden wird, die von Lebewesen gesteuert werden.

Störung der Bordelektronik

In Großbritannien und den Vereinigten Staaten sind nach offiziellen Angaben seit einiger Zeit keine geheimnisvollen Störfälle in der Bordelektronik mehr vorgekommen. Vielleicht werden sie inzwischen aber nur strenger geheimgehalten; denn in anderen Ländern hat sich eine Reihe beeindruckender Vorfälle dieser Art zugetragen, zum Beispiel das Erlebnis der beiden iranischen Phantomjäger-Piloten im September 1976 (siehe S. 58).

Das UFO war von Zivilisten und Militärpersonal am Boden gesichtet worden. Die Piloten sahen ein strahlend helles Licht am Himmel. Auf dem Radarschirm erschien eine Serie bunter blinkender Lichter. Dann schoß das Objekt davon, während die Phantom mit Mühe und Not versuchte, ihm auf den Fersen zu bleiben. Plötzlich löste sich ein kleines raketenartiges Geschoß von dem UFO und kam direkt auf den Jäger zugeflogen. Der iranische Pilot faßte dies als Angriff auf und wollte mit einer Luft-Luft-Rakete antworten. In diesem Augenblick mußte er jedoch zu seinem Schrekken feststellen, daß er keine Gewalt mehr über seine Funkanlage und die Bedienungsvorrichtungen für die Bordwaffen besaß, obgleich sich alle anderen Funktionen nach wie vor kontrollieren ließen.

Das kleine Objekt bewegte sich weiter auf den Jäger zu. Instinktiv ging der Pilot in einen steilen Sturzflug und versuchte, die vermeintliche feindliche Rakete abzuschütteln, doch ohne Erfolg: Das „Geschoß" folgte ihm. Dann aber flog es einen Kreis um das Flugzeug und kehrte zum UFO zurück. In diesem Augenblick funktionierten im Phantom die Steuergeräte wieder.

Der Pilot, der keine Zweifel hatte, daß das Objekt materieller Natur war, machte sich wieder an dessen Verfolgung. Eine zweite „Rakete" wurde abgeschossen, diesmal geradewegs Richtung Boden. Während es niederging und einen hellen Lichtschein verbreitete, beschleunigte das UFO auf mehrfache Schallgeschwindigkeit, so daß dem Phantompiloten nichts anderes übrigblieb, als zu seinem Stützpunkt zurückzukehren.

Beim Morgendämmern wurde eine Hubschrauberstaffel beauftragt, den Ort zu inspizieren, wo die „Rakete" den Boden berührt haben mußte. Dort war jedoch keine Spur von ihr zu entdecken.

Ein klassischer Fall einer Fliegenden Untertasse

Wenn die Angaben des Piloten stimmen, so gibt es hierfür nur eine Erklärung: die Existenz einer phantastischen Flugmaschine. Hier handelt es sich eindeutig nicht um ein UAP, sondern um den klassischen Fall einer „Fliegenden Untertasse". Wie von der *Ground Saucer Watch* später enthüllt, nahmen auch die offiziellen Stellen den Vorfall sehr ernst.

Flugbahn des UFOs, das am 1. April 1980 über Westengland geortet wurde. Nach Aussagen des zivilen Radartechnikers auf dem Flughafen Birmingham wurde das Objekt zunächst vom Flughafen East Midlands beim Punkt A ausgemacht und nach Birmingham weitergemeldet. Das Objekt flog extrem langsam in südwestlicher Richtung und wurde beim Punkt B von einem Leichtflugzeug aus gesichtet. Der Kollege in Birmingham verfolgte es bis zum Punkt C. Er behauptete, daß auch andere Radarstationen das Objekt orteten, dieses jedoch später abstritten. Der Bericht über diesen Vorfall wurde an das Luftüberwachungszentrum West Drayton weitergegeben, wo man sich in amtliches Schweigen hüllte.

Im November 1979 ließ die spanische Luftwaffe ein UFO durch Miragejäger verfolgen, das auf mehreren Radargeräten gesichtet worden war. Das Objekt flog so dicht an einer Verkehrsmaschine vorbei, daß der Pilot notlanden mußte. Dieser Vorfall machte in der ganzen Welt Schlagzeilen.

In der Nacht vom 1. April 1980 erschien auf einem Radarschirm des Zivilflughafens Birmingham ein Objekt, das mit einer steten Geschwindigkeit von nur 71 km/h in südwestlicher Richtung flog (was nicht der Windrichtung entsprach). Es wurde von einem Sportpiloten gesehen und als „eine Art Scheinwerferlicht im Nebel" beschrieben.

Hier mag es sich um ein ungewöhnliches militärisches Flugobjekt gehandelt haben. Der sehr erfahrene Radarspezialist sagte jedoch: „Zum ersten Mal in 20 Jahren habe ich keine Erklärung." Wenn die nachfolgenden Untersuchungen zu keinem schlüssigen Ergebnis kamen, so zeigt dies, wie kompliziert die Auswertung von Radarbeobachtungen sein kann.

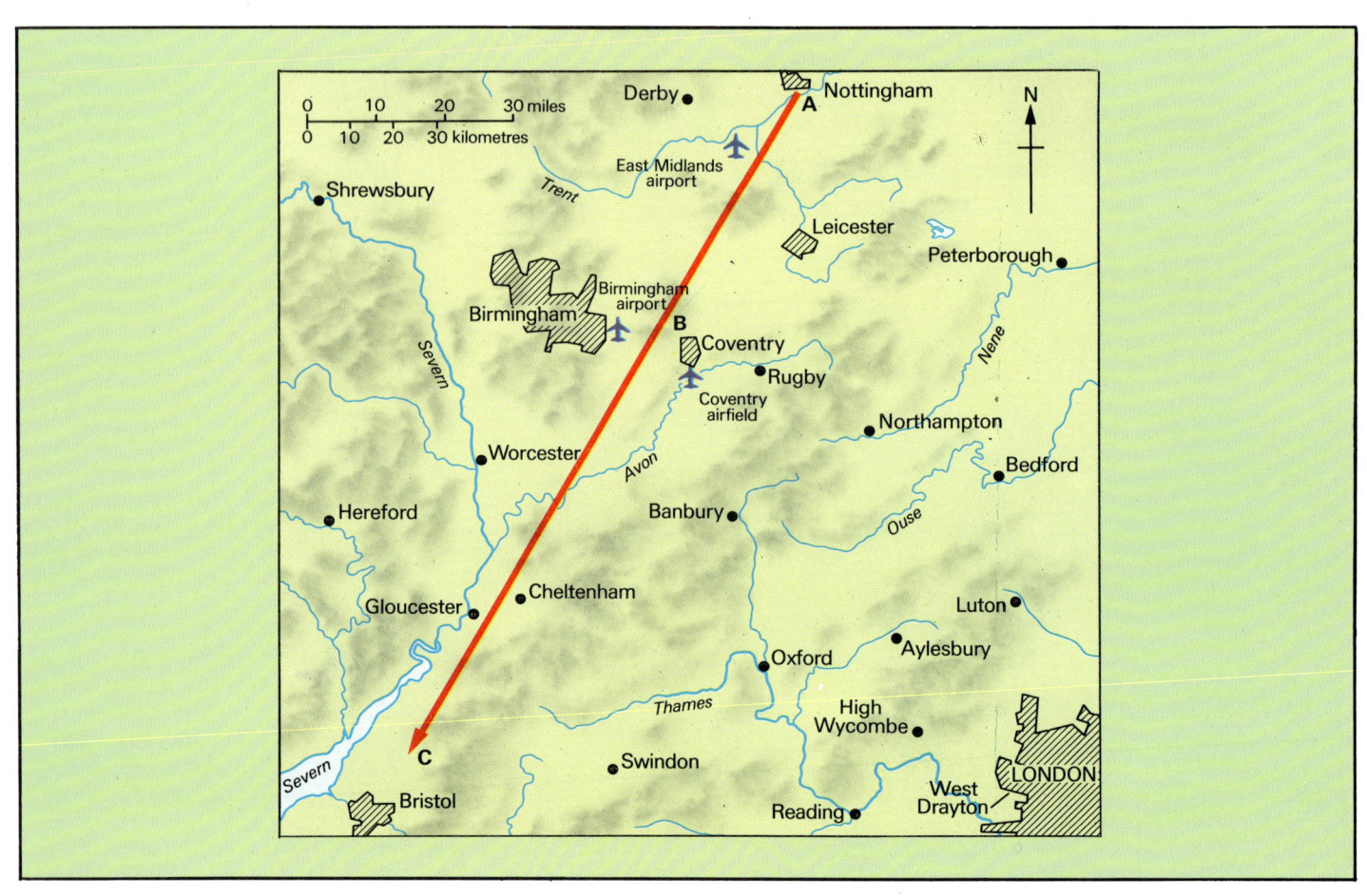

Ein damals sensationelles Luftschiff, das der Franzose Santos-Dumont um die Jahrhundertwende erbaute. Hochentwickelte Fluggeräte wie dieses waren in der amerikanischen Öffentlichkeit unbekannt. Dennoch wurden in Amerika um die gleiche Zeit eine ganze Reihe mysteriöser Luftschiffe gesichtet.

daß es sich bei den Insassen um Besucher aus dem All, Zeitreisende oder Botschafter von Bewohnern des Erdinneren handelt. Andere meinen, daß UFOs entweder Gedankenprojektionen oder aber das Ergebnis massenpsychologischen Wahns sind. Wissenschaftler, die sich mit der nüchternen Erklärung von UFOs beschäftigen, behaupten, wir hätten es mit Fehldeutungen natürlicher Phänomene oder herkömmlicher Flugzeuge zu tun. Wenn Militärsprecher sich zu dieser Frage äußern, schließen sie jedoch immer die Möglichkeit aus, daß es sich um ungewöhnliche Flugobjekte mit erstaunlichen Fähigkeiten handeln könnte, die vor der Öffentlichkeit geheimgehalten werden sollen.

Die UFOs sehr weit zurückliegender Zeiten waren vielleicht tatsächlich natürliche Phänomene, die damals sehr viel rätselhafter wirken mußten als in unserer technisierten Zivilisation: Erscheinungen wie Nebensonnen, Kometen, Meteore, nachtleuchtende Wolken, Kugelblitze, Luftspiegelungen konnten kaum als das, was sie waren, erkannt werden. Es spricht jedoch vieles dafür, daß die zahlreichen Beobachtungen von „Fliegenden Untertassen", mit denen wir es in jüngerer Zeit zu tun haben, auf etwas anderem beruhen: auf Flugkörpern, die auf *unserer Erde* gebaut wurden.

Die ersten „modernen" UFOs waren jene „mysteriösen Luftschiffe", die zwischen November 1896 und Mai 1897 von Tausenden von Menschen überall in den Vereinigten Staaten gesehen wurden. Zu jener Zeit waren die europäischen Erfinder ihren amerikanischen Kollegen im Bereich der experimentellen Luftfahrttechnik weit voraus, aber weder Franzosen noch Deutsche hatten es bislang geschafft, ein Luftschiff zu konstruieren, das mehr konnte als nur unkontrollierbar in der Luft zu schweben. Erst 1904 wurde das erste lenkbare Luftschiff – die *California Arrow* von Thomas Baldwin – im kalifornischen Oakland gestar-

Geheimnisvolle Flugapparate

Die Vorgänger der heutigen UFOs waren mysteriöse „Luftschiffe", die in den neunziger Jahren des vorigen Jahrhunderts in großer Zahl gesichtet wurden. Könnten sie nicht – wie auch manche späteren UFOs – das Werk von Ingenieuren gewesen sein, die im geheimen an vorderster Front der Luftfahrttechnik forschten?

Die Erklärungsversuche, die in der Vergangenheit für UFOs abgegeben wurden, sind breit gefächert. In früheren Zeiten betrachtete man solche Flugobjekte als Heimsuchungen oder Omen aus dem Reich des Übernatürlichen, die sowohl göttlichen als auch dämonischen Ursprungs sein konnten. In unserem technischen Zeitalter vermutet man,

Rechts:
Ein 1896 über Kalifornien gesichtetes Flugobjekt, wie es eine Lokalzeitung wiedergab. Augenzeugen beobachteten ein dunkles Objekt, unter dem sich ein helles Licht befand und das sich der Erde näherte.

tet. Daher waren die mysteriösen Luftschiffe der späten neunziger Jahre damals genauso unerklärlich und furchterregend wie die UFOs heute.

Es ist interessant, daß die geheimnisvollen Flugkörper dieser Zeit durchweg als zylindrisch oder zigarrenförmig mit einer motorbetriebenen Luftschraube beschrieben wurden – also genau so, wie die später aufkommenden Luftschiffe aussahen. Bemannt waren sie mit Menschen, nicht mit Geschöpfen aus einer anderen Welt. Vielfach wurde berichtet, daß die Besatzungen mit den Augenzeugen sprachen, ganz gewöhnlich, um sie etwa um Wasser für ihre Motoren zu bitten.

Die Landung auf der Weide

Die im texanischen Houston erscheinende *Post* vom 21. April 1897 berichtete von einem faszinierenden Vorfall. Zwei Tage vorher hatten der Inhaber einer Brauereiniederlassung, G. B. Ligon, und sein Sohn auf der nur wenige hundert Meter enfernt liegenden Weide eines Nachbarn Lichter gesehen. Die beiden gingen der Sache nach und trafen auf vier Männer neben einem „großen dunklen Objekt", das nur undeutlich zu erkennen war. Einer der Männer bat Ligon um einen Eimer Wasser. Er stellte sich als Mr. Wilson vor und erzählte, daß er und seine Freunde mit einem Flugapparat unterwegs seien. Sie hätten einen Ausflug „über den Golf hinaus" gemacht und wollten jetzt zurück in die „friedliche kleine Stadt in Iowa", wo ihr Luftschiff und vier weitere des gleichen Typs gebaut worden seien. Auf neugierige Fragen erklärte Wilson, die Flügel des Luftschiffs würden elektrisch angetrieben. Dann stieg er mit seinen Freunden wieder in

Ganz oben:
Um die Jahrhundertwende wurden die Vorstellungen, die sich die Menschen von Fluggeräten machten, ganz vom Luftschiff bestimmt. Hier die Vision eines Künstlers von einer fliegenden Panzerwaffe im Jahr 2000, die an einer verletzlich anmutenden, gasgefüllten Hülle hängt und für den Kampf gegen Flugzeuge und Schiffe eingesetzt wird.

die unten am Luftschiff angebrachte Passagiergondel und flog vor den Augen der beiden Zeugen davon.

Am nächsten Tag, dem 20. April, ging der Sheriff H. W. Baylor aus dem texanischen Uvalde hinter sein Haus, weil er dort ein seltsames Licht und Stimmen bemerkt hatte. Er stieß auf ein Luftschiff und drei Männer, von denen sich einer als Mr. Wilson aus Goshen/New York vorstellte. Wilson erkundigte sich nach einem gewissen C. C. Akers, dem früheren Sheriff des Bezirks Zavalia, den er 1877 in Fort Worth kennengelernt hatte und jetzt wiedertreffen wollte. Sheriff Baylor erwiderte überrascht, Akers wohne jetzt in Eagle Pass. Wilson, offensichtlich enttäuscht, bat ihn, Grüße zu bestellen. Die Männer aus dem Luftschiff verlangten noch nach Wasser und bestanden darauf, über ihren Besuch zu schweigen. Dann stiegen sie in die Gondel des Luft-

Weitere mysteriöse Luftschiff-Sichtungen

Die Welle der mysteriösen Luftschiff-Sichtungen in Amerika begann im Novenber 1896, als Bürger der kalifornischen Stadt Sacramento ein über den Nachthimmel ziehendes Licht sahen. Im gleichen Monat kamen ähnliche Meldungen aus allen Teilen Kaliforniens, zum kleinen Teil aber auch aus dem Bundesstaat Washington und aus Kanada. Zuweilen erkannten die Zeugen auch ein dunkles Objekt, das die Lichterscheinung trug und die Form einer Zigarre, eines Fasses oder eines Eies hatte. Die Luftschiffe bewegten sich durchweg langsam und oft stoßweise, was auf Windantrieb hindeutete. Manche Zeitungen spekulierten, daß Erfinder hinter diesen Erscheinungen stecken, andere verbreiteten die Ansicht, daß die „Luftschiffe" vom Mars kämen. Gelegentlich wurden solche Flugobjekte auch am Boden beobachtet. In einem dieser Fälle sahen zwei methodistische Geistliche ein „feuriges Objekt", das abhob, als sie sich ihm näherten. Drei sonderbare große und kahlköpfige Wesen versuchten angeblich, zwei Männer auf einer Landstraße zu entführen und entflohen dann in einem zigarrenförmigen Flugobjekt.

Nach einer etwas ruhigeren Phase von zwei Monaten kamen wieder geballt derartige Meldungen aus allen Teilen der Vereinigten Staaten und aus Kanada. Ein Mann aus Michigan erzählte, eine Stimme vom Himmel habe ihn um vier Dutzend Eiersandwiches und eine Kanne Kaffee gebeten, die dann prompt mit Hilfe eines herabgelassenen Korbes zu dem unsichtbaren Flugobjekt hinaufgezogen worden seien. Die „Hauptwelle" endete um die Mitte des Jahres 1897. Doch später im gleichen Jahr kamen vereinzelte Berichte über ähnliche Fälle aus anderen Teilen der Welt, wie etwa Schweden, Norwegen und Rußland.

Oben:
Der deutsche Ingenieur Otto Lilienthal beim Flug mit seinem Doppelgleiter. Lilienthal war der erste, dem es gelang, lenkbare Flugzeuge zu bauen und zu fliegen. Seine Flugapparate steuerte er, indem er den Körper und die Beine entsprechend bewegte. Er starb bei einem Flugunfall im Jahr 1896, kurz nach dem hier gezeigten Flug. Seine Erfolge beflügelten andere Luftfahrtpioniere, darunter auch die Brüder Wright.

Linke Seite unten:
Einer der Entwürfe Samuel Pierpont Langleys für ein unbemanntes Flugzeug, das von einem leichten Benzinmotor angetrieben wird. Einige seiner kleineren Fluggeräte waren tatsächlich erfolgreich, aber im Jahr 1903 stürzten zwei seiner großen Flugzeuge ab. Der entmutigte Langley, der von der Presse heftig attakiert wurde, starb wenige Jahre darauf.

schiffes. „Die großen Flügel und Propeller setzten sich in Bewegung, und das Gefährt flog in nördlicher Richtung davon." Auch der Geistliche der Stadt behauptete, das Luftschiff gesehen zu haben.

Zwei Tage später erwachte der Farmer Frank Nichols im texanischen Josserand von einem „schwirrenden Geräusch". Er sah aus dem Fenster und entdeckte „helle Lichter, die von einem massigen, bizarr geformten Vehikel in seinem Kornfeld ausgingen". Nichols wollte der Sache auf den Grund gehen, aber noch ehe er das seltsame Etwas erreicht hatte, kamen zwei Männer auf ihn zu und baten ihn um Wasser aus seinem Brunnen. Als er ihren Wunsch erfüllt hatte, luden sie ihn zur Besichtigung ein. Von den acht Besatzungsmitgliedern erfuhr er, daß das Luftschiff „mit starkem Strom" angetrieben werde und eins von fünf Exemplaren sei, die mit der finanziellen Unterstützung einer großen New Yorker Firma „in einer kleinen Stadt in Towa" erbaut worden seien.

Am nächsten Tag, dem 23. April, berichteten zwei weitere, als „verantwortungsbewußte Bürger" beschriebene Zeugen in der *Post*, daß ein Luftschiff bei ihnen daheim in Kountze (Texas) gelandet sei und zwei der Besatzungsmitglieder sich als Jackson und – Wilson vorgestellt hätten.

Am 27. April veröffentlichte die *Daily News* in Galveston einen Brief von C. C. Akers, in dem dieser bestätigte, daß er tatsächlich einen Mann namens Wilson in Fort Worth gekannt hätte, der aus New York stamme. Wilson sei „technisch sehr begabt", habe damals „etwas mit Luftfahrt zu tun gehabt und an einer Sache gearbeitet, welche die Welt in Erstaunen versetzen sollte".

Die Ereignisse von Deadwood

Kurz darauf berichtete die Houstoner *Post* im texanischen Deadwood von einem Farmer namens H. C. Lagrone, der nachts bemerkte, wie sein Pferd sich aufführte, als würde es gleich durchgehen. Als er draußen nach dem Rechten sehen wollte, beobachtete er wie ein helles weißes Licht in der Nähe über die Felder schwebte und das Terrain beleuchtete, ehe es landete. Dort stieß Lagrone auf fünf Männer. Sie füllten gerade zwei Gummisäcke mit Wasser und erzählten, ihr Luftschiff sei eins der fünf, die in der letzten Zeit in der Gegend umhergeflogen und auch bereits in Beaumont gelandet seien. Alle wären in einer „Stadt im Innern von Illinois" (das an Iowa grenzt) gebaut worden. Mehr wollten sie nicht sagen, weil dem Flugapparat noch das Patent fehle.

Was steckte hinter diesen sonderbaren Vorfällen? Es ist nicht auszuschließen, daß die Aussagen der Luftschiffsbesatzungen stimm-

Rechts:
Louis Blériots Flugmaschine Nr. 11 nach Beendigung ihres Fluges über den Ärmelkanal am 25. Juli 1909 über den Klippen von Dover.

Oben:
Der von den Brüdern Wright erbaute Flyer *startet zu seinem ersten kurzen Flug und leitet damit ein neues Zeitalter ein. An jenem 17. Dezember 1903 starteten die Brüder viermal zu den ersten gesteuerten Motorflügen in der Geschichte. Doch ist es nicht möglich, daß andere Erfinder heimlich bereits den Wrights zuvorgekommen waren und mit ihren Probeflügen jene frühen „Luftschiff"-Sichtungen auslösten?*

ten. In den späten neunziger Jahren meldeten nämlich zahlreiche Erfinder in den Vereinigten Staaten Patente auf ihre Luftschiffspläne an. Da viele jedoch Ideendiebstahl fürchteten, hielten sie ihre Konstruktionen geheim. Die aerodynamische Forschung war schon weit fortgeschritten, insbesondere in Massachusetts, wo auffallend viele mysteriöse Luftschiffe gesichtet wurden, und in New York, der angeblichen Heimatstadt Wilsons. Ein Mann wie er hätte am Massachusetts Institute of Technology die informellen Kurse über Aerodynamik besuchen können, um danach an der Cornell Universität in Ithica (New York) seine Studien zum Abschluß zu bringen.

Pioniere hinter den Kulissen

Man hörte nichts mehr von dem geheimnisvollen Mr. Wilson. Aber in den darauffolgenden Jahren schritt die Luftfahrttechnik rasch voran. 1901 war Santos-Dumont mit einem Luftschiff in weniger als 30 Minuten von St. Cloud zum Eiffelturm und wieder zurück geflogen. Zwei Jahre später starteten die Gebrüder Wright in Kitty Hawk (North Carolina) zum ersten Flug mit einem Fluggerät, das schwerer als Luft war, und 1906 begann der Amerikaner Robert Goddard mit seinen Raketenversuchen. Am letzten Dezembertag 1908 flog Wilbur Smith 123 Kilometer in zweieinhalb Stunden. Sieben Monate später überquerte der Franzose Louis Blériot den Ärmelkanal.

Ist es möglich, daß noch spektakulärere Entwicklungen stattgefunden hatten, ohne daß die Öffentlichkeit davon erfuhr? Die Vielzahl von UFO-Sichtungen zu Beginn des 20. Jahrhunderts und die gleichzeitigen raschen technologischen Fortschritte deuten darauf hin.

Die skandinavischen Geisterflugzeuge

In den Jahren 1933/34 kam es zu einer richtigen „UFO-Welle" in Skandinavien. Eine Vielzahl von „Geisterflugzeuge" wurden gesichtet, deren Verhalten die Möglichkeiten der damaligen Luftfahrt weit überschritt. Sie wurden als Eindecker, zumeist von grauer Farbe, beschrieben. Manchmal sahen die Augenzeugen sogar Besatzungsmitglieder an Bord. Häufig legten die Flugzeuge mit abgestellten Motoren lange Strecken im Gleitflug zurück – für die herkömmliche Flugzeuge der Zeit ein undurchführbares Manöver. Zuweilen richteten sie helle Suchscheinwerfer auf den Erdboden.

1934 begann die schwedische Luftwaffe, die entlegenen Gebiete, über denen die Geister-

Nur 40 Jahre nach dem ersten Flug der Brüder Wright war die Luftkampftechnik bereits so weit fortgeschritten, daß die ersten raketenbetriebenen ballistischen Flugkörper auf ihren Einsatz gegen feindliche Städte warteten. Hier drei im Versuchsstadium befindliche V-2-Raketen im deutschen Forschungszentrum Peenemünde.

flugzeuge gesichtet wurden, gründlich abzusuchen. Zwei der 24 Aufklärer stürzten dabei ab. Man fand keine Spur von Flugbasen. Im April 1934 erklärte ein hoher schwedischer Offizier vor der Presse:

„Der Vergleich der Berichte ergibt, daß über unseren geheimen militärischen Sperrgebieten zweifellos ein illegaler Flugverkehr existiert ... In allen Fällen wurde gemeldet, daß die Maschinen keinerlei Hoheits- oder Kennzeichen trugen ... das ganze läßt sich unmöglich als Einbildung abtun. So stellt sich die Frage: Wer sind die Eindringlinge? Und warum haben sie unseren Luftraum verletzt?"

Die gleichen Fragen stellte man sich auch in Norwegen und Finnland, wo ähnliche Beobachtungen gemacht wurden. Sie ließen sich jedoch nie befriedigend beantworten.

Das „Zeitalter der Luftfahrt" wuchs innerhalb weniger Jahrzehnte aus seinen Kinderschuhen heraus. Die Deutschen brachten bald die vergleichsweise hochentwickelte V 2-Rakete hervor. Ist es möglich, daß Menschen in den Vereinigten Staaten und einigen europäischen Ländern Zeugen der geheimen Luftfahrtexperimente ihrer eigenen Regierungen wurden?

Das Tempo des Fortschritts in der Luftfahrt beschleunigte sich während des Zweiten Weltkriegs noch weiter. Düsenflugzeuge, radargelenkte Raketen, Waffen und Bomber von ganz neuen Dimensionen wurden entwickelt, und prompt trat auch die Beobachtung mysteriöser „Flugobjekte" in eine neue Phase: im Deutschland des Zweiten Weltkriegs.

UFOs ziehen in den Krieg

„Fliegende Untertassen" wurden zunächst von den Deutschen im Krieg und später von den Siegermächten gebaut. Trotz aller Dementis von militärischer Seite deutet vieles darauf hin, daß es diese ungewöhnlichen Flugkörper waren, die zahlreiche UFO-Meldungen auslösten.

„Die Nazis haben etwas Neues am nächtlichen Himmel über Deutschland losgelassen: Die gespenstischen ‚Foo fighter balls', die neben den in den deutschen Flugraum eingedrungenen feindlichen Jägern herfliegen. Seit über einem Monat schon treffen Piloten bei ihren nächtlichen Einsätzen auf diese unheimliche Waffe. Offenbar weiß bisher niemand, wie sie beschaffen ist. Die ‚Feuerbälle' tauchen plötzlich auf und hängen sich für viele Kilometer an die Flugzeuge. Sie scheinen vom Boden aus ferngesteuert zu sein …"

Oben:
Der im Auftrag der US-Luftwaffe und der US-Armee von Avro-Canada hergestellte Avro-Car, entworfen von dem englischen Ingenieur John Frost. Offiziell wurde die Entwicklung dieses Flugkörpers 1960 gestoppt, obgleich die Hersteller früher behauptet hatten, er würde doppelte Schallgeschwindigkeit erreichen können.

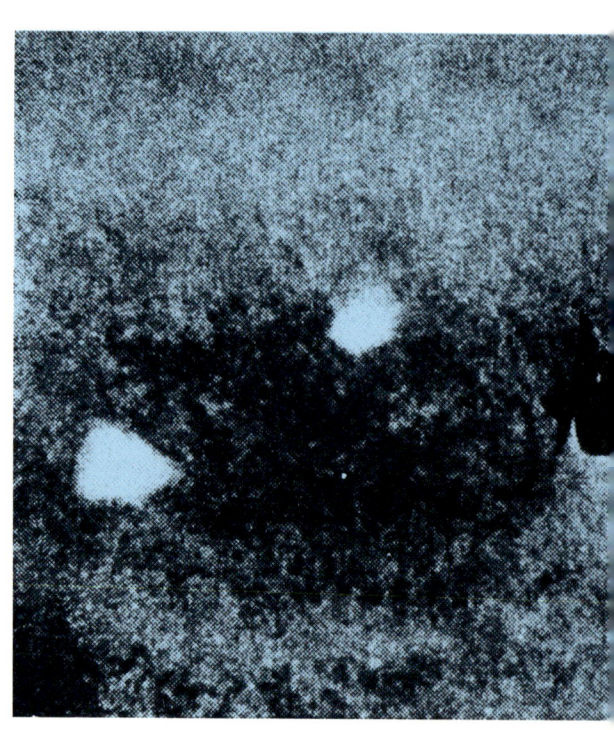

Die dieser Meldung zugrunde liegenden Beobachtungen wiesen bemerkenswerte Ähnlichkeit auf. Lieutenant Schlueter von der 415. Nachtjägerstaffel der US-Luftwaffe berichtete, er sei in der Nacht des 23. November 1944 über dem Rhein von „zehn kleinen rötlichen Feuerbällen" verfolgt worden. Die Piloten Henry Giblin und Walter Cleary gaben an, in der Nacht des 27. September 1944 in der Nähe von Speyer von „einem riesigen feurigen Licht" gejagt worden zu sein, das mit etwa 400 km/h über ihrem Flugzeug dahinraste. Zwei Punkte tauchen in fast allen diesen UFO-Meldungen auf: Die von den Amerikanern so bezeichneten „Foo fighter balls" schienen vom Boden zum Flugzeug emporzusteigen und bewirkten gewöhnlich Zündstörungen im Flugzeugmotor.

Anfangs hielten die Alliierten diese „Foo fighter balls" für statische Elektrizität. Nach-

Amerikaner unter Verwendung des in Deutschland beschlagnahmten Materials und der „vereinnahmten" deutschen Experten scheibenförmige Fluggeräte entwickelten.

Diese Spekulationen erhielten noch Nahrung, als Mitte der fünfziger Jahre in der deutschen Presse die Geschichte des Flugkapitäns Rudolf Schriever erschien. Der ehemalige Luftwaffeningenieur hatte, so die Berichte, im Frühjahr 1941 den Prototyp einer Art Fliegender Untertasse entwickelt, die im Juni 1942 erprobt wurde. Im Sommer 1944 baute er zusammen mit seinen Mitarbeitern Habermohl, Miethe und Bellonzo eine noch größere Version des ursprünglichen Flugobjekts. Dieses Modell wurde im BMW-Werk bei Prag auf modernen Düsenantrieb umgerüstet.

Nicht lange nach diesen Enthüllungen starb Schriever, bis zuletzt überzeugt davon, daß seine Ideen, wie die UFO-Sichtungen bewiesen,

Rechts:
Der „Flying Flapjack", auch unter der Bezeichnung „Navy Flounder" bekannt. Obgleich er nahezu senkrecht aufsteigen und mit nur 55 km/h fliegen konnte, erreichte er auch Geschwindigkeiten von etwa 650 km/h.

Unten:
Eine Aufnahme mit Seltenheitswert: Ein Flugzeug der Alliierten im Zweiten Weltkrieg in Begleitung von „Foo-fighters". Nach Aussagen von Piloten ähnelten die mysteriösen runden leuchtenden Objekte silbernen Christbaumkugeln.

dem dies ausgeschlossen war, glaubten sie zunehmend an eine deutsche oder japanische Geheimwaffe, die das Zündsystem der Bomber stören sollte. Einer anderen Theorie zufolge handelte es sich um rein psychologische Waffen, die nur den Sinn hatten, die alliierten Piloten zu verwirren und nervös zu machen. Als sich das Rätsel nicht lösen ließ, erklärten sowohl die Royal Air Force als auch die 8. US-Army die „Foo fighter balls" offiziell zu Produkten einer „Massenhalluzination".

Die „Foo fighter balls" verschwanden wenige Wochen vor Kriegsende. Die nächste UFO-Welle suchte Westeuropa und Skandinavien heim, wo zwischen 1946 und 1948 seltsame zigarren- und untertassenförmige Objekte gesichtet wurden. Am 21. Juni 1947 meldete Herold Dahl, daß er mehrere untertassenförmige Objekte in Richtung der kanadischen Grenze fliegen gesehen habe. Kenneth Arnold beobachtete die berühmten Untertassen über dem Kaskadengebirge, die sich ebenfalls der kanadischen Grenze näherten. Es wurde spekuliert, daß sowohl die Sowjets als auch die

mit Erfolg von anderen aufgegriffen worden waren. Aber was hatte es mit den „Foo fighter balls" auf sich? Der Italiener Renato Vesco meint in einem 1968 veröffentlichten Buch, es habe sich dabei um die deutsche Waffe „Feuerball" gehandelt. Einem flachen, kreisförmigen, von einer Turbodüse angetriebenen Flugapparat, der im Endstadium des Krieges sowohl zu Radarstörzwecken als auch als psychologische Waffe eingesetzt wurde. Vesco behauptet weiter, daß nach den gleichen Grundprinzipien später der „Kugelblitz" gebaut wurde, ein weit größerer „symmetrischer runder Flugkörper", der mit Düsenantrieb senkrecht aufsteigen konnte.

Da wohl nie enthüllt werden wird, was Briten, Amerikaner und Sowjets wirklich in den geheimen deutschen Rüstungswerken fanden, sei hier Sir Roy Feddon zitiert, der 1945 im Auftrag des britischen Flugzeugbauministeriums die deutschen Produktionsstätten inspizierte:

„Ich habe genug von ihren Entwürfen und Produktionsplänen gesehen, um eines sagen zu

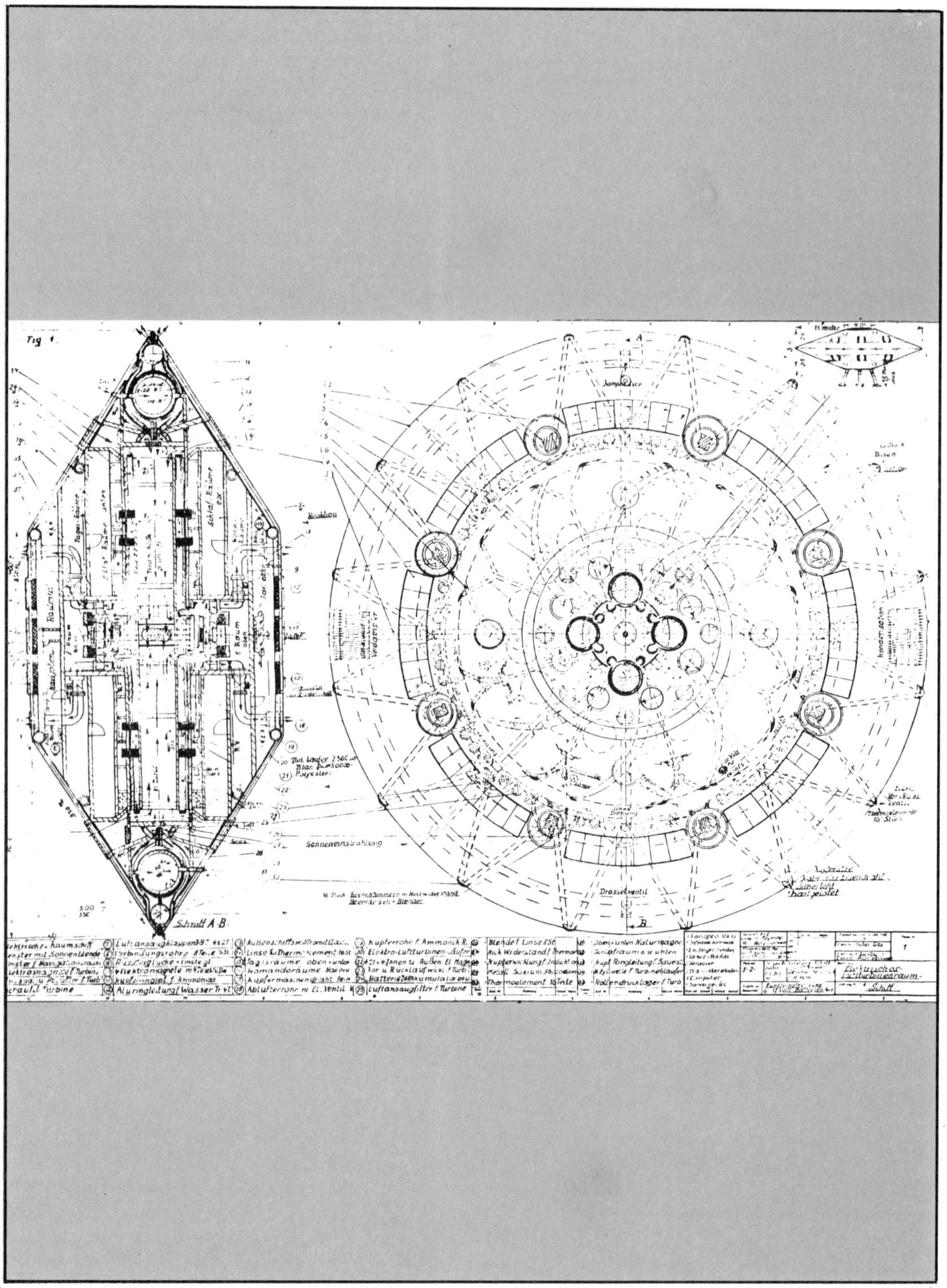

Links:
Konstruktionspläne für eine Fliegende Untertasse. Wenn man der obskuren, nur ein einziges Mal erschienenen Publikation Brisant *Glauben schenken darf, in der diese Zeichnungen 1978 veröffentlicht wurden, handelt es sich dabei um Pläne für ein untertassenförmiges Raumschiff, die von westdeutschen Regierungsstellen so weit abgeändert worden waren, daß sie „gefahrlos" publiziert werden konnten. Obgleich in die Entwürfe „elektromagnetische Turbinen", „Laser-Radar" und Computer eingezeichnet sind, handelt es sich um keine verwendbare Konstruktionszeichnung. Die Diagramme erschienen in einem Artikel über Rudolph Schrievers Konstruktionsarbeiten im Zweiten Weltkrieg und gingen möglicherweise auf seine Ideen zurück.*

können: Wäre es den Deutschen gelungen, den Krieg nur um ein paar Monate hinauszuziehen, wären wir mit einer ganzen Reihe völlig neuartiger und tödlicher Luftkampfwaffen konfrontiert worden."

War es wirklich mehr als Propaganda, wenn Hitler und Goebbels von den zu erwartenden „Wunderwaffen" sprachen?

Weiterentwicklungen in der Nachkriegszeit

Den ersten konkreten Hinweis darauf, daß auch in der Nachkriegszeit Fliegende Untertassen weiterentwickelt wurden, gab die kanadische Regierung im Jahr 1954, als sie erklärte, das 1951 über Albuquerque in Texas gesichtete Riesenufo gleiche einem Flugkörper, mit dessen Entwicklung das kanadische Militär kurz nach dem Krieg begonnen habe. Wegen ihrer beschränkten technischen Möglichkeiten, habe die kanadische Regierung dann den USA die Pläne überlassen.

Oben:
Ein US-Soldat bewacht eine V-2-Rakete, der noch die äußere Hülle fehlt. Diese riesige unterirdische Produktionsanlage in Nordhausen im Harz arbeitete während des Krieges völlig verborgen, wie viele ähnliche Anlagen, deren Geheimnisse möglicherweise bis zum heutigen Tage von den alliierten Regierungen noch nicht gänzlich gelüftet wurden.

Das die USA mit der Entwicklung untertassenförmiger Flugkörper befaßt waren, beweist auch der „Flapjack" der US-Marine, dessen Entwicklung schon während des Zweiten Weltkrieges begonnen hatte. Auch „Navy Flounder" genannt, war er die Antwort auf den dringenden Bedarf der Marine nach einem Luftfahrzeug, das von Flugzeugträgern nahezu senkrecht starten und auch mit nur 45 km/h fliegen konnte.

Über dieses Modell wußte man kaum etwas, bis 1950 die US-Luftwaffe Fotos und vorsichtige Informationen über den „Flying Flapjack" freigab, um der Öffentlichkeit zu beweisen, daß das UFO-Problem überhaupt nicht bestehe.

Zunächst hatte man Probleme mit der Stabilität des Flugzeugs, das ja keine Tragflächen besaß. Gelöst werden konnten diese Schwierigkeiten mit einem späteren Typ, der die Bezeichnung XF-5-U-1 getragen haben soll, angeblich über 30 m Durchmesser hatte und am Rand ringsum mit Düsenöffnungen ausgestattet war, die den von so vielen UFO-Sichtungen her gemeldeten „leuchtenden Fenstern" ähnelten. Es bestand aus drei Schichten, von denen die mittlere etwas hervorstand. Da Ge-

Rechts:
Entwurf für eine Fliegende Untertasse von Dr. Miehte, einem der hochqualifizierten Ingenieure, die im Dienste der deutschen Rüstungsindustrie an der Konstruktion neuartiger Flugobjekte arbeiteten. 1945, als die Produktionsstätten in Prag von den Alliierten überrollt wurden, war diese Fliegende Untertasse schon so ausgereift, daß sie binnen kurzem hätte eingesetzt werden können.

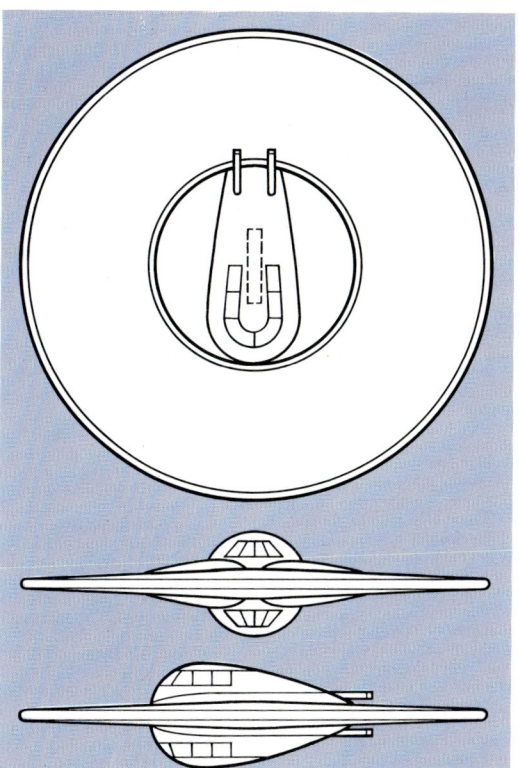

Oben:
Wernher von Braun, der Vater der V-2, mit hohen Offizieren auf dem Versuchsgelände von Peenemünde.

schwindigkeit und Manövrierfähigkeit mit Düsen gesteuert wurden, gab es weder Quernoch Seitenruder. Der Flugapparat hatte also bemerkenswerte Ähnlichkeit mit den von vielen Zeugen geschilderten UFOs.

Mit der XF-5-U-1 war jedoch die Entwicklung untertassenförmiger Flugzeuge keineswegs abgeschlossen. Am 11. Februar 1953 berichtete der im kanadischen Toronto erscheinende *Star,* daß man im Avro-Canada-Werk in Malton (Provinz Ontario) dabei sei, eine neue Fliegende Untertasse zu entwickeln. Und am 16. Februar informierte der kanadische Rüstungsminister das Parlament, daß Avro-Canada an einem untertassenähnlichen Flugzeug-

typ arbeite, der 2400 km/h Geschwindigkeit erreichen und senkrecht aufsteigen sollte. Schließlich schrieb der Präsident der Avro-Canada in der *Avro-News,* daß der im Bau begriffene Prototyp so revolutionäre Eigenschaften besitze, daß alle anderen Überschallflugzeuge überholt sein würden. Der offizielle Name dieses Flugzeugs war „Avro-Car".

1960 jedoch wurde das Projekt fallengelassen. Der Prototyp des Avro-Car befindet sich jetzt im amerikanischen Luftwaffenmuseum in Fort Eustis (Virginia). Die kanadische und die nordamerikanische Regierung beteuern seither immer wieder, daß sie keine Fliegende Untertassen mehr bauen.

Aber ist das die Wahrheit? Es besteht immerhin die Möglichkeit, daß Kanada, die USA oder die Sowjets nach wie vor an hochentwickelten, untertassenförmigen Überschallflugzeugen arbeiten. Die an dieser Entwicklung Beteiligten wissen, daß es unmöglich ist, die Maschinen unter absoluter Geheimhaltung zu erproben und deshalb vielleicht durch eine systematische Vernebelungstaktik die Öffentlichkeit täuschen.

Können von Menschenhand gefertigte Fluggeräte überhaupt solche unglaublichen Flugeigenschaften aufweisen, wie sie UFOs zugeschrieben werden?

Wenn die Entwicklungen der modernen Wissenschaft und Technik, wie Düsenflugzeuge, Weltraumraketen, Beobachtungssatelliten, Laserwaffen, nur die Spitze eines Eisbergs sind und das, was in den streng geheimen militärischen und wissenschaftlichen Forschungsanlagen vor sich geht, dem uns Bekannten wohl um Jahrzehnte voraus ist, dann kann diese Frage nur mit „ja" beantwortet werden.

Geheimwaffen und Roboterwesen

Geheime Experimentalfluggeräte entsprechen keineswegs landläufigen Vorstellungen von Flugzeugen, sondern ähneln eher UFOs.

Hätte sich ein so ungewöhnliches Forschungsprojekt wie die Entwicklung Fliegender Untertassen vom Zweiten Weltkrieg bis jetzt geheimhalten lassen? Und wäre es unserer heutigen Technologie zuzutrauen, Flugkörper mit so außerordentlichen Eigenschaften hervorzubringen, wie sie UFOs so oft zugeschrieben werden?

Auf jeden Fall wäre es durchaus möglich, die notwendigen Forschungseinrichtungen vor der Öffentlichkeit und den Medien zu verbergen. Die geheimen Anlagen der Deutschen im Krieg waren gigantisch. Sie umfaßten Windkanäle, Motoren, Werkstätten, Montagehallen, Raketenabschußrampen, Vorratslager und Unterkünfte für Tausende von Beschäftigten. Und doch wußten nur wenige Außenstehende von ihrer Existenz. Auch die Cheyenne Anlagen in Colorado Springs, die vom US-Luft-

Rechts:
Das Tragrumpfflugzeug der NASA hatte keine Flügel, da seine Gesamtform darauf angelegt war, ihm Auftrieb zu geben. Es konnte von einem Bomber in großer Höhe gestartet werden.

raum-Verteidigungskommando betrieben werden, bilden eine unterirdische Stadt in einer großen Berghöhle. Sie ruhen auf gigantischen Stoßdämpfern, welche die Wucht eines nuklearen Angriffs abfangen sollen, sind von kilometerlangen Tunneln durchzogen, hermetisch von der Außenwelt abgeschirmt und aus der Luft unsichtbar. Nur wenige Menschen außer den dort Beschäftigten (die sich durch Eid zur Geheimhaltung verpflichtet haben) wissen, was hier vor sich geht.

Es ist also nicht auszuschließen, daß auch in anderen Teilen der Welt, etwa in den weiten, unbesiedelten Gegenden der Sowjetunion und Nordamerikas, der Arktis und der Antarktis, ähnlich große und komplexe Anlagen zur Entwicklung hochmoderner UFO-ähnlicher Fluggeräte existieren können.

Während sich die Konstruktion solcher Fluggeräte möglicherweise noch geheimhalten läßt, ist dies jedoch nicht mehr bei ihrer Erprobung oder gar beim Einsatz für Spionageaufga-

Oben:
Dieses ferngesteuerte Experimentalflugobjekt der NASA hätte, wäre es zum Einsatz gelangt, mögliche Laienbeobachter mit Sicherheit irritiert. Seine zigarrenförmige Tragfläche ließ sich um bis zu 45° schwenken, um eine optimale Flugleistung bei unterschiedlichen Geschwindigkeiten zu bewirken.

ben möglich. Daher ist es durchaus denkbar, daß eine Vernebelungstaktik herhalten muß, die Einschüchterung von UFO-Augenzeugen ebenso umfaßt wie die Einsetzung offizieller Untersuchungsgremien, deren Arbeit dann planmäßig ergebnislos verläuft.

Diese Theorie würde einiges zur Erklärung so repressiver Maßnahmen beitragen, wie jene US-Generalstabsverfügung vom Dezember 1953, welche die unautorisierte Weitergabe von Informationen über UFO-Sichtungen einem Spionageverbrechen gleichstellt, das mit einer Haftstrafe von ein bis zehn Jahren oder einer Geldstrafe von $ 10000 bedroht wird.

Doch selbst angenommen, die Fliegenden Untertassen sind von Menschenhand gemachte Flugobjekte, bleibt noch die zweite und gewichtigere Frage: Sind die von UFO-Augenzeugen geschilderten ungewöhnlichen Fähigkeiten und das ungewöhnliche Äußere der Besatzung durch unsere moderne Technik erklärbar?

In seinem Standardwerk *Ufology* versucht James M. Mc.Campbell auf der Grundlage seiner Studien der Ingenieurswissenschaften und der Physik in allen Einzelheiten der Frage nachzugehen, welche Konstruktionsvoraussetzungen UFOs besitzen müßten, um die Geschwindigkeiten zu erreichen und die Manöver durchführen zu können, die ihnen zugeschrieben werden. Danach wäre in erster Linie eine Antriebsart notwendig, die bislang nur auf dem Reißbrett existiert: etwa Ionenrake-

Von der Schwerkraft abgeschirmt

McCampbell behauptet, daß für den Start eines typischen UFOs die Energiemenge einer Atombombenexplosion notwendig wäre. Dabei würde der Flugkörper auf etwa 85000 Grad Celsius erhitzt und starke Radioaktivität am Boden und in der Atmosphäre freigesetzt, sofern dabei nicht ein Antigravitationsschild eingesetzt würde. Dann nämlich besäße das Objekt faktisch keine Masse mehr, und es

Oben rechts:
Ein unbemanntes Flugobjekt, nicht aus dem Weltraum, sondern vom britischen Hubschrauberhersteller Westland. Der ferngesteuerte Helikopter konnte Beobachtungsinstrumente transportieren. Seine „Beine" hätten durchaus Abdrücke hinterlassen können, die jenen kreisförmigen Spuren im Boden ähnelten, wie sie häufig im Zusammenhang mit UFO-Landungen beschrieben werden.

Rechts:
Der Prototyp des britischen Tragflächenflugzeugs „Flying Wing", einer Konstruktion von vielen aus der Nachkriegszeit, die auf die Einsparung des schweren Rumpfes konventioneller Flugzeuge angelegt waren. Es ähnelt in der Form zahlreichen UFOs, wie sie von Augenzeugen beschrieben wurden, zum Beispiel dem von Kenneth Arnold 1957 gesichteten Objekt, mit dem die moderne UFO-Welle begann.

ten, die einen Strahl mittels extrem starker elektrischer Felder auf hohe Geschwindigkeiten beschleunigter Ionen ausstoßen oder Kernfusionsraketen, bei denen unablässig aufeinanderfolgende Wasserstoff-Explosionen das Flugobjekt durch die Luft schießen lassen würden. Möglich wäre auch die Verwendung eines Antigravitationsschildes – eventuell in Kombination mit einer der genannten Antriebsformen.

wäre nur noch eine geringe Kraft notwendig, um es rasch zu beschleunigen. Damit wäre auch erklärt, weshalb UFOs im Nu verschwinden, abrupt stehenbleiben und scheinbar unmögliche rechtwinklige Kursänderungen vollführen können.

In diesem Zusammenhang ist es erwähnenswert, daß bereits 1965 allein in den Vereinigten Staaten mindestens 46 nicht geheime Forschungsprojekte im Zusammenhang mit der Gravitation durchgeführt wurden – von der Luftwaffe, Marine, Armee, NASA, Atomenergiekommission und der *National Science Foundation*. Vor diesem Hintergrund ist durchaus anzunehmen, daß unter strikter Geheimhaltung noch weiter fortgeschrittenere Projekte sowohl im Hinblick auf Antigravitationsmechanismen als auch auf die oben genannten Antriebsformen durchgeführt wurden.

Ein weiterer mysteriöser Aspekt des UFO-Phänomens ist die große Zahl von Fällen, in denen UFOs auf Fotografien zu erkennen waren, ohne daß deren Urheber ein solches Objekt durch den Sucher gesehen hätten. Diese Tatsache und die Erfahrung, daß noch nie ein UFO von einem Beobachtungssatelliten erfaßt wurde, haben zu der Spekulation geführt, UFOs könnten möglicherweise die Fähigkeit besitzen, sich für das menschliche Auge unsichtbar zu machen.

Möglicherweise experimentieren zivile und militärische Forschung schon seit Jahren in dieser Richtung. Es ist auch immer wieder behauptet worden, daß jenes berühmte „Philadelphia-Experiment" von 1953, bei dem sich angeblich ein Schiff der US-Marine dematerialisierte, um dann an anderer Stelle wieder Ge-

menschliche Ohr gerade noch hörbaren Frequenz liegt, Menschen in ähnlicher Weise beeinflussen kann. Das würde erklären, weshalb sich viele Zeugen im Unklaren darüber sind, ob sie nun etwas „hörten" oder „fühlten". Tatsächlich können Schallwellen niedriger Frequenzen nicht nur die Gehirntätigkeit beeinflussen, sondern auch physische Veränderungen bewirken, wie etwa schwere Migräne (worüber viele der Betroffenen klagten) und eine zeitweilige Lähmung der Gliedmaßen.

Willenlos gemacht

Immer wieder berichten Menschen, die sich in der Gewalt von Außerirdischen befunden haben wollen, daß diese ihnen die Hand oder auch einen „metallenen Gegenstand" seitlich an den Hals preßten und sie auf diese Weise bewußtlos oder vorübergehend willenlos machten. Dabei könnte es sich durchaus um eine

stalt anzunehmen, Teil eines solchen Projekts war. Allerdings wird dieses kaum vorstellbare Ereignis bis heute angezweifelt.

Wie soll man nun die Aussagen von Zeugen. bewerten, die behaupten, unmittelbare Verbindung zu Besatzungsmitgliedern der UFOs gehabt zu haben. Allgemein wird von den Kontaktierten eine Willenlosigkeit und die Unfähigkeit, Widerstand zu leisten, geschildert. Sie hätten sich zu den Außerirdischen „hingezogen" gefühlt und „gezwungen gesehen", ihnen zu gehorchen – sogar, wenn die Wesen keinen Laut äußerten. Ein weiteres durchgängiges Merkmal solcher Berichte ist ein Gefühl der Entfremdung, Unwirklichkeit und Loslösung vom eigenen Ich. Die Kontaktpersonen benahmen sich allesamt wie programmierte Roboter. Nach anfänglicher Furcht „beruhigten" oder „hypnotisierten" sie die Außerirdischen mit verschiedenen Mitteln: einem Lichtstrahl, einen metallenen Gegenstand, der ihnen in den Nacken gedrückt wurde, durch „Handauflegen", durch von den Händen der Wesen ausgehende Wellen oder auch durch sonderbare, oft unbeschreibliche Laute. All dies erscheint nach unserem heutigen Wissensstand auch mit iridischen Mitteln durchaus möglich.

Experimente mit Gehirnströmen haben gezeigt, daß Licht und Geräusche erhebliche psychische und körperliche Wirkungen bei ganz normalen Menschen auslösen können. So vermag etwa ein acht bis zwölf mal pro Sekunde aufleuchtendes Licht, das in der Frequenz den Alphawellen im Gehirn gleicht, überaus heftige Reaktionen hervorzurufen: Zuckungen der Gliedmassen, Schwächezustände, Blutleere im Kopf oder gar Bewußtlosigkeit. So wäre es also durchaus möglich, daß der von so vielen Kontaktpersonen beschriebene „Lichtstrahl" durch Flackern einer bestimmten Frequenz eine hypnoseartige Wirkung oder Halluzinationen hervorruft.

Gleichermaßen erwiesen ist es, daß Infraschall, der unmittelbar unter der für das

Oben:
Das Gerüst eines anderen unbemannten Flugapparats von Dornier, das „Aerodyne". Der turbinengetriebene Propeller, der für den Auftrieb sorgt, ist in dem Gehäuse auf der linken Seite untergebracht. Ein Teil des Luftstroms vom Propeller wird an dem gestreckten Rumpf entlanggeleitet, um dem Ganzen Stabilität zu verleihen. Diese bizarre Konstruktion sollte in ein tragflächenloses unbemanntes Flugzeug eingebaut werden.

Rechts:
Der „Kiebitz" von Dornier, ein Hubschrauber im Versuchsstadium, an einem Haltedrahtseil. Der Durchmesser des Rotorradius dieses unbemannten Helikopters beträgt 8 Meter. Der „Kiebitz" soll als Funkrelais und zu Aufklärungszwecken dienen. Seine Form bietet wenig Reflexionsfläche für Radarstrahlung. Unerfaßbarkeit durch Radar ist ein vorrangiges militärisches Forschungsziel und ein UFOs häufig zugeschriebenes Merkmal.

Form der Hypnose handeln, die wir unter der Bezeichnung „Carotismethode" kennen und bei welcher Druck auf ein in der Nähe des Ohres gelegenes Blutgefäß ausgeübt wird. Auf diese Weise wird der Blutzustrom zum Gehirn

Das UFO-Phänomen wird ad acta gelegt

Die US Air Force analysierte die Berichte von UFO-Sichtungen in den Vereinigten Staaten zwischen 1948 und 1969. In dieser Zeit belief sich die Zahl der aktenkundig gewordenen Fälle auf über 12600. Davon mußten 701 oder etwas über 5 Prozent schließlich als unerklärbar eingestuft werden. Kritiker behaupteten, daß das *Project Blue Book,* wie diese Untersuchungskommission genannt wurde, nicht über ausreichende technisch und wissenschaftlich qualifizierte Mitarbeiter verfügte. Dr. Allen Hynek, selbst Berater des Projekts, warf der Air Force Unfähigkeit und gezielte Verschleppung der Untersuchungen vor.

Einer der aktiveren Experten, Captain Edward J. Ruppelt, regte an, eine Anzahl von Radarstationen mit Fotogeräten auszurüsten, um bei UFO-Ortungen das gesamte Geschehen auf dem Radarschirm festhalten zu können. Ruppelts Vorgesetzte blockierten dieses Vorhaben.

Der berühmte *Condon Report* von 1966 war das Ergebnis einer 2-jährigen Untersuchung, die ein Team der Universität von Colorado im Auftrag der Air Force durchführte. Mindestens 20 Prozent der Fälle, die der Untersuchung zugrunde lagen, blieben unaufgeklärt. Mehrere Fallstudien liefen faktisch darauf hinaus, daß die Existenz von UFOs eingestanden werden mußte, oder sie konnten nur seltene und sich unserem Einblick weitgehend entziehende natürliche Phänomene zur Erklärung heranziehen. Dennoch stand im Abschlußbericht der Kommission, den deren Leiter, Dr. Edward U. Condon, persönlich verfaßte: „Die Untersuchung der UFO-Fälle der letzten 21 Jahre haben keine neuen wissenschaftlichen Erkenntnisse gebracht ...“ Im Dezember 1969 stellte die US-Luftwaffe das Projekt ein und gab damit offiziell die Arbeit zur Erforschung des UFO-Phänomens auf. Dennoch blieben viele ihrer Erkenntnisse und Ergebnisse bis zum heutigen Tag geheim. Nach Ansicht vieler Ufologen waren die Untersuchungen überaus stümperhaft, sei es vom Ansatz her oder wegen der mangelnden Qualifikation der Beteiligten.

reduziert, wodurch die behandelte Person verwirrt wird und leicht auf hypnotische Suggestionen reagiert. Es ist wohl anzunehmen, daß hinter Berichten dieser Art am ehesten Halluzinationen, Schockzustände oder mit dem Mittel der Hypnose gezielt herbeigeführte Bewußtseinstrübungen stehen.

Ohne die Grenzen des Glaubhaften zu überschreiten, kann behauptet werden, daß es mit der modernen Prothesen- und Robotertechnik, der Gentechnik und Kybernetik sogar die Realisierung eines noch furchterweckenderen Projektes möglich ist: die Konstruktion technisch hochentwickelter, scheibenförmiger Flugapparate, gelenkt von programmierten oder ferngesteuerten „Roboterwesen“ – Zwitterwesen aus Mensch und Maschine.

Zu weit hergeholt? Keineswegs. David Rorvik nennt als eines der wissenschaftlichen Projekte im Zusammenhang mit der Erkundung entfernterer Regionen des Weltraums und der

Ein mit Wasserstoff angetriebenes Raumschiff. Das Projekt Daedalus *ist ein von der* British Interplanetary Society *detailliert ausgearbeitetes Konzept für unbemannte Expeditionen zu den Sternen. Eine Serie von kleinen H-Explosionen im Innern der kugelförmigen Tanks soll das Raumschiff mit immenser Geschwindigkeit vorantreiben. Dieses Konzept existiert allerdings vorerst nur auf dem Zeichenbrett, zumindest soweit bekannt ist.*

Planeten Mond und Mars die Entwicklung eines Roboterwesens, das weit beweglicher und mit Sicherheit effizienter wäre als unsere heutigen Astronauten. Dieses Wesen mit künstlich gekühltem Blut bräuchte weder Mund noch Nase. Die zur Ernährung und zum Schutz des Körpers notwendigen chemischen Substanzen und konzentrierten Nährstoffe würden im Blutkreislauf immer wieder neu aufbereitet, die Verständigung erfolgte über unmittelbar von den Stimmbändern ausgehende Funksignale.

Wie weit solche Projekte bereits gediehen sind, ist nicht bekannt. Folgendes aber scheint im Bereich des Machbaren zu liegen: Bereits 1967 wagte Professor Robert White vom Cleveland Metropolitan General Hospital gegenüber der prominenten Journalistin Oriana Fallaci die Behauptung: „Wir können den Kopf eines Menschen auf den Rumpf eines anderen Menschen verpflanzen ... und zwar heute und mit den gegenwärtig verfügbaren Mitteln.“

UFOs und psychische Vorgänge

Lassen sich die Berichte angeblicher Kontaktaufnahmen von Außerirdischen durch hochwirksame Manipulationstechniken außerirdischer Mächte erklären? Oder sind Fliegende Untertassen überhaupt ein Archetypus, ein Ausdruck urtümlicher menschlicher Bedürfnisse, die im kollektiven Unbewußten unserer Spezies liegen?

UFO-Kulte

Vielleicht sind Kulte um Fliegende Untertassen nichts weiter als eine Zuflucht überspannter Gemüter, aber sind ihre Erklärungen für UFO-Phänomene wirklich immer so viel abwegiger als die mancher Ufologen?

Kulte, die sich um angeblich von UFOs verschleppte Personen bilden, haben viele gemeinsame Züge. Nicht nur im Hinblick auf ihre Aktivitäten, sondern auch auf die Art und Weise, wie ihre „Gurus" Botschaften erhalten und auf deren allgemeine Einstellung. Im Detail unterscheiden sich die Inhalte jedoch ganz erheblich. Durch die vielen oft verwirrenden und widersprüchlichen Behauptungen derartiger Vereinigungen kommt der Außenstehende leicht zu der Ansicht, daß man sie kaum ernstnehmen kann. Auch wenn der religiöse Impuls, der diese Menschen treibt, verständlich sein mag, geraten sie doch oft nur in einen pseudowissenschaftlichen Dunstkreis.

Trotz alledem sind diese Kulte oft nicht so phantastisch wie manche Theorien anerkannter Ufologen.

Ein Beispiel dafür ist Brad Steiger. Obwohl seine Bücher nicht nur seine eigene Meinung zum Ausdruck bringen, gibt es doch Passagen, aus denen deutlich hervorgeht, daß der Autor an die Existenz von „Brüdern aus dem All" oder „Bewohnern anderer Sterne" glaubt. Ein Kapitel stammt von seiner Frau und trägt die Überschrift „Die Kontaktaufnahme mit multidimensionalen Wesen". Sie behauptet hier, daß „Sokrates, Napoleon, George Washing-

Oben:
UFOs im Anflug auf ein französisches Dorf im Jahr 1974. Sie hinterließen jedoch keine Spuren, die auf ihre Herkunft hätte schließen lassen.

Unten:
Brad Steiger ist davon überzeugt, daß viele historische Persönlichkeiten mit Wesen aus dem All in Kontakt standen.

ton, Jean d'Arc und Bernadette von Lourdes mit solchen Wesen in Verbindung standen". Steiger selbst sagt:

„Ich bin ... davon überzeugt, daß es eine subtile symbiotische Beziehung zwischen der Menschheit und den Intelligenzen aus dem All gibt. Ich glaube, daß auf eine noch zu untersuchende Art sie uns genauso brauchen wie wir sie."

Das deutet bereits darauf hin, daß die Menschheit nicht selbst über ihr eigenes Schicksal bestimmt. Steiger geht allerdings davon aus, daß die höheren Wesen uns wohlgesinnt sind. Andere Autoren verkünden erschreckendere Theorien. Sie glauben, daß außerirdische Mächte kontrollieren können, was uns widerfährt und wie wir darauf reagieren. Solche Hypothesen werden auch als „Kontrollsystem-Theorien" zusammengefaßt. Als ihr Urheber gilt Jacques Vallée

„UFOs sind das Mittel, durch welches das Denken der Menschen gelenkt wird. Wir können nichts weiter tun, als ihren Einfluß auf uns zu erforschen. ... Meiner Ansicht nach werden auch die Überzeugungen der Menschen kontrolliert."

So schreibt Vallée in *The invisible college (Die unsichtbare Schule)*. In *Messangers of Deception (Botschafter der Illusion)* geht er sogar noch weiter:

„Ich bin davon überzeugt, daß hinter dem UFO-Phänomen eine organisierte Massenmanipulation steckt. ... UFO-Kontaktpersonen eines gigantischen Plans. Diese stillen Agenten laufen unerkannt unter uns herum und legen soziale Zeitbomben an strategischen Stellen im spirituellen Bereich. Eines schönen Morgens werden wir vielleicht aus unserer „wissenschaftlichen Selbstgefälligkeit" erwachen und feststellen, daß fremde Wesen durch die Ruinen unserer gesellschaftlichen Einrichtungen spazieren."

Jerry Clark und D. Scott Rogo sind da prosaischer:

„Nehmen wie einmal an, irgendwo im Universum gibt es eine Intelligenz oder Kraft, die wir in Ermangelung eines besseren Wortes ‚Phänomen' nennen wollen, die Projektionen verschiedener Art in unsere Welt ausstrahlt ... Welcher Natur diese Kraft auch sein mag, weiß sie doch, worüber wir nachdenken und versorgt uns mit Visionen, die diesen Anliegen entsprechen."

Weiter behauptet Rogo:

„Entführungen durch UFOs sind im physischen Sinn reale Ereignisse. Dennoch sind sie im dreidimensionalen Raum materialisierte Dramen, hinter denen das Phänomen steckt. Sie sind Träume, die das Phänomen auf erschreckend plastische Weise hat lebendig werden lassen ... Hat jemand erst einmal den übersinnlichen Kontakt mit dem Phänomen aufgenommen, kann dieser zu einer ständigen Verbindung werden, die in Abständen reaktiviert wird."

Das ist starker Tobak, zumal wenn es von so angesehenen und einflußreichen Ufologen kommt. Aber selbst Dr. J. Allen Hynek, der so viel dazu beigetragen hat, die Ufologie zu einer beiderseits des Atlantik anerkannten Disziplin zu machen, sagt:

„Es existieren angebliche UFO-Kontaktpersonen, die behaupten, übersinnliche Fähigkeiten entwickelt zu haben. Es gibt Berichte über erstaunliche Heilungen infolge UFO-Begegnungen, und es gibt Fälle von Prägognition, in denen Menschen vorher schon wußten oder vorgewarnt wurden, daß sie etwas Bestimmtes sehen würden. Durch solche Erlebnisse haben sie ihre Grundhaltung, ihre Weltanschauung verändert. Das ist ein sehr schwieriges Feld, aber es gibt diese Dinge nun einmal."

Oben:

D. Scott Rogo vertritt die Auffassung, daß die hinter dem Phänomen stehende Intelligenz weiß, was die Menschheit denkt und daß die Kontaktpersonen „Werkzeuge eines gigantischen Plans" sind.

Links:

Die Titelseite eines Buches von Ernest Penn, einem Mitglied der inzwischen nicht mehr existierenden amerikanischen Sekte Order of Melchisedek. *Aus ihren Schriften geht hervor, daß die Gruppierung irdische Macht zu erlangen trachtete. Die Mittel dazu (u. a. der Verzicht auf den Orgasmus) waren nicht gerade dazu angetan, der Sekte große Popularität zu verschaffen. Einige der Grundgedanken und auch der Name der Gruppierung wurden von anderen UFO-Kulten übernommen. Das Pentakel (unten) wurde dem Autor Jacques Vallée von der französischen Melchisedekgruppe übergeben.*

Die absolute Kontrolle

Ufologen, die solchen Theorien anhängen, sprechen nicht von vereinzelten Fällen, sondern von weltweiten Indizien für ein System, in das die Menschheit eingebunden ist und dem sie sich nicht entziehen kann. Ein System, das, so die These, schon existierte, bevor die Menschheit auf der Bildfläche erschien und diese auch überdauern wird.

Wohl am beängstigendsten sind die Theorien von John Keel. Seiner Ansicht nach funktioniert das Kontrollsystem, das er den „achten Turm" nennt, nicht mehr nach intelligenten Prinzipien, es ist außer Kontrolle geraten und waltet nur noch blind:

„Die Menschen haben schon immer gewußt, daß sie als Unterpfand in einem großen kosmischen Spiel dienten ... Wir sind ausgezeichnet programmiert worden, aber jetzt siecht der achte Turm an Altersschwäche dahin. Was um uns her geschieht, ist nicht das Wirken der Götter, sondern das einer senilen Maschine, die das Endspiel eingeläutet hat."

Das heißt, daß unser freier Wille nur Illusion ist. Eine Haltung, die sich noch pessimistischer gibt als die traditionellen Religionen, mit Ausnahme einiger extremer kalvinistischer Ideen.

Bestimmte christliche Gruppierungen, besonders der evangelistischen Bewegung, betrachten UFOs als Teufelswerk, wenn auch nicht als Macht, die die menschlichen Aktivitäten kontrolliert. Das renommierte *Journal des Spiritual Conterfeits Project* (Projekt für spirituelle Fälschungen) widmete den UFOs eine ganze Ausgabe. Das Fazit lautet:

„Es drängt sich der Verdacht auf, daß es sich bei den modernen UFO-Phänomenen ... um ein Werk Satans und seiner Komplizen handelt. Nimmt man hinzu, daß es, theologisch und statistisch gesehen, äußerst unwahrscheinlich ist, daß außerirdische Wesen die Erde besuchen, spricht vieles für die Möglichkeit, daß es sich bei UFOs in der Tat um eine Heimsuchung handelt, und zwar von außerdimensionalen Wesen – dämonischer Geister –, die die Macht erlangt haben, sich körperlich zu manifestieren."

Symbole am Himmel

Viele Menschen sind felsenfest davon überzeugt, daß UFOs außeriridischen Ursprungs sind. Der Psychologe Carl Gustav Jung gab jedoch eine andere Deutung der UFOs, ihre wahre Bedeutung läge in den Tiefen des menschlichen Unterbewußtseins begründet.

Die unidentifizierten Flugobjekte faszinierten den Schweizer Tiefenpsychologen Carl Gustav Jung (1875-1961), den Begründer der analytischen Psychologie, die ihm zum Konzept des „kollektiven Unbewußten" führte, in dem die frühesten Erfahrungen der Menschheit gespeichert sind. Da die UFOs ihm als perfekte Illustration einiger Grundgedanken seiner Psychologie erschienen, widmete er ihnen im Jahr 1959 ein kleines Buch „Fliegende Untertassen".

Das UFO auf der aus Amerika stammenden Fotografie zeigt deutlich die charakteristische Form einer „Fliegende Untertasse". Carl Gustav Jung (kleines Foto) war der Auffassung, daß die Faszination, die Fliegenden Untertassen, welcher Natur sie auch immer sein mögen, auf den modernen Menschen ausüben, in der symbolischen Bedeutung der Scheibe begründet ist.

und ihre Bedeutungen verstehen zu können, zog Jung die Bereiche menschlichen Führens und Denkens heran, in denen das „Nichtrationale" vorherrscht: Religion und Mythologie, früh- und urzeitliche Rituale, Geheimwissenschaften – wie Alchemie und Astrologie – und viele andere. Um zu belegen, wie lebendig solche Archetypen noch immer in der Psyche des modernen Menschen sind, zeigte Jung auf, wie sie immer wieder in den Träumen seiner Patienten wie in den der Kunst, Folklore und den populären Mythen des 20. Jahrhunderts auftauchen.

So hatte beispielsweise die achtjährige Tochter eines befreundeten Psychiaters eine ganze Reihe von Träumen, deren eindringliche Bilder nach Ansicht Jungs sehr alt waren. In einem dieser Träume trat ein gehörntes, schlangenähnliches Ungeheuer auf, das Jung mit einer gehörnten Schlange identifizierte, die in der alchemistischen Literatur des 16. Jahr-

Jung war einer der großen Pioniere der Psychologie und gründete seine Arbeit hauptsächlich auf das Konzept der Archetypen – urtümlicher Bilder, signifikanter Symbole, Motive oder Figuren, die offenbar für die meisten Menschen weitgehend dieselbe Bedeutung haben. Diese Symbole steigen von selbst im ewigen Kreislauf aus den Tiefen des Unbewußten auf und finden ihren Ausdruck in allen schöpferischen menschlichen Werken, wo sie wiederum intensive emotionale und imaginative Reaktionen hervorrufen. Um ihre Natur

hunderts eine Rolle spielte. Im gleichen Traum erschien Gott „aus allen vier Winkeln" der Welt, so dürfen wir vermuten, auch wenn das kleine Mädchen dies nicht klar herausstellte. Jung setzte dieses Bild in Zusammenhang mit der Vorstellung von einer vierfachen Gottheit, die vor dem Konzept der Trinität existierte, aber seit dem 17. Jahrhundert in Vergessenheit geriet. Das kleine Mädchen machte, so meinte Jung, unbewußt Anleihen bei der Sammlung der großen Symbole – der Archetypen – die der ganzen Menschheit während ihrer gesamten Geschichte im kollektiven Unbewußten zur Verfügung standen.

Eines dieser archetypischen Bilder war nach Jungs Interpretation die Scheibe, von der wiederum das UFO eine moderne Variante darstellt. Er verzichtet zuerst auf die problematische Frage, ob das, was manche Menschen am Himmel zu sehen meinen, wirklich existiert. Natürlich glauben diese Leute, daß sie UFOs sehen, genau wie Menschen auch immer schon an andere „nicht pathologische" Visionen geglaubt haben, wie etwa an die Engel von Mons. Viele Soldaten erklärten, diese Erscheinungen während der bitteren Kämpfe beim britischen Rückzug aus Mons im Jahre 1914 gesehen zu haben. Dies ist ein sehr instruktives Beispiel, denn wenn diese himmlischen Heerscharen nur Vorstellungsbilder waren, wurden sie doch in den Köpfen der Soldaten zur Realität, weil diese sich inmitten der Greuel des Krieges in einem ungewöhnlich aufgewühlten, emotionalen Zustand befanden. In einer solchen außergewöhnlichen emotionalen Verfassung, so erklärt Jung, neigen Menschen zu kollektiven Visionen. Dabei handelt es sich um Projektionen, ein Schlüsselbegriff seiner Psychologie, die eine Beantwortung der emotionalen Bedürfnisse darstellen.

Vereinfacht ausgedrückt, befindet sich der moderne Mensch auf der „Suche nach einer Seele", wie die Titel einer der wohl besten Analysen und auch einer der wichtigsten Jungschen Schriften besagt. Dieser so spannungs-, angst- und verzweiflungsträchtige Zustand der Suche führt häufig zu kollektiven Projektionen in Gestalt von Visionen, Gerüchten, Massenhysterien und exotischen Glaubensüberzeugungen. Hierin sieht Jung den wahrnehmbaren Prozeß der Mythenbildung. Kern des neuen Mythos und der alten Mythen sind einer oder mehrere Archetypen, die ihm Kraft und Form verleihen.

Projektionen und Zeichen

Wenn UFOs also im Jungschen Sinne Projektionen sind, wäre es durchaus denkbar, daß sich in ihnen eine weitreichende Umwälzung innerhalb der kollektiven Psyche der Menschheit ankündigt. Weitere Vorzeichen eines solchen Prozesses sind für viele Menschen die gegenwärtige Tendenz der westlichen Gesellschaft zum Okkulten oder auch die weltweite Ausbreitung des Kommunismus. Immer traten in der Geschichte gleichzeitig mit Umwälzungsperioden in der Religion, Kunst und Literatur mächtige Archetypen zutage.

Die Fliegenden Untertassen sind für Jung eine moderne Version des wohl mächtigsten Archetypus überhaupt, der sogenannten „Mandalas", die Meditationsbilder der tibetischen und indischen Religionen.

Das Wort stammt aus dem Sanskrit und bedeutet Kreis. Überall in der Kunst und der Religion der Tibeter und Hindus finden wir derartige Symbole. Aber Mandalas manifestieren sich fast überall: in der Malerei unserer

heutigen Kinder ebenso wie in frühzeitlichen Steinkreisen, im Symbol des Eherings ebenso wie in Dantes Kreisen der Hölle oder in den geistesabwesenden Kritzeleien gestreßter Büroangestellter. Das Mandala ist im Grunde ein einfacher Kreis, auch wenn dieser in unzähligen Varianten erscheint, und beispielsweise ein Zentrum, eine Vierteilung oder weitere konzentrische Kreise aufweisen kann. Seine Bedeutung ist letztlich die Suche nach Vollendung und Ganzheit, das Symbol des Selbst, das sich zu artikulieren sucht.

Damit sind wir wieder bei den Leiden des modernen Menschen angekommen. Wir leben in einer zersplitterten Welt, wo zwischen den

Rechts oben:
Ein Mandala, welches das Kernstück eines aus Nepal stammenden buddhistischen Gemäldes aus dem 19. Jahrhundert wiedergibt. Es symbolisiert die Vollendung, die die achtarmige Figur in seinem Mittelpunkt erreicht hat. Diese Gestalt ist ein Bodhisattva, der am Ende der langen Reihe der ihm bestimmten Reinkarnationen angekommen ist, aber sein Eintreten in die Glückseligkeit des Nirvana noch hinausschiebt, um den leidenden Kreaturen zu helfen. Auch auf einem deutschen Altarbild aus dem 14. Jahrhundert (rechts) findet sich ein Mandala, in dessen Zentrum ein ebenfalls vollendetes Wesen steht: Christus in seiner ganzen Majestät, umgeben von den apokalyptischen Ungeheuern und der Gemeinschaft der Seligen.

einzelnen Teilen ebensowenig Kommunikation stattfindet wie zwischen den aufgespaltenen Seinsebenen der schizophrenen Psyche. Schon äußerlich haben wir es mit der Aufspaltung in zwei gewaltige bedrohliche Blöcke zu tun. Die moderne Technologie, der wir einerseits unsere Lebensgrundlage verdanken, läßt uns andererseits ständig unter dem Damoklesschwert des Holocaust leben. Die dunklen irrationalen Seiten der menschlichen Natur, die wir schon durch die Vernunft außer Kraft gesetzt und im 18. und 19. Jahrhundert durch den zivilisatorischen Fortschritt endgültig besiegt glaubten, konnten im 20. Jahrhundert wiederaufleben.

Auch innerlich sind wir gespalten. Unsere wissenschaftlich und materialistisch orientierte Einstellung hat uns einen hohen Lebensstandard gebracht. Gleichzeitig wurde dadurch jedoch der Bereich des Nichtrationalen entwertet: Emotionen, Instinkte, Imagination, religiöses Engagement usw. Die sich christlich nennende Welt vermag keine Kraft mehr aus ihrer religiösen Tradition zu ziehen. Um es mit den Worten Jungs zu sagen: „Unser Mythos ist stumm geworden und gibt uns keine Antwort mehr."

Die Folgen dieser Bewußtseinsveränderung sind Spannung, Krankheit und die Pervertierung der abgespalteten und entwerteten nichtrationalen Bereiche. Die dissoziierte Psyche schreit geradezu nach der Wiedervereinigung ihrer Teile und der Wiederherstellung eines gesunden und harmonischen Gleichgewichts, mit anderen Worten, nach Ganzheit. Aus dieser unbewußten Sehnsucht heraus projiziert der moderne Mensch Mandalas sogar an den Himmel.

Jung ignorierte jedoch auch nicht andere Interpretationsmöglichkeiten. So meint er, manche UFO-Sichtungen oder Mandala-Träume könnten durchaus auch sexuelle Motivationen oder Symbole umfassen. Aber im Unterschied zu Freud begnügt er sich nicht mit dieser Erkenntnis.

Weit wichtiger sind ihm die einzigartigen Elemente des UFO-Mandala, in dem er eine unserer modernen Zeit angepaßte Variante des Archetypus erkennt. Welch besseres Bild für eine heilende Ganzheit ließe sich in unserer technologischen Welt denken als eine mysteriöse Maschine?

Die Erlöser aus dem All

Doch auch der „himmlische" Aspekt der UFO-Projektion nimmt in seiner Analyse eine zentrale Stellung ein. Ihn beschäftigte besonders das „unnatürliche" Flugverhalten, das den UFOs in allen von ihm untersuchten UFO-Berichten zugeschrieben wurde. Ihm war klar, wie überaus wichtig der außerirdische Ursprung diese Mandalas für die Augenzeugen war. Zwar fühlten sich die Beobachter gelegentlich von den UFOs bedroht, häufiger jedoch wurden sie als Zeichen für die Existenz

über hochentwickelte, technische Mittel verfügender außerirdischer, ungeheuer mächtiger und freundlicher himmlischer Wesen verstanden, die besorgt die selbstzerstörerischen Handlungen der Menschen auf ihrem Planeten Erde beobachten.

Jung berücksichtigt ebenfalls einige jener Fälle, in denen Personen behaupteten, in engeren Kontakt mit Außerirdischen gekommen, ja sogar von den freundlichen, gottähnlichen Wesen an Bord genommen und für kurze Zeit entführt worden zu sein. Er schenkt diesen Berichten nicht viel Glauben, sondern kommt zu dem Schluß, daß hier die Sehnsucht nach Ganzheit, die konkretere und personalisiertere

Eine UFO-Sichtung aus dem 16. Jahrhundert. In der Flugschrift, aus der dieser Holzschnitt stammt, berichtet ein Augenzeuge, daß am 7. August 1566 in Basel „viele große schwarze Kugeln in der Luft gesehen wurden, die sich mit großer Geschwindigkeit vor der Sonne bewegten und aufeinander losfuhren, als ob sie miteinander kämpften. Einige von ihnen wurden rotglühend, verblaßten und erloschen dann."

Form des Träumens von einem Erlöser angenommen hat – einem übermenschlichen Wesen, das zu uns niedersteigen wird, um uns dabei zu helfen, die Genesung oder Erlösung zu erlangen, die wir selbst nicht finden können.

An diesem Punkt seiner Analyse macht Jung die wichtige Feststellung, daß es Objekte am Himmel schon immer in der Geschichte gegeben habe, noch lange ehe sie die für unser Jahrhundert typische Verkleidung des geheimnisvollen Raumschiffs aus dem Science-fiction-Roman annahmen. Ungewöhnlich bewegliche fliegende Halbkugeln, Kugeln und Scheiben tauchen in den Aufzeichnungen über ungewöhnliche Visionen und unerklärliche Erscheinungen während vergangener Krisenzeiten immer wieder auf.

Jung bemerkt immer wieder, daß es gar nicht so sehr darauf ankommt, ob jemals wirklich etwas am Himmel war oder ist. Wenn UFOs in der objektiven Realität nie existierten und auch heute nicht existieren, lassen sie sich als „Projektionen" des kometiven Unbewußten erklären. Wenn sie aber existieren, kann man sie dennoch als Projektionen verstehen – genau wie wir viele ganz alltägliche Dinge in un-

Auch für Sexsymbole gilt, daß die Eigenschaften, die ihnen zugeschrieben werden, weitgehend Projektionen sind. So war in den Augen der Kinogänger Marilyn Monroe „herzlich, weich und hingebungsvoll"; Jane Russel dagegen „gemein, launisch und arrogant". Die wahre Persönlichkeit der Leinwandgöttinnen war den Millionen, deren Hoffnungen und Wünsche sie symbolisch repräsentierten, gleichgültig.

serer Umgebung, wie etwa Schmuckstücke und Waffen, Filmstars und Politiker, mit der gesamten Symbolkraft von Archetypen ausstatten.

In seiner letzten Analyse schließt Jung allerdings die Möglichkeit nicht völlig aus, daß die Berichte über UFOs tatsächlich eine objektive materielle Grundlage besitzen. Zwar dürfen wir wohl die exotischsten Erzählungen über Ausflüge in den Weltraum in der Obhut großer, prächtig gewandeter Erlöserwesen getrost als Träume oder Halluzinationen abtun. Aber Radarschirme und Kameras halluzinieren und träumen nicht – und Jung war sich der gründlich abgesicherten Fälle wohl bewußt, in denen sich die Existenz von UFOs ganz offensichtlich in Gestalt von Lichtpunkten oder Fotografien manifestierte. Er meinte, entweder müßten psychische Projektionen in der Lage sein, Radarstrahlen zurückzuwerfen oder aber die faktische Existenz solcher Objekte böte den Menschen erst Gelegenheit für mythologische Projektionen.

Dies ist natürlich ironisch gemeint: Jung glaubt keineswegs, daß psychische Projektionen sich auf Radarschirme niederschlagen können. Doch er mußte sich auf diesen Einwand einlassen, um dem beständigen Streben der Medien und anderer Verteidiger des rationalistischen Status quo zu begegnen, ihn bei jeder sich bietenden Gelegenheit als einen abergläubischen Geisterseher zu diffamieren, der tief in dem von Freud so genannten „Sumpf des Okkultismus" wartete. Jungs Gegner haben immer wieder seine Beschäftigung mit der Alchemie, der Astrologie und dem Irrationalen in allen seinen Formen mißverstanden und in verzerrter Form wiedergegeben. Natürlich war es für sie ein intellektuelles Vergnügen, auch seine Bemerkungen über die Fliegenden Untertassen auf der Grundlage ihres eigenen mangelnden Verständnisses zu zerpflücken.

Jung selbst war es hingegen immer sehr wichtig, sich für neue Phänomene, Phänome-

ne transpsychischer Realität zu öffnen, die ihn auf irgendeine Weise in seinem Bemühen um das Verständnis des menschlichen Unbewußten weiterbringen konnten. Daher erkannte und analysierte er gegen Ende seines Lebens auch die symbolische Bedeutung der UFOs.

Doch Jung wußte auch, daß von all den vielen zusammengetragenen Augenzeugen- und Forschungsberichten über UFOs letztlich nur ein harter Kern an Fakten zurückblieb, die nur dann erklärbar wären, wenn ihnen reale – und sei es vielgedeutete – Objekte am Himmel zugrunde lägen. In den Jahren nach der Veröffentlichung seiner Schrift über Fliegende Untertassen stand Jung in Kontakt mit einer seiner Nichten in der Schweiz, die sich aus eigenem Antrieb zu einer Art Expertin für UFO-Sichtungen entwickelt hatte. Wenn wir Gordon Creighton von der *Flying Saucer Review* Glauben schenken wollen, gelangte Jung durch diese Verbindung noch weiter über die Position hinaus, daß es sich bei UFOs vielleicht „lediglich" um symbolische Projektionen eines mächtigen Archetypus handle.

Jung verstand sich selbst nicht als Prophet, sondern wollte Psychologe und wissenschaftlicher Beobachter sein. Doch in der Geschichte gibt es eine Fülle von Beispielen dafür, wie Wissenschaftler aufgrund ihrer objektiven Studien und Beobachtungen plötzlich auf „prophetische" Weise eine Wahrheit erkannten, die ihre engstirnigen Zeitgenossen ablehnten, ohne sich auch nur mit den Fakten zu beschäftigen. Bereits in seiner Dissertation über okkulte Phänomene hatte Jung geschrieben, was nicht nur für sein Lebenswerk gelten sollte, sondern für den gesamten Bereich paranormaler Phänomene.

Himmelserscheinungen zwischen Deutung und Mißdeutung

Nicht nur die Mythen der Völker aller Erdteile berichten von rätselhaften Himmelserscheinungen. Auch in der Kunst und in historischen Quellen begegnen sie uns in vielen Variationen.

Zu Karls des Großen Zeiten um 800 soll ein Raumschiff auf der Erde gelandet sein und sogar einige Menschen an Bord genommen haben, um ihnen die Lebensweise der fernen Besucher aus dem Weltall zu zeigen. Als man die Erdenmenschen wieder zurückbrachte, wurden sie von der erregten Bevölkerung Lyons für Zauberer gehalten. In einem zeitgenössischen Bericht heißt es:

„Eines Tages trug es sich unter anderen Vorfällen in Lyon zu, daß drei Männer und eine Frau gesehen wurden, die aus diesem Luftschiff ausstiegen. Die ganze Stadt versammelte sich um sie und rief aus, sie seien Zauberer und seien von Grimaldus, dem Herzog von Benevent, Karls des Großen Feind, gesandt, um die französischen Ernten zu zerstören. Umsonst suchten die vier Unschuldigen sich zu verteidigen, indem sie sagten, sie seien ihre eigenen Landsleute und seien vor kurzer Zeit von rätselhaften Männern fortgetragen worden, die ihnen unerhörte Wunder gezeigt und von ihnen gewünscht hätten, von dem, was sie gesehen hätten, Bericht zu geben."

(Zitat nach R. Stemman)

Die vier Raumfahrer, welche eine aufgebrachte Menge verbrennen wollte, wurden durch den Lyoner Bischof Agobard gerettet. Im Jahre 1561 erschien in Nürnberg ein Flugblatt, auf dem mehrere im 16. Jahrhundert beobachtete Flugkörper dargestellt worden sind. Neben scheibenförmigen Objekten befanden sich auch stabförmige oder in Form von Kanonenrohren fliegende Körper am Himmel in der Nähe der aufgehenden Sonne. Es gibt Belege darüber, daß sie von mehreren Menschen gleichzeitig bemerkt wurden, und die Himmelskörper über eine Stunde lang sichtbar blieben. Berichte von fliegenden Schiffen gibt es aus mehreren Jahrhunderten. „Fliegende Zigarren", unmittelbar vor der Erfindung des Luftschiffes durch den Grafen Zeppelin, wurden beiderseits des Ozeans sowohl in der Neuen als auch in der Alten Welt gesichtet.

Der spektakulärste Fall von UFO-Erscheinungen in Deutschland ereignete sich im Jahre

Im 16. Jahrhundert beobachtete rätselhafte Himmelserscheinungen in Form von Flugkörpern. (Nürnberger Flugblatt, 1561)

1959. Kein geringerer als der international bekannte und geachtete Parapsychologe Hans Bender, Professor für Psychologie und ihre Grenzgebiete, hat diesen Fall untersucht und beschrieben. 1954 kündigten außerirdische Wesen, als Untertassenleute bezeichnet, durch ein Medium, das über die Fähigkeit des Automatischen Schreibens verfügte, in Wien an, daß zu einer bestimmten Zeit und an einem genau bezeichneten Ort UFOs auftauchen würden. Zur angegebenen Zeit fanden sich mehrere Personen, und darunter nicht nur UFO-Gläubige, sondern auch rational bestimmte Skeptiker am bezeichneten Ort ein. Tatsächlich konnten die Wartenden UFOs beobachten, die in der genau vorausgesagten Art und Weise erschienen. Mehrere der Zeugen haben darüber Berichte verfaßt, und Professor

Bender selbst war von der Wahrhaftigkeit der Erscheinungen überzeugt. Vorsätzliche Täuschung konnte von vornherein ausgeschlossen werden. Die parapsychologische Erklärung für das Auftreten der UFOs beziehungsweise für ihre Wahrnehmung durch die Zeugen wurde fast im Sinne Jungs gegeben: kollektive Halluzination und parapsychisch herbeigeführte Phantasmen.

Schon mehrere Parapsychologen haben auf die phänomenale Ähnlichkeit der Umstände beim Auftreten von UFOs und bei Spukerscheinungen hingewiesen.

Die Deutungen von UFO-Erscheinungen und der Berichte über seltsame Flugkörper haben stets weniger Aufmerksamkeit hervorgerufen als spektakuläre Ausschmückungen oder darauf aufbauende Theorien, die nicht den steinigen Boden zur Objektivität und Nachprüfbarkeit verpflichteter moderner Wissenschaft unter sich fühlen. Ein zeitgenössischer Autor hat sich hierbei besonders profiliert, der Schweizer Erich von Däniken. Er geht nicht nur davon aus, daß die Existenz von Raumschiffen und intergalaktischen intelligenten Raumbewohnern erwiesen wäre, sondern er versucht darüber hinaus noch nachzuweisen, daß diese von weit her kommenden Intelligenzen die Erde regelmäßig, und das auch noch durch Jahrhunderte und selbstverständlich in allen ihren Kontinenten, besuchten. Ja, so behauptet von Däniken, die Menschheit verdanke diesen freundlichen Raumbewohnern ihre Kultur, ihre technischen Spitzenleistungen von den Pyramiden der Alten und Neuen Welt bis zu den großen Ahnenstatuen der Osterinsel im Pazifik. Aber auch das ist noch nicht genug, die Menschen verdanken ihnen als schönste und wertvollste Gabe ihre gesamte Kulturentwicklung. Die fremden Besucher nämlich hätten die damalige primitive Menschheit erst durch genetische Aufbesserung zu dem gemacht, was der Homo sapiens für das Geschenk Gottes hält, zu einem vernunftbegabten Wesen. Däniken nimmt bei seinen Darlegungen nicht nur die alten Mythen wörtlich, sondern er versucht seine Thesen durch den Nachweis direkter Hand- und Zerebralarbeit der Intergalaktiker auf der Erde abzusichern. Doch seine Zuschreibungen, was nun von außerirdischen Wesen stammen soll: die sogenannten Inkastraßen, eigentlich Scharrbilder der Nazca, einzelne afrikanische Felszeichnungen, die Berechnungen der Pyramiden, Gold- und Metallarbeiten verschiedener Hochkulturen, kartographische Berechnungen der Antarktis oder die astronomischen Kenntnisse vieler alter Kulturvölker, bilden ein zusammenhangloses Sammelsurium von isoliert betrachteten Kulturleistungen der Jahrtausende menschlicher Entwicklung.

Natürlich vereinfachen solche Phantasien und Phantasten die Beschäftigung mit den UFO-Phänomenen nicht. Im Gegenteil. Dadurch, daß sie über jedes vernünftige Ziel hinausschießen, erschweren sie die Glaubwürdigkeit der seriösen Forschung im UFO-Bereich.

Einige besonders gut dokumentierte Fälle

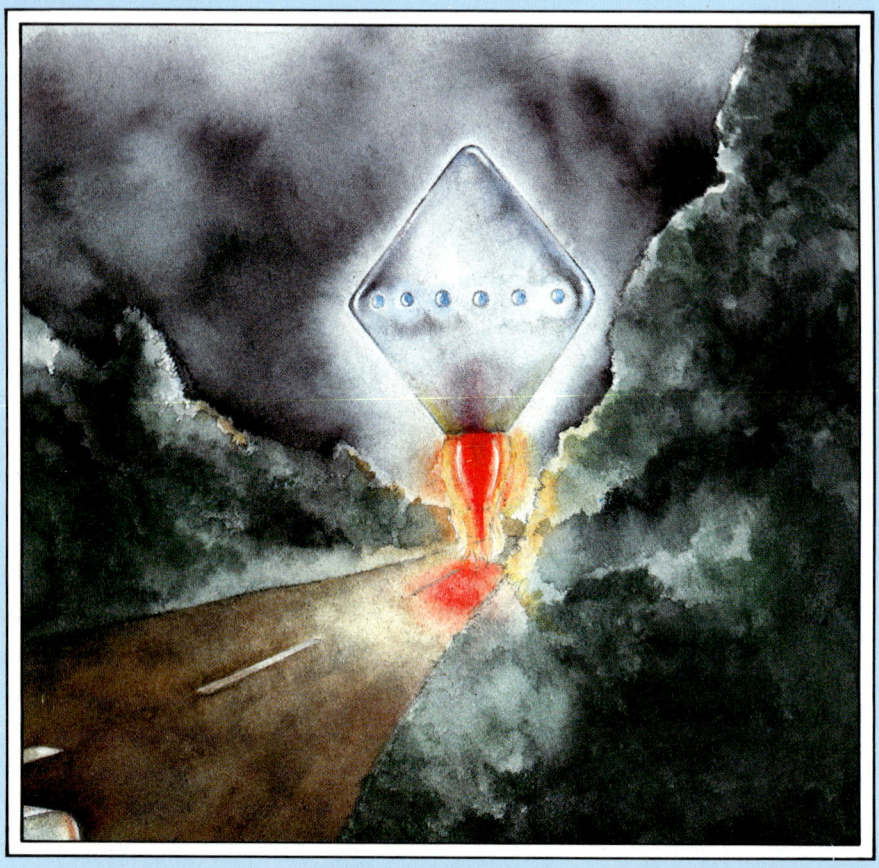

*Die wichtigsten und bestdokumentierten Fallgeschichten
verdanken wir der Tatsache, daß mit größter Sorgfalt und
Sachlichkeit die in jedem einzelnen Augenzeugenbericht
enthaltenen Informationen zusammengetragen und geprüft werden.*

Das Rätsel von Cergy-Pontoise

Drei junge Franzosen machten Ende Dezember 1979 mit ihrem Bericht über eine UFO-Entführung im Pariser Vorort Cergy-Pontoise Schlagzeilen. War ihre erstaunliche Geschichte erfunden? Ist es überhaupt möglich, hierbei zwischen Realität und Phantasie zu unterscheiden?

„Franzose mit einer Beule wieder auf die Erde zurück?" verkündete die Londoner *Times* in ihrer Schlagzeile; und in der ganzen Welt brachten die Medien diese Nachricht mit den gleichen Fragezeichen, ob sie nun ernst zunehmen sei oder nicht. Doch so viel stand fest: Franck Fontaine, den angeblich eine Woche zuvor ein UFO entführt hatte, war in den frühen Morgenstunden des 3. Dezembers 1979 seinen Freunden, Angehörigen und einer staunenden Mitwelt wiedergegeben worden.

Wo ist er die sieben Tage gewesen? Die Öffentlichkeit, die sich eine selbst die Mondlandung in den Schatten stellende Geschichte erhoffte, wurde enttäuscht. Fontaine hatte nur spärliche und wirre Erinnerungen an diese Zeit. Ihm war, als hätte er lediglich eine halbe Stunde geschlafen. Er war außer sich vor Erstaunen, als er feststellte, daß er eine Woche lang fortgewesen war und schob die bizarren Bilder in seinem Kopf zunächst auf Träume.

Polizisten durchkämmen eine Wiese bei Cergy-Pontoise in Frankreich nach Hinweisen auf das Schicksal des verschwundenen Franck Fontaine, der von einem UFO entführt worden sein sollte. Zwei seiner Freunde, Jean-Pierre Prévost und Salomon N'Diaye, behaupteten, in den frühen Morgenstunden eines Novembertages im Jahr 1979 Zeugen seiner Verschleppung geworden zu sein. Im Hintergrund der Wohnblock, in dem Prévost und N'Diaye lebten und in dessen unmittelbarer Nähe sich der Vorfall zutrug.

Fassungslos hörte er, daß er von außerirdischen Wesen entführt und in eine fremde Welt verschleppt worden war.

Verblüfft mußte er erkennen, daß er plötzlich im Brennpunkt des öffentlichen Interesse stand. Bereits während seiner siebentägigen Abwesenheit hatte sich das Augenmerk der Medien auf seine beiden Freunde, Salomon N'Diaye und Jean-Pierre Prévost, gerichtet, die Zeugen seiner Entführung gewesen waren. Seit ihrem ersten aufsehenerregenden Anruf bei der Polizei: „Ein Freund von uns ist soeben von einem UFO verschleppt worden" – waren sie unaufhörlich von Polizei, Presse und Ufologenteams ausgefragt worden. Wenn Fontaines Rückkehr für sie auch neuerliche Publizität und damit neue Probleme bedeutete, so reinigte es sie doch zumindest von dem Verdacht, selbst Schuld am Verschwinden ihres Freundes – und vielleicht sogar an seinem Tod – zu sein.

Der Lebensstil der jungen Männer war nicht gerade dazu angetan, solche Verdächtigungen auszuschließen. Alle drei verdienten sich ihren bescheidenen Lebensunterhalt mit dem Verkauf von Jeans auf Straßenmärkten. Sie fuhren einen alten klapperigen Wagen, der weder zugelassen noch versichert war; keiner von ihnen besaß einen Führerschein. Prévost war erklärtermaßen Anarchist. Er und N'Diaye wohnten Tür an Tür in einer modernen Mietskaserne in Cergy-Pontoise, einem Pariser Vorort. Fontaine lebte drei Kilometer davon.

Ihrem Bericht zufolge, hatte Fontaine den Sonntagabend in Prévosts Wohnung ver-

bracht, da sie schon um halb vier Uhr morgens aufstehen wollten, um den 60 Kilometer entfernten Straßenmarkt von Gisors möglichst schnell zu erreichen. Der Verkauf begann zwar erst um acht, aber sie wollten sich einen guten Platz sichern. Außerdem hatte ihr alter „Taunus" in letzter Zeit Mucken gehabt, so daß etwas Spielraum nicht schaden konnte. Gegen halb vier waren sie nach nur wenigen Stunden Schlaf wieder auf den Beinen, um die Ware in den Wagen zu laden.

Zunächst schoben sie jedoch das Auto an, um sicherzugehen, daß es auch ansprang. Nachdem es lief, sollte Fontaine im Wagen sitzen bleiben, um zu verhindern, daß der Motor wieder ausging, während die beiden anderen weiter laden wollten. Fontaine hatte daher Zeit, sich umzusehen. Plötzlich entdeckte er in einiger Entfernung ein strahlend helles Licht am Himmel. Als seine Kumpel mit der Kleiderladung ankamen, zeigte er ihnen auf-

geregt das geheimnisvolle Objekt. Es war zylinderförmig, sonst jedoch nicht identifizierbar. Während es hinter dem Wohnblock verschwand, rannte N'Diaye nach oben, um einen Fotoapparat zu holen, denn vielleicht könnte er ein Bild von der merkwürdigen Erscheinung einer Zeitung verkaufen. Prévost ging noch einmal ins Haus, eine neue Ladung Jeans zu holen. Fontaine fuhr in der Hoffnung, noch einmal einen Blick auf das rätselhafte Ding am Himmel zu erhaschen, zur unmittelbar vorbeiführenden Hauptstraße.

Als seine Kameraden den Wagen anfahren hörten, rasten sie zu den Fenstern ihrer Wohnungen. Sie sahen, daß Fontaine inzwischen auf der Hauptstraße angehalten hatte und der Motor offenbar streikte. Prévost wütend, in der Annahme, er müßte den Wagen nun noch ein zweites Mal anschieben, rannte die Treppe hinunter. Er rief N'Diaye zu: „Du kannst die Kamera dalassen, das UFO ist verschwunden!" N'Diaye folgte ihm und meinte, daß er von seinem Fenster ausgesehen hätte, als sei das Auto von einer großen Lichtkugel umgeben.

Draußen angekommen, verharrten die bei-

Ganz oben:
Franck Fontaine beim Verlassen der Polizeiwache, wo er nach seiner Rückkehr intensiv verhört wurde. Er gab an, keine Erinnerung an die Woche seiner Abwesenheit zu haben.
Salomon N'Diaye (oben) und Jean-Pierre Prévost (rechts) meldeten den Vorfall unverzüglich der Polizei, was als Beweis ihrer Aufrichtigkeit gewertet wurde.

den jungen Männer verdutzt: Das Heck des Wagens war von einer Kugel aus leuchtendem Nebel eingehüllt, um die eine Anzahl kleinerer Lichtkugeln herumhüpften. Während sie gebannt auf die spektakuläre Szene starrten, bemerkten sie, wie die große Kugel die kleinen, bis auf eine, in sich aufnahm. Dann trat ein Lichtstrahl aus der Kugel, wurde immer größer und nahm schließlich die zylindrische Form an, die sie bereits vorher gesehen hatten. Dann schoß das Superding zum Himmel empor und verschwand außer Sicht.

Beide rasten zum Wagen, konnten aber keine Spur von Fontaine entdecken, weder im Auto noch auf der Straße oder im Kohlfeld daneben. Prévost drängte, sofort die Polizei anzurufen, was N'Diaye auch sofort tat. Prévost, der beim Auto blieb, war der einzige Augen-

zeuge der letzten Phase des Vorfalls: Ein Lichtball, ähnlich wie die kleinen Kugeln, die eben um die große herumgehüpft waren, schlug die Wagentür zu und verschwand.

Das war der Inhalt des Berichts, den die beiden jungen Männer wenige Minuten später der eintreffenden Polizei gaben. Da für UFO-Sichtungen in Frankreich das Militär zuständig ist, forderten die Beamten Prévost und N'Diaye auf, die dem Verteidigungsministerium unterstehende Gendarmerie zu informieren. Sie brachten fast den ganzen Tag damit zu, den Gendarmen immer wieder ihre Geschichte zu erzählen. Schließlich machten ihre Befrager eine Mittagspause, welche die beiden nutzten, der Presse ihre Story zu erzählen. Der befehlshabende Offizier der Gendarmerie von Cergy, Courcoux, erklärte später, er sehe keinen Grund, an der Geschichte zu zweifeln. Für ihn stehe eindeutig fest, daß „irgend etwas" vorgefallen sei, über das er aber keine näheren Auskünfte geben könne. In einem späteren Interview gestand er: „Wir schwimmen in phantastischen Spekulationen."

Eine Woche lang mußte sich die Weltöffentlichkeit mit diesen Auskünften zufriedengeben. Während dieser Zeit wurden die beiden Männer immer wieder interviewt. Manche nahmen die Geschichte für bare Münze, andere vermuteten darin nur ein Ablenkungsmanöver, das entweder den Sinn hätte, Fontaine die Ableistung seines Militärdienstes zu ersparen oder gar noch undurchsichtigeren Zwecken zu dienen. Eins stand jedoch fest: Prévost und N'Diaye hatten die Polizei prompt und freiwillig verständigt. War dies angesichts ihrer allgemeinen Lebenshaltung nicht schon Beweis genug für ihre Ehrlichkeit?

Als Fontaine dann seine Version der Geschichte erzählte, bestand ebenfalls kein An-

Jimmy Guieu, der berühmte Science-fiction-Autor und Gründer einer Ufologengruppe. Das Trio vertraute sich ausschließlich ihm an und zeigte sich anderen Ufologen gegenüber überaus zurückhaltend.

laß, an seiner Glaubwürdigkeit zu zweifeln. Er berichtete, er sein im Kohlfeld aufgewacht; wieder auf den Beinen, habe er gemerkt, daß er sich in unmittelbarer Nähe der Wohnblöcke auf der anderen Seite der Hauptstraße befunden habe, nahe jener Stelle, an der er das Auto angehalten hatte, um das UFO zu beobachten. Das Fahrzeug stand jedoch nicht mehr da. Sein erster Gedanke während er auf das noch dunkel daliegende Haus zulief war, daß das Auto und seine wertvolle Fracht gestohlen worden ist. Da seine Kumpel nirgends zu sehen waren, lief er zu Prévosts Wohnung. Als dort niemand öffnete, versuchte er es bei N'Diaye. Dieser erschien schlaftrunken, starrte ihn verblüfft an und fiel ihm dann voller Freude um den Hals. Fontaine, den es bereits überrascht hatte, seinen Freund im Schlafanzug anzutreffen, staunte noch mehr, als er erfuhr, daß seit jenem Markttag in Gisor eine ganze Woche vergangen war.

Er konnte der Presse und der Polizei wenig berichten. Die Medien veröffentlichten die Nachricht von seiner Rückkehr, verschoben aber jeden Kommentar bis zu einer Äußerung der Behörden. Die Polizei erklärte jedoch, sie seien für den Fall nicht mehr zuständig: Ein Verbrechen sei nicht geschehen. Abgesehen von der unglaublichen Geschichte, die Fontaine erzählte, sahen die Beamten keinen Grund, an seinen Aussagen oder denen seiner Freunde zu zweifeln.

Von den Ufologen belagert

Nun war es an den Ufologenorganisationen, sich zu bemühen, mehr Licht in die Angelegenheit zu bringen. Von Anfang an waren die Augenzeugen von den verschiedenen französischen Ufologenorganisationen belagert worden. Es gibt in Frankreich Dutzende solcher

Rechts:
Das zylinderförmige UFO, das die drei Freunde sahen, erschien größer als der in jener Nacht am Himmel stehende Vollmond und lief in einer Art Dunstschleier aus. Seit sich Fontaine dem UFO allein näherte, fehlte von ihm plötzlich jede Spur.

und erklärten sich bereit, mit Guieu zusammenzuarbeiten. Nachdem Fontaine wieder aufgetaucht war, nahm das IMSA auch ihn unter seine Fittiche. Guieu stellte den dreien einen geheimen Zufluchtsort in Südfrankreich zur Verfügung, wo man gemeinsam ungestört an einem Buch arbeiten konnte. Die Einkünfte sollten unter alle aufgeteilt werden.

Guieus Buch mit dem Titel: *Der Fall von Cergy-Pontoise* ging erstaunlich schnell in Druck und erschien bereits vier Monate nach dem Wiederauftauchen Fontaines. Dank des bekannten Autorennamens und dem starken öffentlichen Interesse wurde es sofort zum Bestseller. Aber die Leser, die sich neue Informationen versprachen, wurden enttäuscht. Das Buch verdankte seinen Umfang hauptsächlich Guieus journalistischem Geschick und ausschweifenden Berichten über andere Fälle. Es enthielt so gut wie überhaupt keine Aus-

Vereinigungen, die meisten bestehen nachdrücklich auf ihrer Unabhängigkeit und sind nur ungern zur Zusammenarbeit mit anderen bereit. Wohl die namhafteste dieser Gruppen nennt sich „Controle", ihr sind die meisten eingehenderen Informationen über den Fall von Cergy-Pontoise zu verdanken.

Doch noch während Fontaine verschwunden war, erklärte bereits eine andere Organisation ihr Interesse an der Angelegenheit: das *Institut Mondiale des Science Avancés* (IMSA). Ihr Mitbegründer und Sprecher ist der bekannte Science-fiction-Schriftsteller und Autor zweier Bücher über UFOs, Gimmy Guieu. Noch ehe er Nachforschungen angestellt hatte, bekundete er bereits seine Überzeugung von der Echtheit der Geschichte: „Keine Frage, Franck Fontaine wurde von einem UFO entführt", sagte er in einem Interview. „Ich muß gestehen, ich habe die beiden Freunde des jungen Mannes noch nicht gefragt, aber ich gehe a priori davon aus, daß ihr Bericht der Wahrheit entspricht."

Prévost und N'Diaye waren sehr erfreut, daß ihre Geschichte von einer solchen Koryphäe ohne jeden Vorbehalt akzeptiert wurde

Jimmy Guieus Buch Der Fall von Cergy-Pontoise *(ganz oben) und Jean-Pierre Prévosts Bericht* Die Wahrheit über den Vorfall Cergy Pontoise *(oben). Beide Titel wurden sehr schnell nach der „Entführung" Franck Fontaines veröffentlicht. Sie enthielten viel Erdachtes, wenig Tatsachen und trugen kaum etwas zur Aufklärung der Geschehnisse bei.*

sagen des entführten Hauptzeugen Fontaine, dessen Geschichte die Welt eigentlich hatte kennenlernen wollen.

Guieu hatte anfangs gehofft, daß sich Fontaine genauer an das Geschehen erinnern würde, wenn er ihn hypnotisierte. Aber der junge Mann weigerte sich beharrlich. Darauf bot Prévost an, an seine Stelle zu treten. Das Ergebnis war höchst erstaunlich. Es stellte sich heraus, daß das eigentliche Interesse der Außerirdischen Prévost und nicht Fontaine gegolten hatte. Fontaine wäre nur das Medium gewesen, um die Kommunikation herzustellen: Prévost jedoch das Sprachrohr, durch das sie die Erde vor der drohenden Katastrophe bewahren wollten. Sie stellten sich als „die Intelligenzen aus dem Jenseits" vor, erklärten zu ihrem Herkunftsort jedoch nur, es sei „ein ganz anderer Planet als Eurer". Ihr Sprecher hieß Haurrio und war freundlich, wenn auch etwas geschwätzig.

In Guieus Buch wird Prévost zum Helden; denn auf seine Aussage stützt sich die ganze Geschichte. Die beiden Gefährten sind unwichtig geworden. Nachdem dieses Buch mehr Fragen aufgeworfen als beantwortet hatte, kam neue Hoffnung auf, als Prévost verkündete, er wolle nun selber einen Bericht verfassen. Doch das noch im gleichen Jahr erschienene Buch *Die Wahrheit über den Vorfall Cergy-Pontoise* bestand hauptsächlich aus Platituden darüber, daß wir auf Erden mehr Liebe und weniger Wissenschaft nötig haben.

Franck Fontaines Entführung ist überhaupt nicht erwähnt, dafür gibt es aber eine ausführliche Beschreibung eines Besuchs, den Prévost einer geheimen außerirdischen Basis abgestattet haben will. Demnach klingelte es eines Morgens kurz nach Fontaines Rückkehr an

schnell heraus, daß sie alle durch die „Intelligenzen aus dem Jenseits" aus weiten Teilen der Welt dorthin gekommen waren. Jeder sprach in seiner eigenen Sprache, wurde aber von den anderen verstanden.

Als Haurrio, der Vertreter der Außerirdischen, kam, erklärte er ihnen, sie seien auserwählt, die Philosophie der „Intelligenzen" auf der Erde zu verbreiten. Ein schönes weiblichen außerirdisches Wesen führte sie dann durch den Tunnel, der jetzt als UFO-Basis diente. Sie sahen mehrere Raumschiffe, die denen glichen, die Prévost als Kind gesehen hatte. Danach kehrten die jungen Männer zu ihrem Lagerfeuer zurück, um sich schlafen zu legen – sicher eine wenig komfortable Unterkunft in einer Dezembernacht in den Bergen. Am nächsten Morgen wartete der freundliche „Handlungsreisende" auf Prévost, um ihn nach Cergy zurückzubringen.

Unten:
Eine Gruppe Menschen wartet bei Cergy-Pontoise am 15. August 1980 auf eine UFO-Begegnung. Sie versammelten sich hier, nachdem Fontaine verkündet hatte, er habe sich mit seinen außerirdischen Entführern in Cergy-Pontoise verabredet.

Prévosts Tür. Draußen stand ein angeblicher Handlungsreisender, den er noch nie gesehen hatte, und erklärte, er sei unterwegs nach Bourg-de-Sirod und würde ihn gern dorthin mitnehmen. Bourg-de-Sirod ist ein kleines Dorf in der Nähe der französischen Grenze, etwa 360 Kilometer von Cergy entfernt. Auf den ersten Blick ist kaum verständlich, weshalb ein Handlungsreisender ausgerechnet dorthin fahren und auch noch annehmen sollte, daß Prévost, den er doch gar nicht kannte, ihn dorthin begleiten wollte.

Für Prévost allerdings war Bourg-de-Sirod ein bedeutsamer Ort, weil er als Kind dort einen Sommer in einem Ferienlager verbracht und später auch gearbeitet hatte; und vor nicht allzulanger Zeit war er mit Fontaine dort zum Zelten gewesen. Daher nahm er das überraschende Angebot gern an. Im Dorf angekommen, ging er zu einer Stelle, die ihn immer fasziniert hatte, einem Eisenbahntummel, in dem ein alter Waggon aus dem Zweiten Weltkrieg stand. Er war nicht der einzige Besucher.

Eine Gruppe junger Männer saß um ein offenes Feuer. Einer von ihnen rief ihn beim Namen. Er stammte aus der Sahara und hatte Prévost kurz zuvor geschrieben. Es stellte sich

Rechts:
Prévost behauptete, ein Wesen namens Haurrio habe mit ihm im Auftrag der „Intelligenzen aus dem Jenseits" Kontakt aufgenommen. Einmal habe Haurrio einen einteiligen silbernen Anzug getragen, in dem er „wie ein Außerirdischer" aussah. Bei anderen Gelegenheiten wäre er mit langem, blondem Haar oder in einem Herrenanzug, wie eine maskuline Frau, aufgetreten. Immer freundlich und recht gesprächig.

Wahrheit, Schwindel oder Einbildung?

Noch heute, lange nach dem vieldiskutierten Verschwinden Franck Fontaines aus Cergy-Pontoise, herrscht immer noch Unklarheit darüber, ob er tatsächlich von einem UFO entführt wurde. War die ganze Geschichte nur Erfindung? Oder Wirklichkeit?

Die Geschichte von der Entführung Franck Fontaines durch ein UFO schien, auch wenn sie sich wissenschaftlich nicht nachweisen läßt, zunächst plausibel. Hätten er und seine Freunde, Jean-Pierre Prévost und Salomon N'Diaye, sich damit begnügt, hätte man ihnen vielleicht geglaubt. Doch die beiden über den Fall erschienenen Bücher warfen Fragen auf, die Argwohn erregen mußten. Außerdem kam es in zahlreichen Interviews und Pressekonferenzen zu sehr widersprüchlichen Aussagen. Prévost, der bereits Fontaine als den Helden der Geschichte ausgestochen hatte, veröffentlichte noch eine kurzlebige Zeitschrift, in der er über seine fortdauernde Kommunikation mit den „Intelligenzen aus dem Jenseits" berichtete, die angeblich mit ihm Kontakt aufgenommen hatten.

Dies alles forderte Zweifel geradezu heraus. Michel Piccin und seine Kollegen von der Ufo-

Das Kohlfeld, in dem Fontaine nach seiner Rückkehr nach Cergy-Pontoise erwachte.

logenorganisation „Controle" haben von Anfang an Widersprüche und Ungereimtheiten in den Zeugenaussagen entdeckt. Je tiefer sie in die Materie eindrangen, desto zwielichtiger wurde die Angelegenheit.

Da waren zunächst ganz nebensächliche Dinge, wie Prévosts Behauptung, er habe sich vor der Entführung nie für UFOs interessiert. Die Ufologen fanden heraus, daß sein Bruder ein französischer Vertreter der amerikanischen Ufologenorganisation APRO war. Außerdem hatte Prévost selbst in seinem Buch erklärt, er habe in dem Tunnel mehrere UFOs bemerkt, die anderen glichen, die er „als Kind gesehen hatte". Ferner leugnete er, eine Zeitschrift zu kennen, in der eine ganz ähnliche Entführungsgeschichte in Fortsetzungen erschienen war. „Controle" konnte jedoch feststellen, daß eben dieses Magazin sich zur Zeit der angeblichen Fontaine-Entführung in Prévosts Wohnung befand.

Was in der Nacht vor der Entführung geschehen war, wurde immer unklarer, je mehr man nachforschte. „Controle" enthüllte, daß sich in jener Nacht nicht drei, sondern fünf Leute in Prévosts Wohnung aufgehalten hatten. Warum hatte die Öffentlichkeit so gut wie nichts darüber erfahren, daß auch Prévosts Freundin Corinne und Fabrice Joly anwesend waren. Eine Erklärung drängt sich auf: Wäre bekannt gewesen, daß sich noch ein vierter Mann, Joly, in der Wohnung befunden hatte, entfiele eines der wesentlichsten Argumente, die für die Glaubenswürdigkeit von Prévost und N'Diaye sprachen. Sie hatten behauptet, nach dem Verschwinden Fontaines sofort die Polizei angerufen zu haben, obwohl sie gewußt hätten, daß sie wegen Fahrens ohne Papiere in Schwierigkeiten geraten könnten. Joly jedoch, der einen gültigen Führerschein besaß, hatte sich bereit erklärt, die drei zum Markt von Gisors zu fahren.

Die Widersprüche mehren sich

Weshalb wurden Corinne und Joly nie zu den Ereignissen befragt? Sie hätten doch zumindest Unklarheiten darüber beseitigen können, wer sich in jener Nacht tatsächlich in der Wohnung befand. Zunächst hatten die drei erklärt, die Nacht gemeinsam verbracht zu haben. Danach erst fiel Prévost ein, daß er bei Freunden zum Fernsehen gewesen war.

Außerdem behaupteten die jungen Männer, sie hätten sicherheitshalber den Wagen angeschoben und dann Fontaine am Steuer gelassen, um zu verhindern, daß der Motor wieder ausginge. Warum übernahm nicht Joly, der als einziger einen Führerschein besaß, diese Aufgabe, damit Fontaine beim Laden helfen konnte. Hätte sich um diese frühe Stunde tatsächlich kein Nachbar über den laut laufenden Motor beschwert? Und warum erklärte N'Diaye, zuerst wäre das Auto beladen und dann der Motor angelassen worden? Was ist richtig?

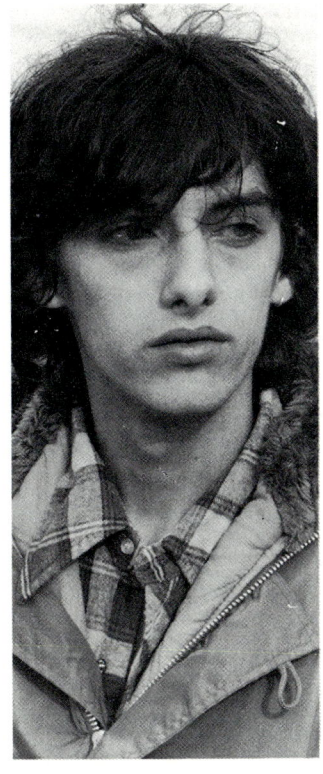

Franck Fontaine, dessen einwöchiges Verschwinden zur Weltsensation wurde. Er selbst sagte nie viel darüber, was ihm widerfahren war.

Die Aussage des einzigen Nachbarn, der etwas beobachtete, machte alles nur noch unklarer. Der Mann behauptete, er sei zu der fraglichen Zeit nach Hause gekommen und habe zwei Personen in den „Taunus" steigen und davonfahren sehen. Dabei hatten doch die drei erklärt, Fontaine sei allein auf die Hauptstraße gefahren, um das UFO besser erkennen zu können.

Auch wenn UFOs generell schwierig zu beschreiben sind, gehen die drei Berichte doch extrem weit auseinander. Einer der jungen Männer behauptete „einen riesigen Lichtstrahl", der zweite „eine Kugel" und der dritte „einen Blitz" gesehen zu haben. Über die Geschwindigkeit und die Flugrichtung des Objekts war ebenfalls nur Widersprüchliches zu erfahren.

Nicht minder verworren sind auch die Auskünfte über Fontaines Heimkehr eine Woche nach der angeblichen Entführung. Unter den Journalisten, die den Fall recherchierten, war auch Iris Billion-Duplan, die für eine Lokalzeitung arbeitete und in der Nähe wohnt. Da das Ereignis sich beinahe vor ihrer Haustür abgespielt hatte und die Zeugen in ihrer Nähe wohnten, beschäftigte sie sich sehr intensiv mit dem Fall. Tatsächlich war sie in der Nacht vor Fontaines Rückkehr bei Prévost, um noch einmal für einen abschließenden Bericht Nachforschungen anzustellen.

Fontaine erinnert sich

Franck Fontaine erinnerte sich nur zögernd und bruchstückhaft an das, was ihm während seiner einwöchigen Abwesenheit „von dieser Welt" widerfahren war. Er lehnte es ab, sich einer Hypnose zu unterziehen. Vielleicht hätten ihm seltsame, zum Teil sehr beunruhigende Träume dabei geholfen, das Geschehen in sein Gedächtnis zurückzurufen.

Er entsann sich eines großen weißen Raumes mit vielen technischen Geräten, die hinter milchig weißen Scheiben an den Wänden hingen. Kontrolllampen blinkten nervös und signalisierten Informationen. Er lag auf einer Couch, und zwei kleine leuchtende Kugeln – die Außerirdischen – diskutierten mit ihm über die Probleme auf der Erde und Möglichkeiten, sie zu lösen.

Seine immer freundlichen Entführer erklärten ihm, er müsse allein entscheiden, was er den Erdbewohnern berichten wolle. Er scheint zu dem Entschluß gelangt zu sein, so wenig wie möglich darüber zu sagen.

Ihrer Aussage zufolge, ging N'Diaye kurz nach Mitternacht zu Bett und ließ sie mit Prévost allein, der sagte, er habe nichts zu essen und auch kein Geld mehr, da ihn die UFO-Geschichte von der Arbeit abhalte. Sie schlug vor, in ihre Wohnung zu gehen, damit er seinen Hunger stillen könne, während sie weiter an dem Artikel schreibe. Das erklärt, warum Prévost nicht zu Haus war, als Fontaine zurückkehrte. Wir wissen, daß Fontaine daraufhin zu N'Diayes Wohnung lief und ihn aus dem Schlaf holte. Nach Aussage der Journalistin verließ N'Diaye jedoch dann Fontaine, um ihr und Prévost die Nachricht von seiner Rückkehr zu überbringen.

Wer hat die Wahrheit gesagt: Iris Billion-Duplan oder Salomon N'Diaye? Dieser erklärte der Polizei, er sei gegen halb fünf Uhr morgens aufgewacht, hätte aus seinem Fenster gesehen und einen Lichtball auf der Hauptstraße bemerkt. Silhouettenartig habe er seinen Freund Franck Fontaine erkannt. Er sei sofort zum Telefon gelaufen, um, in der Hoffnung auf eine Belohnung, Radio Luxembourg zu informieren, wobei er sich allerdings täuschte. Es war der Sender Europe Numéro 1, der eine Belohnung ausgesetzt hatte.

Es schließen sich immer neue Widersprüche an, die insgesamt einen 50-Seiten-Bericht der „Controle" füllen. Teilweise lassen sie sich durch schlechtes Gedächtnis erklären. Aber für so außergewöhnliche Ereignisse wie Prévosts Besuch im Tunnel von Bourg-de-Sirod kann dies wohl nicht gelten. War die Entführung von Anfang an inszeniert? Oder schmückten die Zeugen nach und nach nur eine echte Begegnung mit einem UFO aus? Wenn ja, an welchem Punkt begannen sie damit?

Oben:
Jean-Pierre Prévost mit Patrick Pottier von der Gruppe Controle. *Diese führte die Untersuchung so umfassend und gründlich durch, wie es ohne die aktive Mitarbeit von Prévost und den anderen Beteiligten möglich war.*

Oben rechts:
Salomon N'Diaye vor dem „Taunus", den die Lichterscheinung angeblich umhüllt hatte, bevor Fontaine verschwand.

Eine phantasievolle Geschichte

Natürlich kann man glauben, daß Franck Fontaine entführt wurde und alle Zeugen sich bemühten, die Wahrheit zu sagen. Widersprüche sich nur wegen Gedächtnisschwächen einschlichen. Der Grad der Widersprüchlichkeit läßt jedoch viel eher annehmen, daß das Trio die Geschichte erfunden und mit sensationellen Einzelheiten ausgeschmückt hat.

Eine weitere Möglichkeit ist, daß Franck Fontaine zwar nicht tatsächlich entführt wurde, er aber ehrlich daran glaubte. Vielleicht befand er sich in einem besonderen Bewußtseinszustand, der ihm die Entführung vorgaukelte. Die Psychologie weiß, daß solche Dinge vorkommen können, also darf diese Erklärung nicht einfach ausgeschlossen werden. Allerdings bleiben dabei Fragen über die Rolle von Fontaines Freunden offen. Befanden sie sich ebenfalls in einem veränderten Bewußtseinszustand? Und würde dies die Widersprüche erklären?

Obgleich alle diese Möglichkeiten nicht auszuschließen sind, erscheint es doch am plausibelsten, daß die Geschichte von Anfang an erfunden war und nie eine Entführung stattgefunden hat. Vielleicht wollte das Trio mit der Sensations-Story „schnelles Geld" machen, oder sie hatten irgendein unbekanntes ideologisches Motiv. Auffällig ist der Einstieg in ein kommerzielles Projekt mit Jimmy Guieus, ferner geht aus den Untersuchungen von „Controle" hervor, daß Prévost schon in der Schule als Klassenclown galt.

Mehr Fragen als Antworten

Die bekannt gewordenen Informationen passen gut zu der Hypothese, daß Prévost seine Kumpel überredet hat, mit ihm zusammen diesen Schwindel zu inszenieren, während Corinne und Fabrice Joly die Beteiligung ablehnten. Möglicherweise rechnete keiner damit, daß ihre Geschichte solche große Aufmerksamkeit erregen würde. Nun waren sie nachträglich gezwungen gewesen, über das zurechtgelegte Märchen hinaus zu improvisieren. Dadurch wäre erklärt, warum besonders die Aussagen über Fontaines Rückkehr so verworren sind.

Doch es stellt sich noch eine weitere Frage: War Guieus mit von der Partie? Ist es möglich, daß ihm die Story von Anfang an verdächtig vorgekommen ist, er aber als professioneller Schriftsteller erkannte, daß sich hier eine Goldgrube auftat? Kamen ihm erst später Zweifel, oder glaubte er tatsächlich an die Echtheit der Entführung? Am wahrscheinlichsten ist, daß er bei der Beschäftigung mit dem Vorfall den Schwindel erkannte, ihn aber nicht entlarvte.

Wenn die ganze Sache tatsächlich eine Inszenierung war, so würde auch verständlich, weshalb die drei sich ausgerechnet dem unkritischen Guieus und dem ISMA anvertrauten. Sein Name versprach dem Buch Erfolg. Eine andere Ufologenorganisation hätte den Betrug womöglich rasch aufgedeckt.

Wird die ganze Wahrheit jemals herausgefunden? Die Hoffnung besteht. Bei ihren Un-

Unten:
Ein UFO-Stützpunkt in einem stillgelegten Eisenbahntunnel, wie ihn Jean-Pierre Prévost in seinem Buch über die Cergy-Pontoise-Geschichte beschrieben hat. In dem Tunnel stand noch ein alter Eisenbahnwaggon mit aufgemaltem Hakenkreuz aus dem Zweiten Weltkrieg. Prévost, schon immer dominanter Teil des Trios, schwang sich zum „Star der Show" auf. Denn, so Prévost, die Außerirdischen hätten Fontaine lediglich benutzt, um den Kontakt zu ihm herzustellen.

tersuchungen stießen die Ufologen von „Controle" auf einen interessanten Hinweis: Während Fontaines Abwesenheit soll eine Schule in Cerg-Pontoise an einem Projekt über den Entführungsfall gearbeitet haben, und zwar zusammen mit der Lokalzeitung, in der Iris Billion-Duplants Artikel über Fontains Heimkehr erscheinen sollte. Einige Schüler erfuhren, daß eine der Schulbediensteten mit Fontaine verwandt war. In einem Interview in Gegenwart eines Lehrers und Journalisten meinte Fontains Tante ärgerlich, sie wisse genau, wo ihr Neffe sei, nämlich bei einem Freund. Wahrheit oder nur Vermutung? Wer war der Freund, wo wohnte er? Wenn diese Fragen beantwortet sind, wird sich das Rätsel von Cergy-Pontoise wahrscheinlich lösen lassen. Bis sich jedoch herausstellt, wo Fontaine während der fraglichen Zeit tatsächlich war, bleibt der Fall im Dunkeln.

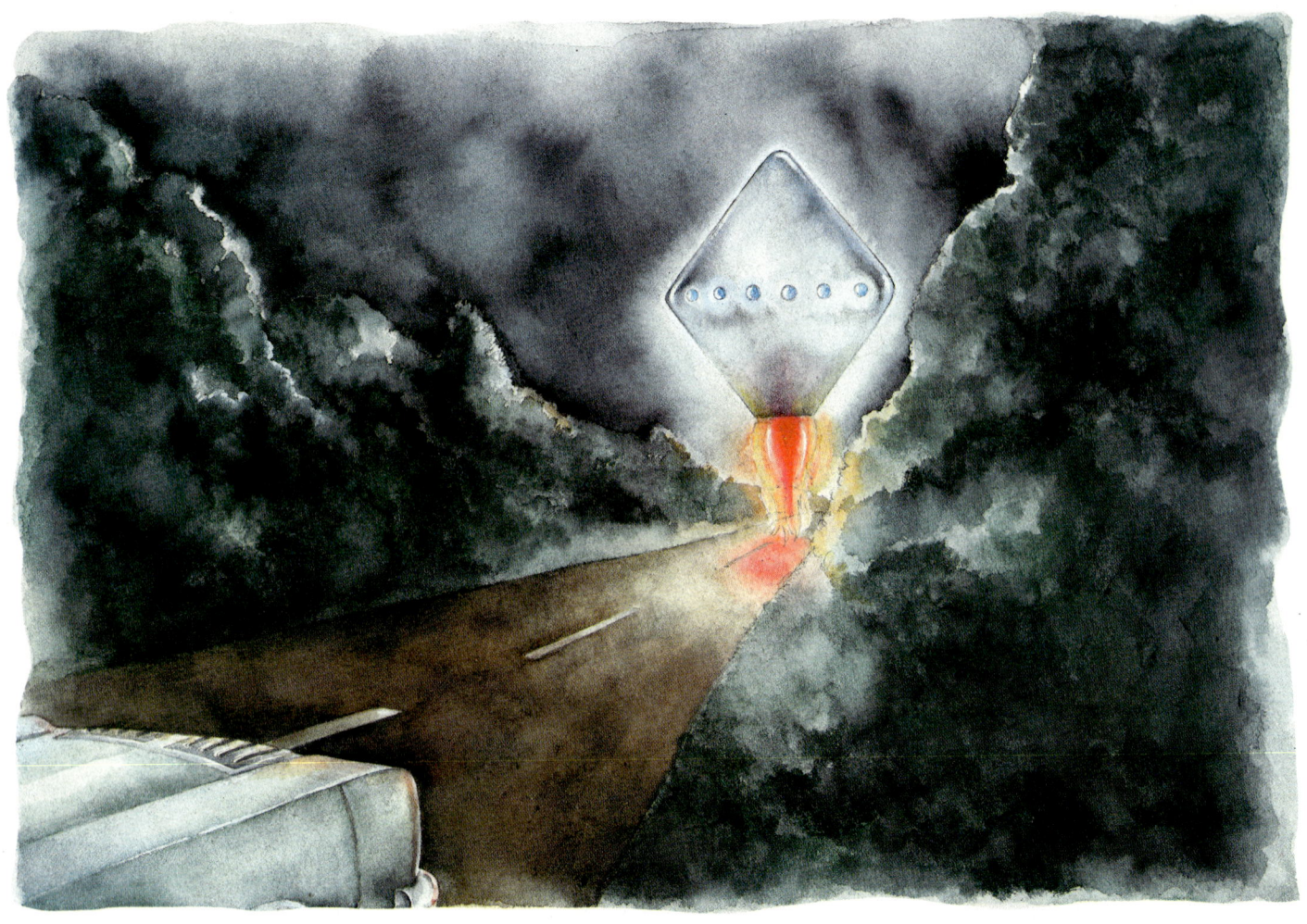

Terror in Texas

Bei einer Begegnung mit einem feuerspuckenden UFO auf einer einsamen Landstraße in der Nähe der texanischen Stadt Huffman trugen drei unschuldige Opfer schwere Verletzungen davon.

Spät an einem kalten Abend Ende Dezember 1980 fuhren zwei Frauen mittleren Alters mit einem Jungen auf einer einsamen Landstraße in der Gegend von Huffman im Osten des amerikanischen Bundesstaates Texas. Sie befanden sich in festlicher Weihnachtsstimmung. Plötzlich erschien vor ihnen am Himmel ein helles Licht. Wenige Minuten später verwandelte es sich in ein riesiges rautenförmiges Objekt, aus dessen Unterseite in unregelmäßigen Abständen Feuerstöße hervorschossen. Die unheimliche Erscheinung versuchte auf der Straße zu landen und ihnen den Weg zu versperren.

Für die Insassen des Autos sollte es ein schlimmes Erlebnis werden. Die intensive Hitze, die von dem UFO ausging, verbrannte ihnen die Haut, und das grelle Licht schädigte ihre Augen. Als das Objekt schließlich wieder verschwand, folgten ihm dicht Hubschrauber, deren ohrenbetäubender Lärm die Ohren schmerzen ließ. Die drei hatten das Gefühl,

„Ein feuriger Diamant", so beschrieb eine der Augenzeuginnen das riesige glühende Objekt, das über der Straße schwebte und ihnen den Weg versperrte. Eine helle Lichterkette strahlte von der Mitte des rautenförmigen UFOs, nach unten gerichtete Feuerstöße hätten fast den umliegenden Wald in Brand gesteckt.

mitten in eine Luftschlacht hineingeraten zu sein.

Am frühen Abend waren Betty Cash, Vickie Landrum und Colby Landrum durch mehrere Kleinstädte im Gebiet von Piney Woods im Osten Texas auf der Suche nach einer Bingo-Veranstaltung gefahren. Enttäuscht hatten sie jedoch feststellen müssen, daß alle Clubs geschlossen waren, weil sie sich auf die Sylvesterfeier vorbereiteten. So hatten sie sich stattdessen in ein Straßenrestaurant in New Caney gesetzt, um dort zu Abend zu essen. Auf der Weiterfahrt sollte dann der schaurige Teil des Abends beginnen.

Am Steuer des neuen Oldsmobile Cutlass saß Betty Cash, eine 51-jährige Geschäftsfrau, die ein Restaurant und ein Lebensmittelgeschäft betrieb. In der nächsten Woche wollte sie ein neues Lokal eröffnen. Vor etwa einem Jahr hatte sie sich einer Bypassoperation am Herzen unterziehen müssen, von der sie sich aber völlig wieder erholt hatte. In der nun folgenden Stunde sollte sie körperliche Verletzungen davontragen, die ihr mehr zu schaffen machten als jener Eingriff.

Vickie Landrum, damals 57 Jahre alt, eine nette, fleißige Frau, arbeitete für Betty im Restaurant, gelegentlich auch in der Schule als Küchenhilfe. Als engagierte Christin glaubt sie weder an UFOs noch an die Existenz außerirdischen Lebens. Bei der Begegnung mit dem leuchtenden Objekt am Himmel war sie fest davon überzeugt, das Ende der Welt sei gekommen. Sie erwartete den Erlöser aus der strahlenden Wolke und blickte intensiv auf das UFO. Der Herr erschien nicht, aber sie erlitt durch die Blendung eine schwere Schädigung ihres Augenlichts.

Colby Landrum, Vickies Enkel, war ein gesunder, aktiver kleiner Bursche und hatte mit seinen sieben Jahren schon mehrere Sportpreise errungen. Auch er trug schwere Verletzungen an Körper und Seele davon. Schwer zu sagen, was ihn am meisten erschreckte, das UFO oder der ungeheure Lärm der Hubschrauber.

Der 29. Dezember 1980 war in Texas kalt, feucht und bewölkt. Im Gebiet um Huffman gab es tagsüber einige leichte Schauer, in der Nacht hatte der Regen aufgehört und der Himmel sich ein wenig aufgeklärt. Mondschein und die Lichter nahegelegener Ansiedlungen erhellten die Straße; die Sicht war also gut. Da die Temperatur nur bei 4,5 Grad Celsius lag, trugen die drei Mäntel, trotz eingeschalteter Autoheizung.

Nachdem sie zwischen 20.20 Uhr und 20.30 Uhr das Restaurant verlassen hatten, befuhren sie eine abgelegene Straße, die gewöhnlich nur von Anliegern benutzt wird. Das Gebiet ist trotz der Nähe zu Houston nur dünn besiedelt, mit Eichen und Kiefern bewaldet sowie mit Sümpfen und Seen durchsetzt.

Nach etwa 30 Minuten Fahrt bemerkten sie, das leuchtende UFO über den Bäumen. Colby sah es als erster. Aufgeregt machte er Betty und Vickie auf das geisterhafte Objekt etwa 5 Kilometer vor ihnen aufmerksam, das beim Näherkommen immer größer zu werden schien. Als ihnen klar wurde, daß mit einem Zusammenstoß zu rechnen war, bekamen sie es mit der Angst. Sie hofften allerdings immer noch, unbeschadet vorbeizukommen. Doch schon hatte sich das Objekt quer zur Straße in Stellung gebracht und ihnen den Weg versperrt.

Vickie schrie: „Halt an oder wir verbrennen alle." Damit hatte sie wohl recht. Das Objekt, um ein Vielfaches größer als ihr Auto, schwebte in Höhe der Baumwipfel auf der Stelle und stieß in unregelmäßigen Abständen nach unten einen riesigen Feuerstrahl aus. Zwischen den Feuerstößen ließ es sich auf etwa 7–10 Meter fallen, um dann wieder auf die Ausgangshöhe zu steigen. Es sah aus wie ein riesiges Raumschiff aus einem Science-fiction-Roman. Vickie fand dafür die plastischen Worten: „Eine Art Diamant aus Feuer."

Als Betty das Fahrzeug zum Halten brachte, war das UFO noch etwa 60 Meter entfernt. Das Material schien aus stumpfem Aluminium zu sein, und sein Schein erleuchtete den umliegenden Wald taghell. Die vier Ecken des „Diamanten" waren nicht spitz, sondern eher abgestumpft, entlang der Mittellinie glitzerten blaue Lichter. Außer dem dröhnenden Feuerstoß waren noch in Intervallen laute Piepge-

Oben:
Die einsame waldgesäumte Straße, auf der Betty Cash, Vickie und Colby Landrum das UFO sichteten.

Unten:
Eine Landkarte der Gegend nordöstlich von Houston mit der Region um Huffman. Die drei Opfer hatten in New Caney zu Abend gegessen und befanden sich auf dem Heimweg nach Dayton.

räusche zu hören. Es steht nicht fest, ob Betty den Motor ausschaltete oder er einfach erstarb. Auf jeden Fall stiegen die drei aus dem Wagen, um sich das mysteriöse Objekt, das ihnen die Straße versperrte, genauer anzusehen. Vickie stand neben der offenen rechten Autotür, die Hand auf dem Wagendach und schaute gebannt auf das UFO.

Colby zupfte seine Großmutter am Rock und flehte sie an, wieder ins Auto zurückzukehren. Zwei oder drei Minuten später gab sie nach, wobei sie ihn beruhigte und sagte, wenn ein großer Mann aus der Feuerwolke hervorkäme, würde es Jesus sein und ihm nichts tun.

Während Vickie noch Colby im Arm hielt, schrie sie Betty zu, sie solle ins Auto kommen. Aber Betty hörte nicht, ging um die Kühlerhaube herum und starrte wie hypnotisiert auf das Geschehen. In helles Licht getaucht, blieb sie schutzlos stehen, obwohl die Hitze ihre Haut verbrannte, selbst unter dem Ring an ihrem Finger fanden sich später Brandspuren. Als das Objekt endlich wieder höher stieg und davonflog, kehrte sie zum Auto zurück. Die Tür war so heiß, daß sie ihre Hand mit ihrer Lederjacke umwickeln mußte, um sie öffnen zu können.

Plötzlich tauchte über ihren Köpfen ein riesiger Pulk Hubschrauber auf. Betty erinnerte sich: „Sie schienen aus allen Richtungen zu kommen … als ob sie das Ding einkreisen wollten." Innerhalb weniger Sekunden war das UFO hinter den Bäumen verschwunden. Erst jetzt merkten die drei, wie heiß es in ihrem Auto geworden war. Statt der Heizung mußten sie die Klimaanlage einschalten.

Betty startete nun den Motor und fuhr so schnell sie konnte los. Nach knapp 2 Kilometern mündete die kurvenreiche kleine Straße in eine breite Fernstraße. Jetzt konnten sie sich noch einmal umsehen. Inzwischen waren 5 Minuten vergangen und das Objekt in einiger Entfernung immer noch deutlich erkennbar. Es erschien jetzt wie ein heller, länglicher Lichtkegel. Noch immer strahlte es das umliegende Gelände und auch die Hubschrauber an.

Diese waren mittlerweile über einen Umkreis von etwa 8 Kilometern im Durchmesser

Ein Pulk kleiner einrotoriger Hubschrauber vom Typ Bell Huey, hier eine Manöveraufnahme, füllte den Himmel von Huffman.

Unten:
Auch schwere zweirotorige Hubschrauber, wie diese CH-47, wurden zur fraglichen Zeit bei Huffman gesichtet.

verteilt. Das Hauptrudel befand sich noch immer in der Nähe des UFOs, flog jedoch einen ziemlich unklaren Kurs. Die anderen hielten Abstand in einer Kettenformation. Insgesamt wurden 23 Helikopter gezählt. Viele davon waren mit zwei Rotoren, vier Rädern und einem Aufbau am Heck ausgestattet. Später konnten sie als CH–47 Chinooks der Boeing-Tochtergesellschaft Vertol identifiziert werden. Die anderen waren wesentlich kleiner, sehr schnell und nur von einem Rotor getrieben. Sie konnten zwar nie eindeutig zugeordnet werden, vermutlich gehörten sie jedoch zum Bell Huey Typ. Möglicherweise befand sich auch noch ein Riesen-Helikopter in der Mitte der Staffel. In jener Nacht müßten also eine ganze Reihe von Hubschrauberbesatzungen das UFO gesehen haben.

Sobald das UFO und die Hubschrauber sich entfernt hatten, fuhr Betty vorsichtig weiter. An der nächsten Kreuzung bog sie ab in Richtung Dayton, wo die drei zu Hause waren.

Um 21.50 Uhr setzte Betty Vickie und Colby in deren Wohnung ab und fuhr dann heim. Dort wartete eine Freundin mit ihren Kindern auf sie. Betty fühlte sich zu schlecht, um noch etwas von dem Abenteuer zu erzählen. Innerhalb der nächsten Stunden wurde ihre Haut rot, wie von einem schweren Sonnenbrand. Der Hals schwoll an und in ihrem Gesicht, auf der Kopfhaut und den Augenlidern bildeten sich Blasen, die schließlich aufplatzten. Ihr wurde übel, und sie mußte sich in der Nacht mehrfach übergeben. Am Morgen befand sie sich am Rande eines Komas.

Zwischen Mitternacht und 2 Uhr morgens begannen sich bei Vickie und Colby ähnliche Symptome, wenn auch in weniger schwerer Form, zu zeigen.

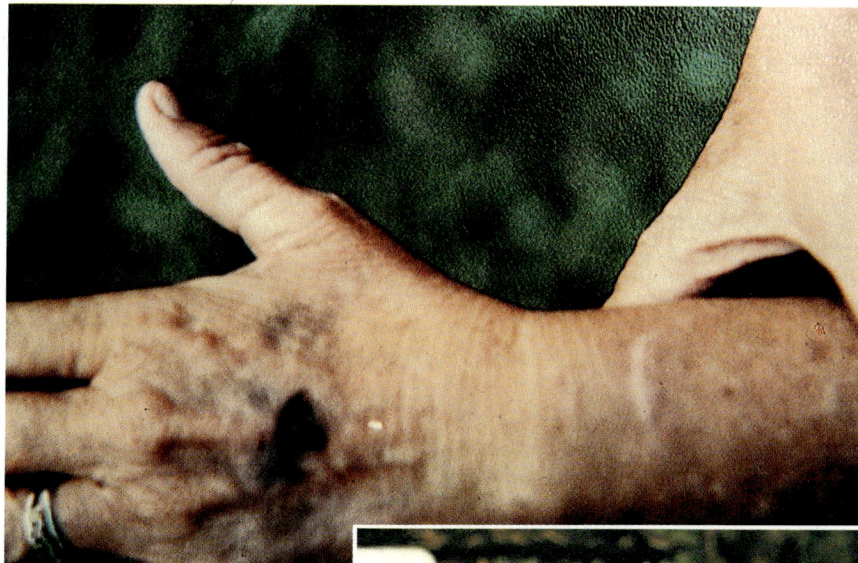

Noch Monate nach der UFO-Begegnung litten die Opfer an den Folgen ihres Kontakts. Oben: Verbrennungen auf Vickies Handrücken. Rechts: Noch eineinhalb Jahre später sind auf Vickies Gesicht, besonders um die Augenpartien, bleibende Spuren zu erkennen.

Colby packt aus

Am nächsten Morgen wurde Betty in Vickies Haus gebracht, wo alle drei versorgt wurden. Bettys Zustand verschlechterte sich weiter, und nach drei Tagen mußte sie in die Unfallstation eines Krankenhauses gebracht werden. Dort behandelte man sie als normales Verbrennungsopfer. Niemand erfuhr etwas von dem UFO, bis Colby nach ein paar Tagen einem Arzt gegenüber mit der Wahrheit herausplatzte.

Die Verbrennungen und Schwellungen veränderten Betty so sehr, daß Freunde und Verwandte sie im Krankenhaus kaum wiedererkannten. Fast die Hälfte ihrer Haare fielen aus. Die Behandlung wurde erschwert, weil alle drei Patienten unter starken Kopfschmerzen litten und schmerzhaft geschwollene Augen hatten. Betty konnte eine Woche lang fast nichts sehen.

Bei UFO-Sichtungen tauchen immer häufiger Hubschrauber auf, und oft werden in diesem Zusammenhang auch seltsame Tierverstümmelungen beobachtet (vergl. Seite 42).

Eins steht fest – die CH–57-Hubschrauber sind kaum zu verwechseln, schon gar nicht, wenn man sich direkt unterhalb von ihnen befindet.

Die Aussagen aller drei Augenzeugen dieses Vorfalls ergaben keine Widersprüche. Sie wurden getrennt befragt und zwar nicht nur über das UFO, sondern auch über die Hubschrauber. Übereinstimmendes Resultat: Es muß sich um Helikopter des Typs CH–47 gehandelt haben.

Als sehr viel schwieriger erwies es sich jedoch, ihre Herkunft zu klären. Nach Auskunft der Flughafenverwaltung von Houston sind in ihrem Gebiet 350 bis 400 kommerzielle Hubschrauber in Betrieb. Sie gehörten sämtlich zu Typen mit nur einem Rotor, also keine CH–47. Im übrigen wäre für sie ein Kontakt mit dem Tower nicht notwendig, da hier die Regeln für Sichtflug gelten. Weiter müßten sie außerhalb eines 24-km-Radius unterhalb einer Höhe von 550 Metern bleiben. Das Radar des

Kontrollturms erfasse in dieser Zone nur den Luftraum über 600 Metern.

Der Presseoffizier des Stützpunktes Fort Hood, in der Nähe des texanischen Killeen, erklärte dem *Corpus Christi Caller*, daß sich am 29. Dezember 1980 kein zu seiner Garnison gehöriges Flugzeug in der Luft befunden habe.

Ein Sprecher des Robert-Gray-Flughafens in der Nähe von Fort Hood sagte, es komme schon vor, daß 100 Helikopter auf einmal den Stützpunkt „um des Effektes willen" anflögen, aber man miede generell das Gebiet um Houston. Auch alle anderen Luftwaffenstützpunkte in Texas und Louisiana leugneten, irgend etwas mit den bei Huffman gesichteten Helikoptern zu tun zu haben.

Schon am Vortag waren Hubschrauber im Zusammenhang mit UFO-Sichtungen beobachtet worden. Einwohner des Bezirks Ohio/Kentucky hatten seltsame Lichter am Himmel

dahinziehen sehen. Doch als ein Hubschrauber auftauchte, verschwanden die UFOs. Auch für diese Nacht stritten alle militärischen Stützpunkte ab, Hubschrauber eingesetzt zu haben.

Betty, Vickie und Colby waren nicht die einzigen Zeugen der seltsamen Vorkommnisse bei Huffman. Ein dienstfreier Polizist aus Dayton fuhr mit seiner Frau am gleichen Abend von Cleveland durch diese Gegend und sah dabei ebenfalls viele CH–47–Hubschrauber. Auch ein Mann aus dem direkt unter der Flugbahn liegenden Crosby berichtete von einer großen Zahl schwerer Hubschrauber, die über ihn hinweggeflogen seien.

Der Ölfeldarbeiter Jerry McDonald saß gerade in seinem Garten in Dayton, als er über sich ein riesiges UFO erblickte. Anfangs glaubte er, es sei das Good-Year-Luftschiff, aber dann bemerkte er rasch seinen Irrtum.

Betta Cash (ganz oben) und Colby Landrum (oben).

„Es war etwas Diamantförmiges mit zwei Rohren hinten, aus denen helle blaue Flammen schossen," beschrieb er. Als es in etwa 40 Meter Höhe direkt über ihn hinwegflog, erkannte er in der Mitte des UFOs zwei helle Lichter und ein rotes Licht.

Auch die Bäckereiverkäuferin Belle Magee sah am selben Abend von ihrem Haus aus in Eastgate, 13 Kilometer westlich von Dayton, ein helles Licht am Himmel in Richtung New Caney fliegen.

Der Gründer des Zentrums für UFO-Forschung in Evanston in Illinois, Allen Hynek, nahm den Zeugen ihre Aussagen uneingeschränkt ab. „Wir haben es hier mit einer wahren Begebenheit zu tun", so sagte er, „aber wir sind nicht sicher, ob es sich um ein militärisches Manöver oder eine UFO-Sichtung handelt. Es passiert ja so vieles unter gestrenger Geheimhaltung, von dem die Öffentlichkeit nichts weiß."

Rechte Seite:
Betty Cash (links) hatte den größten Teil ihrer Haare verloren. Außerdem machten ihr Hautblasen, Übelkeit und schwere Kopfschmerzen zu schaffen. Noch lange Zeit laborierte Vickie Landrum (ganz rechts) an ihren Verbrennungen im Gesicht und an den Händen (unten rechts).

UFO-Opfer

Bei UFO-Sichtungen Ende 1980 erlitten drei Menschen aus Texas Verletzungen, die schweren Strahlenschäden glichen. Deuten die Ereignisse von Huffman darauf hin, daß der Kontakt mit den Außerirdischen gefährlich werden kann?

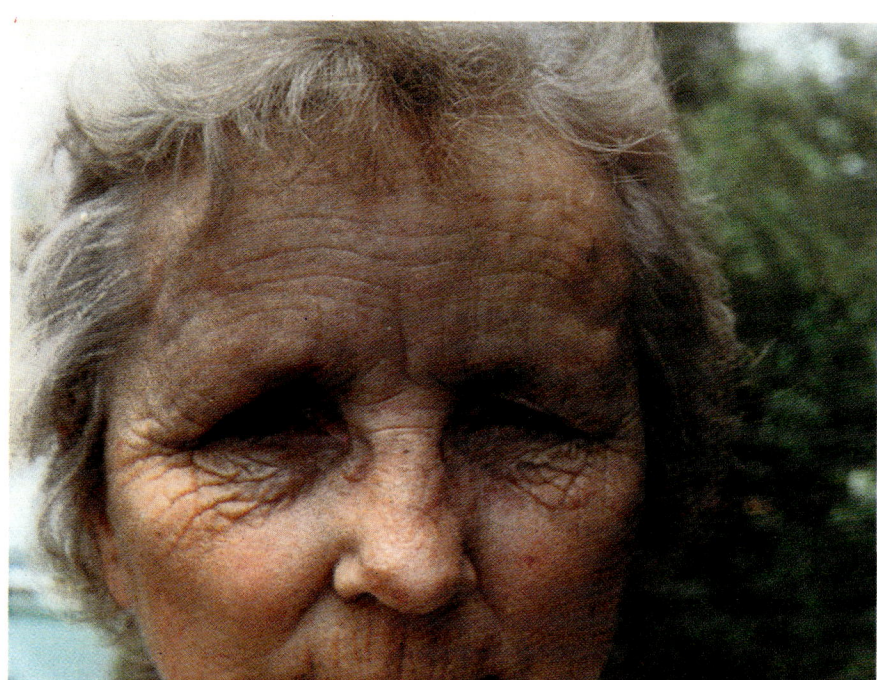

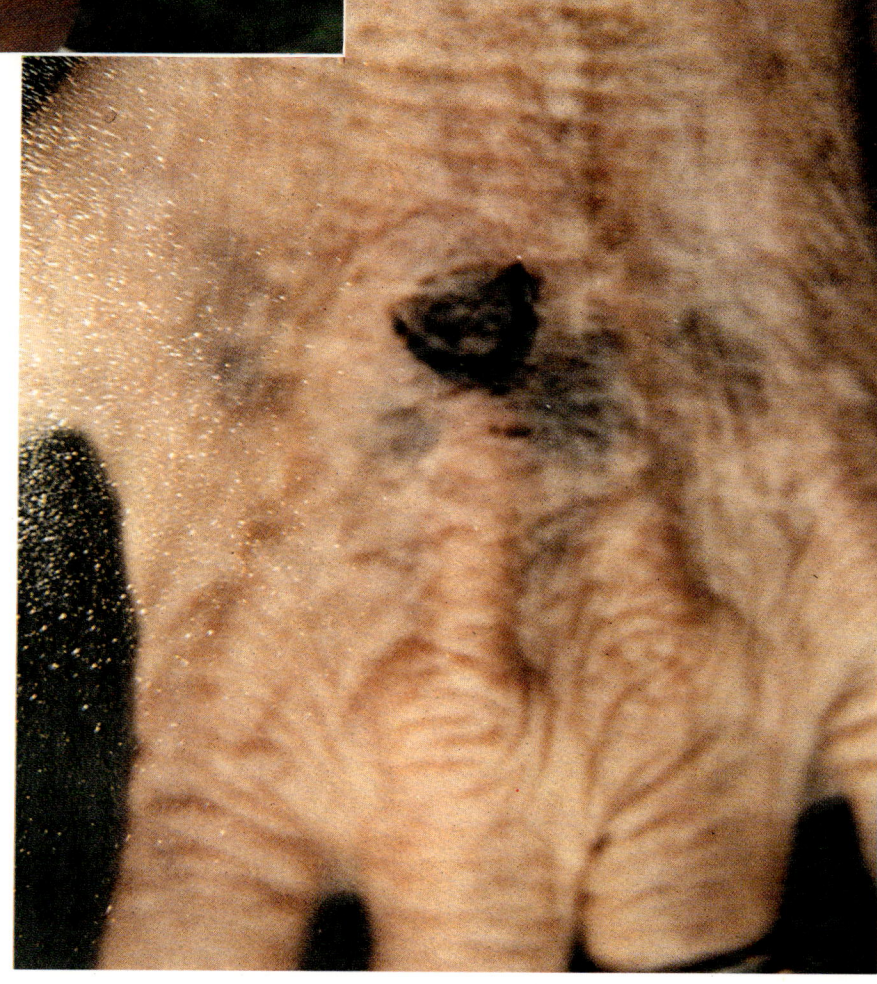

Eine nahe Begegnung mit einem UFO kann nicht nur ein aufregendes, sondern auch ein gefährliches Erlebnis sein. Dies zeigte der Fall Betty Cash, Vickie Landrum und Colby Landrum, die schwere Verletzungen davontrugen und immer noch an den Folgen leiden.

Als die Opfer aus ihrem Wagen stiegen, um das UFO zu beobachten, befand sich dieses kaum 50 Meter von ihnen entfernt. Es strahlte so viel Hitze ab, daß sie Hautverbrennungen erlitten. Das grelle Licht gefährdete ihre Augen, schrilles Piepen und dröhnende Feuerstöße belasteten ihre Nerven. Aber das war nur der Anfang ....

Nach ihrem Renkontre klagte Vickie: „Ich habe Kopfschmerzen, mir ist übel." Um Mitternacht ging es ihr noch schlechter. Die Symptome bei ihr und Colby ähnelten denen bei schweren Sonnenbränden. Sie fühlten sich fiebrig und mußten sich übergeben. Später kam noch Durchfall hinzu, der mehrere Tage anhielt. Außerdem hatten sie schwere Kopfschmerzen.

Vickie versuchte, ihre Verbrennungen mit Babyöl zu behandeln, aber erst nach mehreren Tagen ließ der größte Schmerz nach. Doch Durchfall und Kopfschmerzen hielten an. Nach drei Wochen war das Schlimmste vorbei, aber die Krankheitserscheinungen kehrten im folgenden Jahr wieder.

Seit ihrer Begegnung mit dem UFO leiden Vickie und Colby permanent an Hauterkrankungen, und es scheint, als seien sie jetzt anfälliger für Infektionen als vorher. Die folgenschwerste Verletzung war jedoch die Schädigung der Augen. Die Lider entzündeten sich und heilten nie völlig. Dreimal brauchte Vickie eine neue immer stärkere Brille. Ihr Sehvermögen läßt ständig nach, periodisch treten Augeninfektionen auf. Sie hat Angst, eines Tages blind zu werden. Auch Colby hat ähnliche Schwierigkeiten. Innerhalb weniger Wochen nach dem UFO-Kontakt verlor Vickie etwa ein Drittel ihrer Haare. Das Nachwachsende war allerdings von anderer Beschaffenheit. „Es ist kräuselig", sagt sie, „aber es liegt besser." Colby büßte nur an einer kleinen Stelle Haare ein, die aber bald wieder nachwuchsen.

Bettys Verletzungen erwiesen sich als noch schwerer. „Die Kopfschmerzen, die ich nach etwa einer Stunde bekam, waren so entsetzlich, daß ich dachte, ich müßte sterben", sagte sie. Auch sie fühlte sich wie nach einem schweren Sonnenbrand; große Wasserblasen bedeckten ihr Gesicht, die Kopfhaut und den Hals, die zum Teil so groß wie Golfbälle wurden. Eine überzog ihr rechtes Augenlid und noch ein Stück der rechten Schläfe. Außerdem hat

Rechts:
Betty Cash, Vickie Landrum und der kleine Colby, eineinhalb Jahre nach jener unheimlichen Begegnung, die ihr Leben veränderte.

sie seither eine heftige Aversion gegen warmes Wasser, Sonnenlicht und alles, was heiß ist.

Zuvor war Betty eine vitale Frau. Noch zwei Jahre nach dem UFO-Schock war sie körperlich völlig erschöpft. Sie lag fünfmal im Krankenhaus, davon zweimal auf der Intensivstation. In den ersten vier Wochen hatte sie mehr als die Hälfte ihrer Kopfhaare verloren. Sie wuchsen zwar langsam nach, waren aber ebenfalls von anderer Beschaffenheit. Auch Betty leidet unter Hautveränderungen, die teilweise Münzengröße erreichen und dauerhafte Narben hinterlassen.

Die Ärzte sind ratlos, schließen aber einen Zusammenhang dieser Symptome mit einer früheren Herzoperation aus. Sie konnten nur vermuten, daß die Krankheitserscheinungen aller drei Augenzeugen durch eine Art elektromagnetischer Wellen ausgelöst wurden (siehe Kasten).

Betty, Vickie und Colby erlitten nicht nur körperliche Verletzungen, sondern trugen auch schwere seelische Störungen davon. Colby hatte noch wochenlang schwere Alpträume, bekam sogar einmal, als Forscher die Situation nachstellten, sofort hohes Fieber.

Keine der beiden Frauen ist wieder arbeitsfähig. Die daraus resultierende Einkommensein-

Strahlenschäden

Das Spektrum der verschiedenen elektromagnetischen Wellen mit unterschiedlichen Längen und Frequenzen reicht von Radiowellen bis zu Gammastrahlen (rechts). In unserem Schema nimmt die Wellenlänge von unten nach oben ab, während die Frequenz zunimmt. Das Spektrum unterteilt sich ferner in ionisierende Strahlung (Gammastrahlen, Röntgenstrahlen und ultraviolette Strahlen) und nicht ionisierende Strahlung (Infrarotstrahlung, Mikrowellen, Fernseh- und Radiowellen). Für lebendes Gewebe ist die ionisierende Strahlung am schädlichsten. Sie kann Hautverbrennungen, Übelkeit, Erbrechen, Durchfall, Haarausfall, Kopfschmerzen, Müdigkeit und andere Beschwerden verursachen und die Abwehrkräfte schwächen.

Die sonnenbrandähnlichen Verletzungen, die die Opfer des Huffman-Vorfalls davontrugen, entsprechen am ehesten dem Bild der Schädigung durch ultraviolette Strahlung, hätten jedoch auch auf Röntgenstrahlen oder Mikrowellen zurückgehen können. Augenverletzungen können durch jeden Typ von Straleneinwirkung hervorgerufen werden. Sie treten am häufigsten in Zusammenhang mit Ultraviolettstrahlung auf, wenn sie auch bereits nach Mikrowelleneinwirkung beobachtet wurden.

Mikrowellen schädigen den Organismus in ähnlicher Weise wie ionisierende Strahlung. Häufig haben sie eine hochgradige

Gamma-strahlen

Röntgen-strahlen

ultra-violettes Licht
sichtb. Licht
Infrarot-licht

Mikrowellen

Fernsehen

Radiowellen

ionisierende Strahlung

nichtionisierende Strahlung

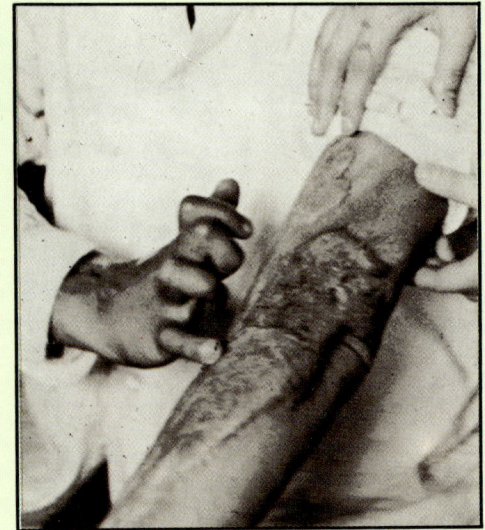

Hautempfindlichkeit zur Folge, wie sie Betty, Vickie und Colby zu schaffen machte. Es gibt auch Geräte, die Mikrowellen in Impulsen und gleichzeitig Röntgenstrahlen abgeben, eine gefährliche Kombination, die für die meisten der im Huffman-Fall aufgetretenen Verletzungen verantwortlich gewesen sein könnte.

Strahlenschäden sind schwer zu diagnostizieren. Strahlenverbrennungen (oben) werden leicht mit anderen Verletzungen, wie etwa Sonnenbrand, verwechselt. Noch schwieriger ist es, die langfristigen Folgen von Strahlenschäden vorherzusagen. Das Opfer kann noch 20 Jahre später an Leukämie erkranken.

buße hat verheerende Folgen. Selbst wenn sie nicht durch ihre Sehschwäche und ihre schlechte Allgemeinverfassung behindert wären, könnten sie doch wegen ihrer Hauterkrankungen nicht mehr in der Gastronomie tätig sein. Für die Ärzte ist es nicht abzusehen, wann sich ihr Zustand bessern wird.

Betty, Vickie und Colby hatten eigentlich verabredet, niemandem von ihrem Erlebnis zu berichten, da sie Angst hatten, man würde sie für verrückt halten. „Es war einfach zu ungeheuerlich, um es jemandem zu erzählen", sagte Vickie. „Aber damals wußten wir noch nicht, daß wir Verletzungen davon getragen hatten." Schließlich brachen sie ihr Schweigen aber doch, um den Ärzten reinen Wein einzuschenken.

Vickie lag viel daran, herauszufinden, was an jenem verhängnisvollen Abend wirklich geschah, damit Colby medizinisch richtig behandelt werden konnte. Von den anderen UFO-Sichtungen um die betreffende Zeit will sie nichts wissen. Betty interessiert sich schon eher dafür, aber ihr permanenter schlechter Gesundheitszustand hindert sie daran, die volle Bedeutung dieser Geschehnisse überhaupt zu begreifen.

Es steht außer Zweifel, daß diese drei Menschen am Abend des 29. Dezember 1980 einem hell erleuchteten Flugobjekt und einer großen Zahl Hubschrauber begegneten, und daß sie als Folge dieser Kontakte alle dauerhafte körperliche und seelische Schäden davontrugen. Früher hatten sie darüber gelächelt, wenn Leute behaupteten, UFOs gesehen zu haben. Heute sind sie zwar noch immer skeptisch, aber das Lächeln ist ihnen vergangen.

Verbrannt und verwirrt

Am frühen Morgen eines Dezembertags 1967 stand Maryellen Kelley vor ihrem Haus in Mohomet im amerikanischen Bundesstaat Illinois, als sie ein großes orangefarbenes UFO in etwa 40 Meter Entfernung in einer Höhe von 15–20 Metern an sich vorüberfliegen sah. Gleichzeitig fühlte sie, wie ein elektrischer Schlag ihren Körper durchzuckte. Sie bekam schwere Kopfschmerzen, die auf keine Behandlung ansprachen. Ihr Gesicht rötete sich, Hände und Beine wiesen Verbrennungen auf. Die Augen waren binnen kurzem blutunterlaufen, das Sehvermögen beeinträchtigt. Außerdem litt sie bald unter Schmerzen im linken Ohr, Nasenbluten, Stichen in der Brust und übermäßigem Durst. Obgleich ihre Begegnung mit dem UFO nur kurz gedauert hatte, hielten die Folgen lange an.

Im November 1976 wurde der 19-jährige Finne Eero Lammi von einem Lichtstrahl getroffen, den ein UFO auf ihn gerichtet hatte. Er fiel zu Boden und trug Verbrennungen auf der Brust davon. Die Verletzun-

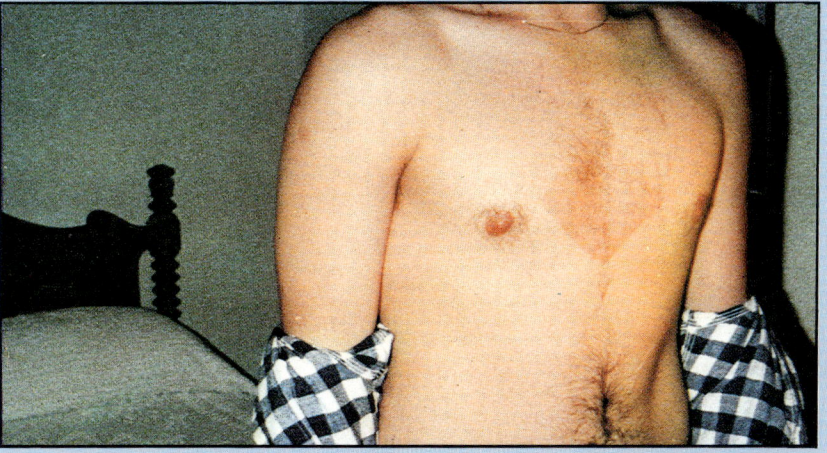

gen ähnelten denen eines 20-jährigen Texaners, der im Januar 1979 in Tyler, Texas, ebenfalls von einem ähnlichen Strahl geschädigt worden war. Auf seinem Brustkorb war noch monatelang eine große rautenförmige Verbrennung zu erkennen.

Im Mai 1967 befand sich der Canadier Steve Michalak übers Wochenende auf dem Land. In der Nähe von Falcon Lake, etwa 120 Kilometer östlich von Winnipeg, begegnete er einem zigarrenförmigen Flugobjekt, von dem ein intensives tiefrotes Licht ausging. Michalak trug Verbrennungen auf Gesicht und Brust (oben) davon und litt in der Folge unter Übelkeit, Erbrechen, Gewichtsverlust, Schwächezuständen, Durchfall, Schwindel und Gedächtnisstörungen. Wie die meisten anderen Opfer, erholte er sich jedoch schließlich wieder.

Fünf Erklärungsversuche

Betrug, Halluzination oder geheimes militärisches Manöver? Um herauszufinden, was bei Huffman in Texas wirklich geschah, gibt es fünf interessante Erklärungsversuche.

Trotz gründlicher Recherchen konnte bis Mitte 1982 noch immer keine überzeugende Erklärung für die Ereignisse jenes Dezemberabends gefunden werden. Mitglieder des in Houston ansässigen *Vehicle Internal Systems Investigative Team (VISIT)*, die man zur Untersuchung hinzugezogen hatte, gingen an den Fall mit dem gebotenen Maß von Skepsis heran. Die Ergebnisse der Voruntersuchungen hatten jedoch bald offenbart, daß die Angelegenheit schon ernst genommen werden mußte.

Anhand dieser ersten Informationen entwickelten die VISIT-Mitglieder eine Reihe von „Szenarien", um festzustellen, was sich möglicherweise in jener Nacht zugetragen haben könnte. Diese Thesen bildeten die Grundlage für ausgedehnte Nachforschungen.

Szenario 1: Betty, Vickie und Colby wollten sich einen vergnügten Abend bei einer Bingo-Veranstaltung machen. Enttäuscht, weil alle Clubs geschlossen waren, fuhren sie nach einem Abendessen in New Caney nach Hause.

Als Betty, Vickie und Colby das UFO sichteten, zählten sie 23 Hubschrauber. Einige davon waren zweirotorige CH-47, deren Dröhnen Colby Angst einflößte. Andere waren kleinere, schnellere einrotorige Helikopter wie die hier abgebildeten.

Die dunkle, einsame Straße drückte noch mehr auf ihre Stimmung, und sie fingen an, Scherze über die Lichter der Flugzeuge am fernen Himmel zu machen. Ein Wort ergab das andere und schließlich kamen sie darauf, daß die Lichter durchaus UFOs sein könnten. Da sie selbst nicht an UFOs glaubten, beschlossen sie, eine UFO-Geschichte zu erfinden, die denen ähnelte, die man in den Zeitungen las. Damit das ganze seriöser klang, dichteten sie die Hubschrauber dazu. Zu Hause banden sie ihren Freunden den Bären auf.

Szenario 1 fungierte als Ausgangspunkt der Untersuchungen. Ehe VISIT nicht ausschließen konnte, daß es so gewesen war, bestand kein Anlaß, weitere Möglichkeiten ins Auge zu fassen. Doch die Analyse ergab die Unhaltbarkeit der These.

Zunächst einmal erlitten alle drei Opfer schwere körperliche Verletzungen, die von Ärzten attestiert wurden. Außerdem sahen auch andere Zeugen an jenem Abend das UFO und die Hubschrauber. Befragungen von Freunden und Arbeitskollegen ergaben keinen Hinweis auf eine mangelnde Glaubwürdigkeit der drei.

Tatsächlich hatten sie keineswegs versucht, Freunden ihr Abenteuer zu erzählen, weil sie Angst hatten, daß man ihnen nicht glauben würde. Auch der Presse gegenüber schwiegen sie. Als die Geschichte schließlich doch durchgesickert war und ein Reporter um ein Interview bat, stellten sie keinerlei Honorarforderungen. Aus freien Stücken arbeiteten sie mit

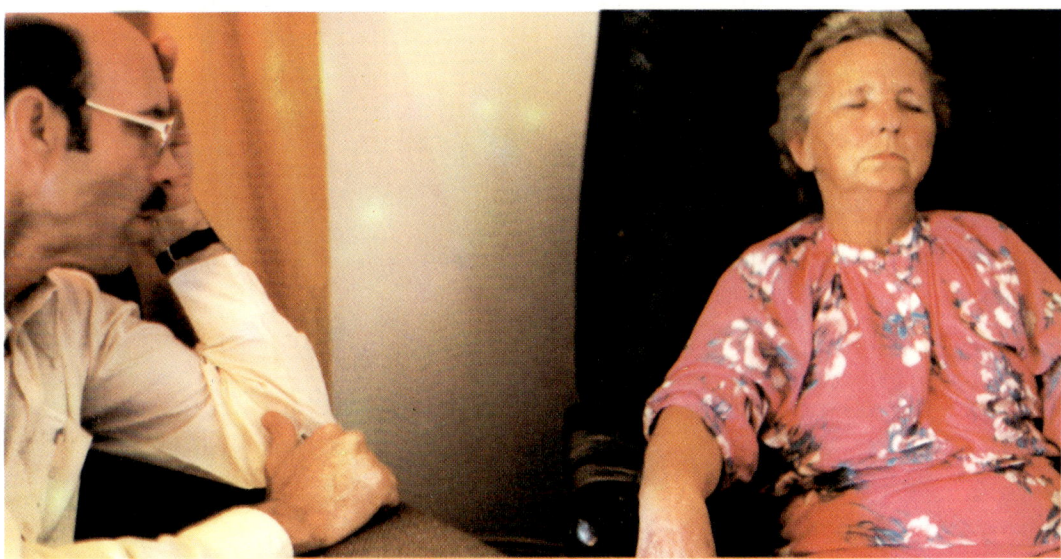

Vickie während der Hypnose durch Dr. R. Leo Sprinkle. Da sich kein Hinweis auf eine Entführung ergab, kam VISIT zu dem Schluß, daß ihr die Geschichte mit den Helikoptern nicht „suggeriert" worden war.

VISIT zusammen, auch wenn dies für sie persönliche Ungelegenheiten bedeutete.

Szenario 2: Es war keine Zufallsbegegnung, sondern eine geplante Gefangennahme, die etwa 20 Minuten dauerte. Im UFO wurde ihnen die Vorstellung suggeriert, daß nach der Entführung der Himmel voller Militärhubschrauber sein würde. Sie sollten glauben, in eine Militärübung geraten zu sein. Bei dieser Annahme waren das UFO und die Verletzungen Wirklichkeit, nicht aber die Hubschrauber. Die zweite These hält zwar verschiedene Prüfungen stand, andere Einzelheiten konnten dagegen nicht verifiziert werden. Die Tatsache, daß um die gleiche Zeit UFO-Sichtungen in derselben Region aus anderen Orten gemeldet wurden, deutet daraufhin, daß es sich bei dem UFO tatsächlich um ein reales Objekt handelte. Fest steht auch, daß die Opfer verletzt wurden, möglicherweise von eben diesem UFO.

Für eine Verschleppung gab es jedoch keine Indizien. Einige Monate nach dem Vorfall war Vickie bereit, sich von Dr. R. Leo Sprinkle von der Universität Wyoming in Hypnose versetzen zu lassen. Er fand keine Hinweise auf eine Entführung. Betty ließ sich nicht hypnotisieren, da die Ärzte eine zu große Belastung für ihr Herz befürchteten.

VISIT schloß eine Verschleppung aus. Da aber auch andere Zeugen die Hubschrauber gesehen hatten, folgerte man, daß beim Szenario 2 nur der Teil bewiesen war, der sich auf das UFO und die Verletzungen bezog.

Szenario 3: Dieser Version zufolge führte das große UFO mehrere kleinere mit sich, die in der Nähe der Stadt Houston ausschwärmen sollten. Betty, Vickie und Colby störten durch ihr Erscheinen die geplante Operation und wurden versehentlich verletzt. Um zu verhindern, daß die drei Zeugen etwas über das beobachtete Manöver verraten würden, suggerierte ihnen die UFO-Besatzung, die kleinen UFOs seien Hubschrauber. Sie bemerkten aber offenbar nicht, daß die Opfer Verletzungen erlitten hatten und hofften, sie würden die Hubschrau-

ber als etwas ganz Normales hinnehmen und somit keine Veranlassung sehen, jemand etwas davon zu erzählen.

Seit den ausgehenden 60er Jahren hat es eine ganze Reihe von Fällen gegeben, in denen unklar war, ob es sich bei spektakulären Erscheinungen um UFOs oder um Hubschrauber gehandelt hatte. Bei der Begegnung von Huffman scheinen es ein UFO und ein Pulk Hubschrauber gewesen zu sein, die in irgendeinem Zusammenhang miteinander standen. Die Opfer sahen die Helikopter, während das UFO in ihrer Nähe und nachdem es bereits mehrere Kilometer weitergeflogen war. Andere Augenzeugen beobachteten die Hubschrauber ohne UFO oder das UFO ohne Hubschrauber. Nach Auswertung aller Aussagen kam VISIT zu dem Ergebnis, daß es sich bei den Helikoptern nicht um verkappte UFOs gehandelt haben konnte.

Szenario 4: Betty, Vickie und Colby begegneten einem defekten UFO, das einen Notantrieb (Feuerstrahl) einschaltete, um wieder aufsteigen zu können. Zwei Stunden vorher war das gleiche Objekt über Dayton und Liberty gesehen worden. Es hatte sich wie ein angeschlagenes Raumschiff benommen und wurde auch auf Radarschirmen geortet, bis es schließlich so tief hinunterging, daß eine Kontrolle unmöglich wurde. Eine militärische Aktion sollte dann den Sachverhalt klären. Dabei wurden CH–47-Hubschrauber eingesetzt, um Soldaten und Gerät zu einer eventuellen Absturzstelle zu transportieren. Die kleineren Helikopter waren für eventuellen Feuerschutz vorgesehen. Als das UFO wieder manövrierfähig war, folgten ihm die vordersten Hubschrauber dicht auf den Fersen, um es genauer zu beobachten. Der Rest blieb für den Fall zurück, wenn das UFO landen oder abstürzen sollte.

Nachforschungen auf der Grundlage dieses Szenarios förderten weitere UFO-Sichtungen zutage, bei denen dreieckige oder rautenförmige Objekte beobachtet worden waren. Doch von diesen hatten keine über längere Zeit

An einem Apriltag im Jahr 1981 flog ein CH-47-Hubschrauber über Colby Landrums Heimatstadt Dayton. Der kleine Junge reagierte erschreckt und erregt, da es derselbe Hubschrauber-Typ war, den er im Dezember des vorigen Jahres bei Huffman gesehen hatte. Um seine Angst zu zerstreuen, wollte seine Großmutter, Vickie, mit ihm zum Landeplatz des Helikopters gehen.

Dort angelangt, mußte sie wegen anderer bereits anwesender Leute eine Zeitlang warten, ehe sie mit dem Piloten sprechen konnten. Sowohl Vickie als auch ein anderer Zuschauer behaupten, der Pilot habe zugegeben, bereits früher in der Gegend gewesen zu sein, um dem Fall eines defekten UFOs

Nicht nur verletzt, sondern auch noch grob behandelt

bei Huffman nachzugehen. Als Vickie dem Piloten erklärte, wie glücklich sie wäre, mit ihm zu sprechen, da sie zu den Opfern des UFOs gehörte, lehnte er jedes weitere Gespräch ab und drängte sie rasch aus dem Helikopter.

VISIT gelang es später, den Piloten ausfindig zu machen und zu befragen. Er bestätigte, von Vickies und Bettys Begegnung mit dem UFO zu wissen, behauptete jedoch, im Dezember nicht in der Gegend gewesen zu sein und nichts mit einem UFO zu tun gehabt zu haben. Ehe sich nicht ein anderer Pilot doch noch zu Wort meldet, wird sich das Rätsel von Huffman nicht lösen lassen.

Feuerstrahlen zum Erdboden ausgestoßen. Das stützt die Hypothese, daß das UFO bei Huffman in Schwierigkeiten war. Außerdem hatte bisher niemand bei Kontakten mit UFOs derart schwere Verletzungen davongetragen, was ebenfalls auf eine Notsituation hindeutet.

Eine andere, etwas tollkühne Erklärung für die Hubschrauber ist, daß amerikanische Luftstreitkräfte mit dem UFO kooperierten: eine Art Nato-Bündnis zwischen der US-Regierung und der hinter den UFOs stehenden Macht. Hier muß aber berücksichtigt werden, daß die US-Regierung sich weigert, die Existenz von UFOs anzuerkennen und daß es keinerlei Indiz für solch einen Pakt gibt.

Szenario 5: Nach diesem Erklärungsversuch handelte es sich um eine geheime militärische

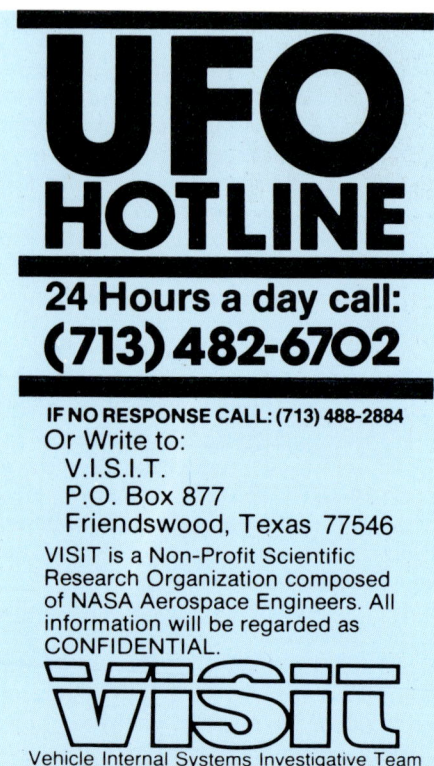

UFO HOTLINE

24 Hours a day call:
(713) 482-6702

IF NO RESPONSE CALL: (713) 488-2884
Or Write to:
V.I.S.I.T.
P.O. Box 877
Friendswood, Texas 77546

VISIT is a Non-Profit Scientific Research Organization composed of NASA Aerospace Engineers. All information will be regarded as CONFIDENTIAL.

ViSiT
Vehicle Internal Systems Investigative Team

Als Betty und Vickie sich nach ihren schlimmen Erfahrungen um Hilfe bemühten, fanden sie niemanden, der sich für ihr Schicksal interessierte. Um künftigen Opfern die Situation zu erleichtern, gab VISIT diese UFO-Notdienstkarte heraus, die im Umkreis von 240 Kilometern um Houston an Medien und Polizei verteilt wurde.

Aktion, die als UFO-Begegnung falsch interpretiert wurde. Die Hubschrauber wurden von einem anderen Stützpunkt in den USA oder Mittelamerika nach Houston gebracht und von dort aus entweder zu einem der üblichen jährlichen Manöver oder aber für eine Spezialoperation eingesetzt. Das „UFO" war entweder ein Energieaggregat, eine Geheimwaffe oder ein Gerät zur Störung feindlicher Elektronik, das von einem ferngesteuerten Hubschrauber aus abgesetzt wurde. Die Verletzungen sind auf intensive Mikrowellen beziehungsweise auf den Kontakt mit Festtreibstoff, Entlaugungsmitteln oder einer sonstigen unidentifizierten Flüssigkeit zurückzuführen.

Die US-Luftwaffe bestreitet allerdings, für die am 29. Dezember 1980 bei Huffman gesichteten Helikopter verantwortlich zu sein. Auch fand in der fraglichen Zeit am texanischen Golf keine zivile Luftoperation mit schweren Hubschraubern statt. Da sechs Zeugen die Helikopter eindeutig identifizierten, aber niemand mit ihrem Einsatz zu tun gehabt haben will, ist anzunehmen, daß es sich um ein geheimes Manöver handelte, wobei Leib und Leben der Opfer von zweitrangiger Bedeutung waren. Vickie Landrum ist sich ganz sicher, daß die fünfte Version zutrifft. Sie meint, das UFO war keines „aus dem Weltraum mit kleinen grünen Männchen an Bord. So viel steht fest. Wenn die Regierung nichts davon weiß, dann sollte sie sich darum kümmern, etwas in Erfahrung zu bringen."

Die Organisation VISIT will künftig Opfern von UFO-Begegnungen ihr Los erleichtern. Als Betty und Vickie Hilfe suchten, fanden sie nur Achselzucken und taube Ohren. Mittlerweile hat VISIT eine Sammlung von Ratschlägen für derartige Fälle herausgegeben und an die Medien wie auch an die Polizei innerhalb eines 240-km-Radius um Houston verteilt. Als den Betroffenen schließlich medizinische Betreuung zuteil wurde, konnten die Ärzte nirgendwo Informationen über vergleichbare Fälle erhalten. VISIT hofft, demnächst Ärzten und Ufologen eine Checkliste für ähnliche Situationen geben zu können.

Das UFO-Archiv

*Berichte über Begegnungen mit UFOs füllen Akten in allen
Teilen der Welt. Wenn die gemeinsamen Merkmale der
interessantesten dieser Fälle sorgfältig verglichen werden, können
erhebliche Fortschritte in der Forschung über das Phänomen
gemacht werden.*

Seltsame Begegnungen

UFOs beunruhigen die Menschheit immer wieder. Dennoch dringen objektive Forschungsberichte nur selten bis in die Massenmedien.

Die etablierte Wissenschaft neigt schon immer zu Skepsis im Umgang mit UFO-Erscheinungen. Dr. J. Allen Hynek, der astronomische Berater des *Project Blue Book* (der mit der Untersuchung von UFO-Fällen beauftragte Forschungsausschuß der US-Luftwaffe), berichtet in seinem Buch *The UFO experience* (Erfahrungen mit UFOs) von einem Vorfall bei einem abendlichen Empfang im Jahr 1968 in Victoria/British Columbien, bei dem zahlreiche Astronomen anwesend waren. Als während der Party die Nachricht kursierte, daß draußen seltsame Lichterscheinungen – möglicherweise UFOs – gesichtet worden seien, wurde das nur „mit lockeren Sprüchen quittiert und mit jenem nachsichtigen Lächeln überspielt, das häufig die Reaktion auf peinliche Situationen darstellt". Nicht einer der Astronomen sei hinausgegangen, um sich zu vergewissern, was an der Sache wirklich dran war.

Selbst das *Project Blue Book* versuchte nur, alle bekanntgewordenen Fälle von UFO-Sich-

tungen auf herkömmliche wissenschaftliche Art wegzuerklären. Es geriet schon bald in einen schlechten Ruf, da viele ihrer Deutungen unglaubhaft waren. Darauf setzte die US-Luftwaffe 1966 einen zweiten auf zwei Jahre terminierten Forschungsausschuß ein.

Der Bericht dieses Gremiums, der inoffiziell unter dem Titel *Condon Report* bekannt wurde, erschien 1969 und besagte im Grunde, daß zu weiteren Recherchen kein Anlaß bestehe, da sich aus der Untersuchung der UFO-Fälle keine für die Wissenschaft wertvollen Hinweise ergeben hätten. Und dies, obwohl jeder dritte der 87 von der Kommission untersuchten Fälle unerklärt geblieben war. Seit 1969 ist die Forschung auf diesem Gebiet weitgehend privaten Organisationen überlassen, wie etwa der *Ground Saucer Watch* und dem *Project Starlight International* in den USA oder *UFOIN* (UFO Investigators' Network) und *BUFORA* (Britisch UFO Research Association) in Großbritannien. Immerhin ergab die Statistik, daß UFOs während der letzten 30 Jahre meist in Wellen auftraten, besonders 1954 und 1965. Zwei signifikante Fälle aus dieser Zeit werden nachfolgend beschrieben. Letzterer gehört zu den ersten Beispielen für UFO-Sichtungen, bei denen eine Begegnung mit menschenähnlichen Wesen stattgefunden hat.

Während Dr. J. Allen Hynek noch als Berater des *Project Blue Book* fungierte, entwickelte er ein Klassifikationssystem für verschiedene „Typen" von UFOs, das mittlerweile allgemein benutzt wird. Er ordnete UFO-Berichte nach der Entfernung (mehr beziehungsweise weniger als 150 Meter), in der das UFO beobachtet wurde und unterteilte jede dieser Kategorien noch einmal in drei weitere. Dadurch erhielt er insgesamt sechs Sichtungstypen.

Die meisten UFO-Sichtungen fallen in die „weiter entfernte" Kategorie.

Nächtliche Lichterscheinungen.

Seltsame Lichterscheinungen in größerer Entfernung am Nachthimmel, die oft ungewöhnlichen Merkmale, wie etwa Schwankungen der Licht- oder Farbintensität oder jähe Tempo- und Richtungswechsel, aufweisen.

Scheibenförmige Flugobjekte bei Tageslicht.

Weiter entfernte Objekte am Taghimmel. Ihr Aussehen kann sehr unterschiedlich sein: zigarren-, kugel- und eiförmig, oval- oder punktförmig.

Beobachtungen mit Radar und bloßem Auge.

Weiter entfernte UFOs, die gleichzeitig durch Radar geortet und von Zeugen gesichtet werden, wobei beide Beobachtungen weitgehend übereinstimmen. Dr. Hynek schloß reine Radarortungen aus, da hierbei zu viele Fehldeutungen unterlaufen

Welche Arten von UFO-Sichtungen gibt es?

können. Mit Zeugenaussagen abgesicherte Radarbeobachtungen sind jedoch die wichtigste Kategorie von UFO-Sichtungen, kommen leider nur sehr selten vor.

Beobachtungen von UFOs aus der Nähe sind wohl die interessantesten und meist auch spektakulärsten Fälle.

Nahbeobachtungen der ersten Art.

Einfache Beobachtungen von Phänomenen, bei denen keine physische Interaktion zwischen diesen und ihrer Umgebung stattfindet.

Nahbeobachtungen der zweiten Art.

Sie unterscheiden sich von der ersten dadurch, daß physische Auswirkungen auf belebte und unbelebte Materie erkennbar sind: etwa geknickte oder plattgewalzte Pflanzen, abgebrochene Äste, erschreckte Tiere oder Störungen der Funktion von Autoscheinwerfern, Motoren und Radios. Solche elektrischen Ausfälle sind normalerweise wieder behoben, sobald das UFO verschwunden ist.

Nahbeobachtungen der dritten Art.

Im UFO oder in dessen Umgebung werden Wesen gesichtet. Dr. Hynek schloß generell „Kontakt"-Fälle aus, bei denen eine intelligente Kommunikation stattgefunden haben soll, da diese fast immer von pseudoreligiösen Fanatikern geschildert werden und nie von „offensichtlich vernünftigen, klardenkenden und gut beleumundeten Personen". Trotzdem verdienen auch solche Fälle gelegentlich, von den Wissenschaftlern ernstgenommen zu werden.

„Wir sind nicht alleine"

Das UFO, das Flugkapitän James Howard und seine Besatzung sowie Passagiere an Bord des Stratosphärenflugzeugs *Centaurus* der Fluggesellschaft BOAC am 29. Juni 1954 sichteten, war keine Fliegende Untertasse, sondern erstaunlicherweise ein Objekt von ständig wechselnder Form. Das Flugzeug war vom New Yorker Flughaven Idlewild gestartet und sollte vor der Atlantiküberquerung, mit den Zielen Shannon und London, in Neufundland zwischenlanden.

Die Maschine flog auf Dauerkurs in nordöstlicher Richtung, als über Funk plötzlich vom Boden die Anweisung „to hold" kam – ein Manöver, das nur bei unmittelbarer Gefahr befohlen wird. Nachdem er eine halbe Stunde lang gekreist war, teilte der Kapitän dem Kontrollturm mit, daß er entweder weiterfliegen oder nach Idlewild zurückkehren müsse, da der Treibstoff knapp würde. Kurz darauf erhielt die Maschine die Erlaubnis zum Weiterflug, und der Pilot schaltete in einer Flughöhe von 6000 Metern auf automatische Steuerung. Unmittelbar über dem Flugzeug befand sich eine aufgelockerte Wolkenschicht, darunter, in 60 m Höhe, ein dichtes Wolkenfeld. Nach etwa 20 Minuten fiel Captain Howard plötzlich ein glitzerndes Licht auf. Backbord sah er ein großes metallisch wirkendes Objekt, umgeben von 6 kleineren Objekten, aus einer Wolkenlücke hervorschießen. Das Bild glich einem gigantischen Flugzeugträger, der von mehreren kleineren Zerstörern eskortiert wurde.

Das faszinierendste an dieser Erscheinung bestand darin, daß sie ständig ihre Form veränderte. Captain Howard hielt diese Verwandlungen in Skizzen fest: einen „Deltaflügel", eine Art Telefonhörer, eine Birne. Später kommentierte er, das Objekt habe ihn mit seiner in stetem Fluß befindlichen Form an einen Bienenschwarm erinnert. Es bewegte sich etwa 6 Kilometer von der *Centaurus* entfernt und hielt diese Position. Der hinter dem Captain sitzende Erste Offizier, Lee Boyd, war inzwischen aufgestanden, um das Schauspiel genau zu beobachten. Howard rief den Kontrollturm:

„Wir sind nicht allein hier."

„Das wissen wir."

„Was ist das?"

„Wir wissen es nicht, aber wir haben einen Sabre-Jäger von Goose Bay hinaufgeschickt, um es sich anzusehen."

Gut, geben Sie mir seine Frequenz, damit ich ihn einweisen kann."

Wenige Minuten später hatte Howard Funkkontakt zum Piloten des Jägers hergestellt, der bald darauf erklärte, er habe zwei Objekte auf seinem Radarschirm – die *Centaurus* und vermutlich das UFO. Dann geschah etwas Überraschendes: Die 6 kleinen Objekte formierten sich zu einer Reihe, stießen zu dem großen UFO hinunter und schienen von diesem aufgenommen zu werden. Danach wurde das große UFO merkwürdigerweise immer kleiner, bis der Pilot des Jägers schließlich erklärte, er sei jetzt genau über dem Objekt. Im selben Augenblick verschwand es endgültig vom Radarschirm „ ... wie ein Fernsehbild, wenn man den Apparat abschaltet".

Seit 1953 haben die Piloten von Verkehrsmaschinen Anweisung, der Öffentlichkeit nichts über UFO-Sichtungen mitzuteilen. Bei der *Centaurus* hatten jedoch viele Passagiere die phantastische Erscheinung mit atemberauben-

Beobachtungen per Radar und mit bloßem Auge: Über dem Atlantik vor Labrador am 29. Juni 1954

der Spannung verfolgt, und so gelangte der unglaubliche Vorfall in die Presse. Für die Ufologen war dies ein Glück, da solche UFO-Sichtungen in die wichtige Kategorie „direkte Beobachtung und Radarortung" fällt. Dabei waren sogar zwei voneinander unabhängige Radaranlagen beteiligt: die des Kontrollturms und die des Sabre-Jägers. Außerdem lagen die Aussagen von erfahrenen Piloten, Besatzungsmitgliedern und etwa 30 Passagieren vor. Einer von ihnen hatte sogar eine Kamera bei sich, aber leider schlief er!

Nächtliche Lichterscheinungen bei Vernon in Frankreich am 23. August 1954

„Leuchtend lautlos und gespenstisch reglos"

Vernon liegt an der Seine, etwa 80 Kilometer flußabwärts von Paris. Hier setzten die Alliierten bei der Verfolgung der deutschen Truppen 1944 erstmals über die Seine. Zehn Jahre später und kaum acht Wochen nach dem Vorfall von Idlewild war die Stadt Schauplatz eines weiteren bedeutsamen Ereignisses, für das es vier Augenzeugen gab, dem jedoch von der Presse kaum Beachtung geschenkt wurde.

Am 23. August 1954 um 1 Uhr morgens war der Himmel klar, der Mond kam erst später auf und schien dann nur schwach. Bernard Miserey war gerade nach Hause gekommen und im Begriff, seine Garagentür zu schließen, als er ein riesiges zigarrenförmiges Objekt, etwa 275 Meter von ihm entfernt, senkrecht über dem nördlichen Flußufer stehen sah. Es war schätzungsweise 90 Meter lang, leuchtend, lautlos, unbeweglich. Während der Zeuge fassungslos auf das Phänomen starrte, trat aus dem unteren Ende der „Riesenzigarre" eine waagerecht liegende Scheibe aus. Sie hielt in ihrem freien Fall inne, stand wackelnd in der Luft, verfärbte sich leuchtend rot, entfaltete einen hellen weißen Schein rings um sich herum und kam schließlich auf Monsieur Miserey zugeschossen, zog lautlos über sein Haus hinweg und entschwand in südwestlicher Richtung.

Dieses ungewöhnliche Geschehen wiederholte sich noch dreimal, dann fiel nach einer Pause eine fünfte Scheibe bis dicht über das Flußufer herab, ehe sie wackelnd innehielt und

Der Streifenpolizist Lonnie Zamora, dessen Nahbegegnung mit einem UFO zu den am besten dokumentierten Fällen zählt.

sich mit großer Geschwindigkeit gen Norden entfernte. Indes wurde das Glühen der „Zigarre" immer schwächer und bald war sie ganz im Dunkeln untergetaucht.

Bernard Miserey meldete das Ereignis der Polizei und erfuhr dort, daß zwei Streifenpolizisten das gleiche beobachtet hatten, ebenso ein Armeeingenieur, der die Route National 181 südwestlich der Stadt entlang gefahren war.

Was steckte hinter dieser Erscheinung? War das große zigarrenförmige Objekt der „Träger" der kleinen Scheiben. Andere UFO-Sichtungen, darunter auch der Fall Idlewild, ließen diese Annahme plausibel erscheinen. Ein bedeutsamer Unterschied liegt allerdings darin, daß die kleineren Objekte bei Idlewild von dem großen aufgesogen, bei Vernon dagegen ausgestoßen wurden. Über allem bleibt ein großes Fragezeichen.

„Menschenähnliche Wesen ... und sonderbare Schriftzeichen"

Gegen 17.50 Uhr am 24. April 1964 befand sich der Streifenpolizist Lonnie Zamora von der Polizeistation im Neumexikanischen Socorro gerade am Steuer seines Pontiac auf der Jagd nach einem Temposünder. Plötzlich hörte er ein lautes Dröhnen. Gleichzeitig sah er am Himmel eine „Flamme", die bläulich-orange leuchtete und seltsam unbeweglich in einiger Entfernung bodenwärts sank. Der Polizist

Nahbegegnung der dritten Art bei Socorro in Neu Mexiko, USA, am 24. April 1964

sorgte sich, daß ein nahegelegenes Dynamitlager in die Luft fliegen könnte, gab seine Verfolgungsjagd auf und fuhr rasch über unwegsames Gelände auf die Stelle zu, wo die „Flamme" niedergegangen war.

Nach drei Anläufen gelang es ihm, mit seinem Wagen einen Hügel zu erklimmen, auf dem er langsam in westlicher Richtung weiterfuhr. Ein leuchtendes, offenbar aus Aluminium bestehendes Objekt, etwa 150 bis 200 Meter südlich seiner Position, das er in der Ebene entdeckte, ließ ihn einhalten. Das UFO hatte die Form eines senkrecht stehenden Ovals und stand auf Stützbeinen. In der Nähe der seltsamen Erscheinung bewegten sich zwei menschenähnliche Gestalten in weißen „Overalls". Eines der etwa nur 1,20 Meter großen Wesen sah genau in seine Richtung und machte eine hüpfende Bewegung. Einzelheiten der Gesichter ließen sich auf diese Entfernung nicht erkennen.

Der Polizist fuhr nun schnell auf den Landeplatz zu, um gegebenfalls Hilfe zu leisten. Er blieb aber in dem unwegsamen Gelände stecken und informierte seine Zentrale über Funk, daß er zu Fuß zu einer Unfallstelle weitergehen würde.

Plötzlich hörte er zwei oder drei laute krachende Geräusche, als ob jemand hämmerte oder eine Tür zuschlug. Dazwischen lagen jeweils ein oder zwei Sekunden. Als er sich noch etwa 50 Schritt von dem Objekt entfernt befand, erfüllte ein lautes Dröhnen die Luft, das langsam immer schriller wurde. Die menschenähnlichen Wesen waren verschwunden. Gleichzeitig sah er eine blauorangefarbige Flamme, die eine Staubwolke hinterließ, in die Höhe steigen. Zamora trat hastig den Rückzug an, und das mittlerweile waagrecht liegende ovale Objekt stieg auf die Höhe seines Standorts empor. Durch das unablässige Dröhnen in Panik versetzt, hechtete er schutzsuchend hinter die Hügelgruppe. Sobald das Geräusch verstummt war, hob er den Kopf und beobachtete, wie sich das UFO in etwa 5 Meter Höhe von ihm wegbewegte. Es wich vorsichtig dem Dynamitlager aus, gewann allmählich immer weiter an Höhe und verschwand schließlich. Zamora kehrte zu seinem Wagen zurück und nahm Funkverbindung zu seiner Zentrale auf.

Während er auf seinen Kollegen wartete, fertigte er eine Skizze von seltsamen Zeichen an, die er an einer Objektseite entdeckt hatte.

Sergeant Sam Chavez war rasch zur Stelle. Wäre er nicht einmal falsch abgebogen, hätte er das Objekt sogar noch sehen können.

„Was ist los, Lonnie?" fragte er. „Du siehst aus, als wäre dir der Leibhaftige begegnet."

Kann schon sein!" erwiderte Zamora.

Zamora zeigte Chavez die Stelle, wo das UFO gestanden hatte. Dort brannte noch immer das Gestrüpp. Sie entdeckten vier verkohlte Stellen und vier Bodenabdrücke, die alle eine ähnliche Form aufwiesen und wahrscheinlich von den Stützbeinen stammten. An dreien dieser vier Punkte war der Boden um etwa 5 cm eingedrückt und die Erde am Rand emporgepreßt worden. Der vierte Abdruck war weniger deutlich und nur etwa 2,5 cm tief. Der mit der Untersuchung beauftragte Ingenieur W. T. Powers stellte fest, daß die Kraft, die notwendig war, um solche Spuren zu hinterlassen „jeweils mindestens der langsam abgesenkten Last von einer Tonne entsprach". Powers wies darauf hin, daß eine der Brandstellen genau im Schnittpunkt der Diagonalen des von den Abdrücken gebildeten Vierecks lag und zog daraus den spekulativen Schluß, daß sie, vorausgesetzt, die Aufhängung der Beine ist beweglich, den Schwerpunkt des Objekts markierte und möglicherweise die Position der blauorangen Flamme angab, die Zamora gesehen hatte. Innerhalb des Vierecks, auf der am weitesten von dem von Zamora eingenommenen Standpunkt entfernt liegenden Seite, fanden sich vier kleine, runde Abdrücke, die wie „Fußstapfen" aussahen.

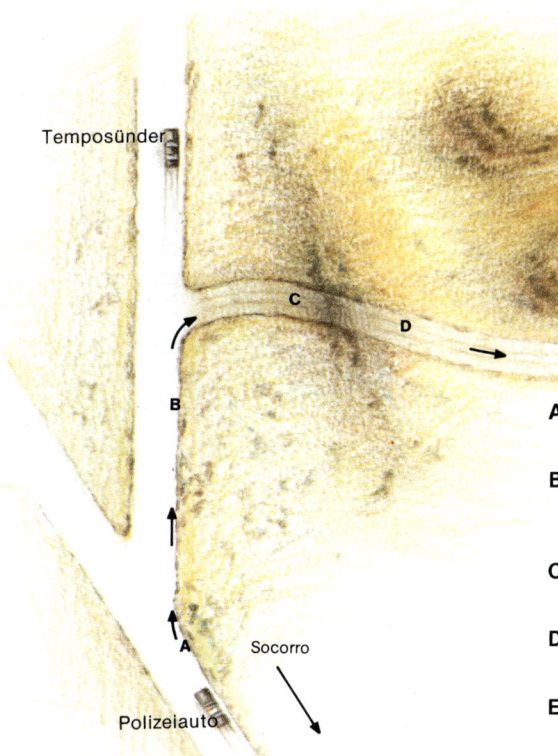

A Streifenpolizist Zamora nimmt die Verfolgung eines Temposünders auf.
B Z. hört dröhnendes Geräusch und bemerkt Flamme am Himmel. Gibt Verfolgungsjagd auf.
C Z. versucht dreimal mit seinem Wagen auf den Hügel zu gelangen.
D Z. entdeckt metallisches Objekt. Hält an, sieht zwei menschenähnliche Wesen.
E Z. nähert sich dem Objekt zu Fuß. Das Objekt steigt auf und fliegt davon.
F Durch das laute Dröhnen des Objekts in Panik versetzt, sucht Z. Deckung hinter der Hügelkuppe, von wo aus er das UFO sich entfernen sieht.

Die Ereignisse von Socorro fanden ein breites Echo in der Presse und versetzten die Menschen in Aufregung. Das Forschungsgremium der US-Luftwaffe *Project Blue Book* legte gewöhnlich alle UFO-Sichtungen, für die es nur einen Zeugen gab, gleich ad acta, aber hier war die Aussage des Polizisten Zamora so eindeutig, daß zwangsläufig intensive Nachforschungen vor Ort angestellt werden mußten. Dieser Fall ist einer der vielen, in denen *Project Blue Book* kapitulierte: Die Erscheinung ließ sich nicht durch irgendein bekanntes Objekt oder Phänomen erklären. Dr. J. Allen Hynek gestand, nach Abschluß der Untersuchungen noch ratloser zu sein als bei seiner Ankunft in Socorro. Er sagte: „Vielleicht gibt es ja eine einfache und natürliche Erklärung für den Vorfall von Socorro, aber ich selbst bin nach gründlichen Untersuchungen nicht davon überzeugt."

Unten:
Einer der vier Eindrücke, den das bei Socorro gelandete UFO hinterließ. Nach Auskunft eines Ingenieurs war eine Last von einer Tonne notwendig, um solche Vertiefungen zu erzeugen.

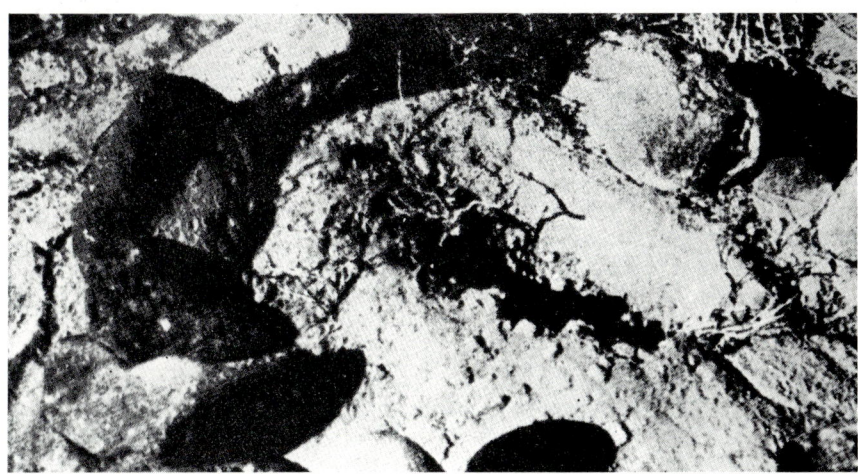

Engste Kontakte

Eins der verwirrendsten Merkmale vieler UFO-Erscheinungen ist ihre Undurchschaubarkeit. Im Jahre 1957 jedoch wurde ein junger brasilianischer Bauer angeblich von menschenähnlichen Wesen in der handfesten Absicht entführt, mit einem der Geschöpfe geschlechtlich zu verkehren, „wie ein Deckhengst".

Berichte über eine angebliche Verschleppung durch außerirdische menschenähnliche Wesen wurde über drei Jahre geheimgehalten, da die Story einfach zu unglaubwürdig und pikant war. Außerdem trat der Betroffene zunächst nur unter dem Kürzel „A. V. B." auf, damit seine Anonymität gewahrt würde.

Die ersten, die von diesem erstaunlichen Fall hörten, waren der brasilianische Journalist João Martins und sein Freund, der Arzt Dr. Olavo T. Fontes, denen das Opfer gegen Ende des Jahres 1957 brieflich von seinem Erlebnis erzählte. Der Verfasser dieser bizarren Geschichte, ein junger Farmer, lebte in der Nähe der kleinen brasilianischen Stadt São Francisco de Sales/Minas Gerais. Martins und Fontes schickten ihm Geld für die lange Reise bis Rio de Janeiro, wo die Untersuchung des Gesche-

Nahbegegnung der dritten Art bei Sao Francisco de Sales in Brasilien am 15. Oktober 1957.

hens am 22. Februar 1958 in Dr. Fontes Sprechzimmer begann.

Die Geschichte war so unglaublich, daß die beiden Ufologen beschlossen, die Sache zunächst „auf Eis zu legen", bis vielleicht noch ein ähnlicher Fall bekannt würde, der diesen Bericht stützen könnte. Außerdem fürchteten sie, daß die Publizierung eine Welle von frei erfundenen ähnlichen Storys nach sich ziehen würde. Dennoch sickerte einiges durch. Andeutungen drangen 1961 bis zu Dr. Walter Buhler vor, der sofort mit detaillierten Nachforschungen begann.

Buhlers Bericht erschien schließlich in der *Flying Saucer Review* vom Januar 1965. Kurz darauf wurde João Martins Geschichte in einer portugiesischen Zeitschrift und schließlich in ergänzter Form in dem Sammelband *The humanoids* von 1969 veröffentlicht. Es wurde bekannt, daß sich hinter dem Pseudonym „A. V. D." der 23jährige Antônio Villas Boas verbarg.

„Ich werde unser Kind zur Welt bringen"

Der Entführung dieses jungen Mannes gingen zwei ungewöhnliche Ereignisse voraus. Das erste trat am 5. Oktober 1957 ein, als Antônio und sein Bruder nach einer Party um 23 Uhr im Begriff waren, ins Bett zu gehen. Von ihrem Schlafzimmerfenster aus sahen sie ein geheimnisvolles Licht im Garten. Es schwebte auf das Dach ihres Hauses. Sie konnten es durch die Ritzen der Fensterläden und, da ihr Zimmer keine Decke besaß, durch die Zwischenräume der Dachziegeln leuchten sehen, ehe es wieder verschwand.

Der zweite seltsame Vorfall ereignete sich am 14. Oktober gegen 21.30 Uhr, als die Brüder Villas Boas mit dem Traktor beim Pflügen waren. Sie sahen plötzlich ein „großes, rundes" helles Licht, etwa 80 Meter über dem einen Ende des Feldes. Während Antônio sich der ungewöhnlichen Erscheinung näherte, bewegte sich der Lichtschein – als wolle es ihn zum Narren halten – blitzschnell zum anderen Ende des Ackers. Dieses Manöver wiederholte es noch zwei oder dreimal, sobald der junge Farmer versuchte, in seine Nähe zu gelangen. Dann war der Spuk plötzlich verschwunden.

Am Abend des folgenden Tages des 15. Oktober war Antônio, diesmal allein, wieder auf dem Feld, um im Licht der Traktorenscheinwerfer zu pflügen. Gegen 1 Uhr morgens bemerkte er einen „großen, roten Stern", der sich in Richtung auf das Ende des Ackers herabzusenken schien. Als er näherkam, sah Antônio, daß es sich in Wahrheit um ein leuchtendes eiförmiges Objekt handelte. Schließlich schwebte es in etwa 40 Meter Höhe direkt über ihm. Das ganze Feld war taghell erleuchtet.

Villas Boas saß, vor Angst wie gelähmt, in seinem Führerhaus, als das Objekt etwa 15 Meter vor ihm niederging. Es hatte die Form einer Halbkugel mit einem hervorstehenden Rand, der mit dunkelroten Lampen besetzt war: Die grelle Beleuchtung schien von einem Scheinwerfer auf der Antônio zugewandten Seite herzurühren. Die Kuppel drehte sich, und drei „Beine" wurden ausgefahren. Der Farmer wollte nun in panischem Entsetzen davonfahren, doch schon nach einer kurzen Strecke versagte der Motor, obgleich er bisher noch tadellos gelaufen war. Villas Boas versuchte daraufhin, die Flucht über das umgepflügte Feld zu Fuß fortzusetzen. Wegen der tiefen Furchen kam er nur langsam vorwärts, und bereits nach wenigen Metern packte ihn jemand am Arm. Als er sich umwandte, sah er ein seltsam gewandetes Wesen, dessen behelmter Kopf kaum bis zu seiner Schulter reichte. Er versetzte seinem Verfolger einen Schlag, der ihn zu Boden gehen ließ, aber drei andere der seltsamen Wesen ergriffen ihn, obgleich er schrie und um sich schlug. Später erzählte er:

„Während sie mich zu dem Vehikel schleppten, merkte ich, daß meine Art zu sprechen ihre Neugier weckte. Sobald ich etwas sagte, hielten sie inne und sahen mir aufmerksam ins Gesicht, ohne jedoch ihren Griff zu lockern. Das beruhigte mich ein wenig, aber ich wehrte mich trotzdem weiter ..."

Sie schleppten ihn zu dem UFO. Aus einer Luke führte eine Leiter zur Erde herab, über

Antonio Villas Boas. Seine ungewöhnliche Geschichte wurde zunächst zurückgehalten, da sie als zu unglaublich erschien.

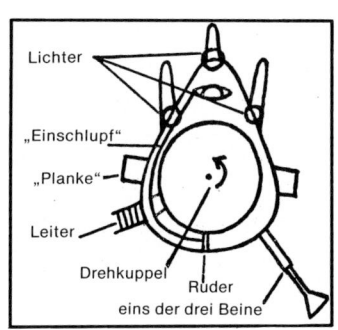

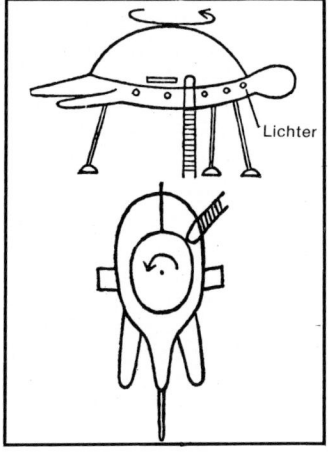

Diese Skizzen des UFOs fertigte Villas Boas im Februar 1958 (oben) für Dr. Olavo Fontes und im Juli 1961 (unten) für Dr. Buhler und Dr. Aquino von der brasilianischen Gesellschaft zur Erforschung von Fliegenden Untertassen an.

die ihn seine Entführer mit Mühe emporwuchteten, da er sich an einem Geländer festklammerte. Schließlich gelang es jedoch, ihn ins Innere des Objekts zu verfrachten. Es war ein quadratischer Raum mit metallenen Wänden, der von kleinen, hoch angebrachten Lampen hell beleuchtet wurde. Villas Boas registrierte insgesamt fünf der kleinen Wesen, von denen ihn zwei fest gepackt hielten. Einer schlug vor, ihn in einen angrenzenden größeren, ovalen Raum zu bringen, der durch eine vom Boden bis zur Decke reichende metallene Säule gestützt und mit einem Tisch und mehreren Drehstühlen ausgestattet war.

Zwischen seinen Entführern entspann sich eine Diskussion in Lauten, die Hundegebell glichen.

Von außerirdischer „Eva" verführt

Diese sonderbare Unterhaltung nahm ein jähes Ende, als die fünf sich auf ihn stürzten und ihm die Kleider vom Leib rissen. Obgleich sie seinen Widerstand mit Gewalt brachen, taten sie ihm nicht weh.

Die Wesen trugen eng anliegende, graue Overalls und große, breite Helme, die vorn und hinten mit metallenen Bändern verstärkt waren. Durch vorn liegende Öffnungen konnte Villas Boas helle Augen sehen. Oben traten drei Schläuche aus, von denen der mittlere nach hinten unter den Anzug führte, während die anderen zur Seite hin gebogen und auf den Schultern mit dem Overall verbunden waren. Die Ärmel gingen in dicke Handschuhe über, die an den Fingern nur schwer zu bewegen waren. Der Hosenteil lag über dem Gesäß und an den Ober- und Unterschenkeln eng an. Die Fußbekleidung saß ebenfalls wie angegossen. Die Sohlen waren etwa fünf Zentimeter dick. Auf der Brust trugen die Wesen runde reflektierende Platten oder Schilder von der Größe einer Ananasscheibe, die durch ein dünnes Metallband mit dem in der Taille sitzenden Gürtel verbunden waren.

Der junge Farmer stand nackt und vor Kälte zitternd hilflos da und war „zu Tode verängstigt". Was mochten die Außerirdischen mit ihm vorhaben? Eins der kleinen Wesen rieb ihm mit einem nassen Schwamm die Haut ab. Villas Boas kommentierte später: „Die Flüssigkeit war klar wie Wasser, aber ziemlich dick und geruchlos. Ich dachte erst, es sei Öl, aber das konnte nicht sein, da meine Haut nicht fettig wurde."

Jetzt wurde er zu einer Tür geführt, über der eine rote Inschrift angebracht war. Er versuchte sich die Zeichen zu merken, obgleich sie ihm nichts sagten. Nachdem er in den nächsten Raum eingetreten war, kam eine Gestalt mit einem Kelch auf ihn zu, von dem zwei Schläuche herabhingen. Einer davon, der in einen Saugnapf auslief, wurde an seinem Kinn befestigt, während der Außerirdische den anderen wie eine Pumpe auf und ab bewegte. Erschreckt bemerkte Villas Boas, wie sich der Kelch mit seinem Blut füllte. Dann war er

Unten:
Rekonstruktion der Inschrift über einer Tür innerhalb des UFOs. Villas Boas beschrieb sie Dr. Fontes als „eine Art Leuchtschrift, oder etwas Ähnliches, in roten Zeichen, die durch den Lichteffekt etwa 5 Zentimeter aus der Metallfläche der Tür hervorzustehen schienen. Es war die einzige Schrift, die ich in dem UFO gesehen habe. Die Zeichen sahen ganz anders aus als irgendwelche uns bekannten Buchstaben."

allein und dachte auf einer weichen Couch über seine Situation nach.

Plötzlich spürte er einen sonderbaren Geruch, von dem ihm schlecht wurde. Unterhalb der Raumdecke entdeckte er metallene Rohre mit kleinen Öffnungen, aus denen grauer Rauch drang. Villas Boas mußte sich übergeben, danach wurde er etwas ruhiger. Nun vernahm er ein Geräusch an der Tür. Sie öffnete sich. Eine Frau wurde sichtbar und kam auf ihn zu. Er starrte sie wie vom Donner gerührt an, sie war ebenso nackt wie er und schöner als irgendeine Frau, die er je gesehen hatte. Von kleinem Wuchs, reichte sie ihm mit seiner Größe von nur 1,60 Meter bis zur Schulter. Ihr Haar war glatt, hellblond, fast weiß, wie gebleicht. In der Mitte gescheitelt, endete es etwa auf halber Halshöhe in einer Innenrolle. Ihre großen Augen waren blau, die kleine Nase gerade. Die Wangenknochen standen

hoch im ziemlich breiten Gesicht, das in ein spitzes Kinn auslief. Ihre Lippen waren schmal, deshalb wirkte der Mund fast wie ein Schlitz. Sie hatte normale, aber kleine Ohren.

Die Tür schloß sich, und Villas Boas fand sich allein mit der aufregenden Frau. Sie besaß feste auseinanderstehende Brüste, eine schmale Taille, breite Hüften und üppige Oberschenkel, während ihre Füße klein und ihre Hände lang und schmal waren.

Zielbewußt näherte sie sich dem jungen Mann und rieb ihren Kopf vertraulich an seinem, wozu sie sich auf die Zehenspitzen stellen mußte. Sie brachte sehr deutlich zum Ausdruck, was sie wollte. Erregt schloß er sie in die Arme, und es kam zur sexuellen Vereinigung. Nach dem zweiten Akt widersetzte sie sich erschöpft weiteren Annäherungen.

Villas Boas erinnert sich, daß sie ihn kein einziges Mal küßte, sondern nur einmal sanft ins Kinn biß. Sie sprach nicht, gab aber grunzende Geräusche von sich, was „fast die ganze Sache verdarb, weil es mir das unangenehme Gefühl gab, mit einem Tier zusammenzusein". Als eins der anderen Wesen sie zu sich rief, wandte sie sich Villas Boas zu, zeigte auf ihren Bauch und danach zum Himmel. Diese Geste lösten bei Antônio große Angst aus, die ihn vier Jahre später noch immer nicht verlassen hatte, da er glaubte, daß sie wiederkommen wollte, um ihn mit sich zu nehmen. Dr. Fon-

tes konnte ihn beruhigen, indem er ihm eine andere Interpretation anbot: „Ich werde unser Kind, deins und meins, dort oben auf meinem Heimatplaneten zur Welt bringen." Diese Auslegung ließ den Verdacht aufkommen, daß letztlich nur ein guter „Deckhengst" gesucht wurde, um das Erbgut zu verbessern.

Danach befahlen die kleinen Männchen Villas Boas, sich wieder anzuziehen und führten ihn durch ihr Raumschiff. Dabei versuchte er vergeblich, ein Instrument als Andenken mitzunehmen, was ihm jedoch einen strengen Verweis eintrug. Nachdem er schließlich das UFO wieder verlassen hatte, zog die Besatzung die Leiter ein. Das Raumschiff erhob sich, während sich die Kuppel wieder rasch drehte, die Lampen blinkten. Es flog dann wie ein Geschoß davon.

Mittlerweile war es 5.30 Uhr morgens; das Abenteuer hatte insgesamt über vier Stunden gedauert.

Villas kehrte hungrig nach Haus zurück und schlief bis zum späten Nachmittag durch, danach fühlte er sich völlig normal. Als er noch einmal einnickte, war sein Schlaf unruhig und voller Alpträume. Am nächsten Tag litt er unter Übelkeit und heftigen Kopfschmerzen. Die Beschwerden klangen bald ab, aber seine Augen begannen zu brennen. An einigen Körperstellen zeigte seine Haut mehrere Rötungen, die sich entzündeten. Nach der Abheilung blieben runde, blaurote Narben zurück.

Villas Boas wurde im Februar 1958 vier Monate nach der angeblichen Entführung von Dr. Fontes untersucht. Die von ihm geschilderten Symptome deuteten zwar auf „eine Schädigung durch Strahlung", aber es war bereits zu spät, um eine eindeutige Diagnose zu stellen.

Rätselhafte Narben

Als Dr. Fontes Villas Boas untersuchte, fielen ihm zwei kleine Flecken an beiden Seiten des Kinns auf. Er beschrieb sie als „vernarbte oberflächliche Läsionen in Verbindung mit subkutanen Blutungen". Außerdem bemerkte er noch weitere rätselhafte Narben auf Villas Körper.

In einem Brief an die *Flying Saucer Review* wies Dr. Fontes daraufhin, daß die Symptome seiner Meinung nach auf Strahleneinwirkungen hindeuteten. „Leider war es, als er zu mir kam, zu spät für eine Blutuntersuchung, die einen unzweifelhaften Nachweis hätte erbringen können."

Am 10. Oktober 1971 erhielt João Martins schließlich die Genehmigung, seinen Fall zu veröffentlichen. Er berichtet, daß Villas Boas von ihm, Dr. Fontes und einem Offizier ausgeklügelten Vernehmungsmethoden unterzogen worden sei, ohne sich in den geringsten Widerspruch verwickelt zu haben. Eine medizinische Untersuchung hätte eine normale geistige und körperliche Verfassung ergeben, sein Leumund sei tadellos.

Die Tatsache, daß Villas Boas trotz harter Verhörmethoden nicht ein einziges Mal nur geringfügig von seiner ursprünglichen Darstellung abwich, brachte den Journalisten zu dem Fazit: „Wenn diese Geschichte wahr ist, gibt es vielleicht jetzt irgendwo im Universum ein sonderbares Kind ... das möglicherweise darauf vorbereitet ist, eines Tages hierher zurückzukehren. Wo endet die Phantasie? Wo beginnt die Realität?"

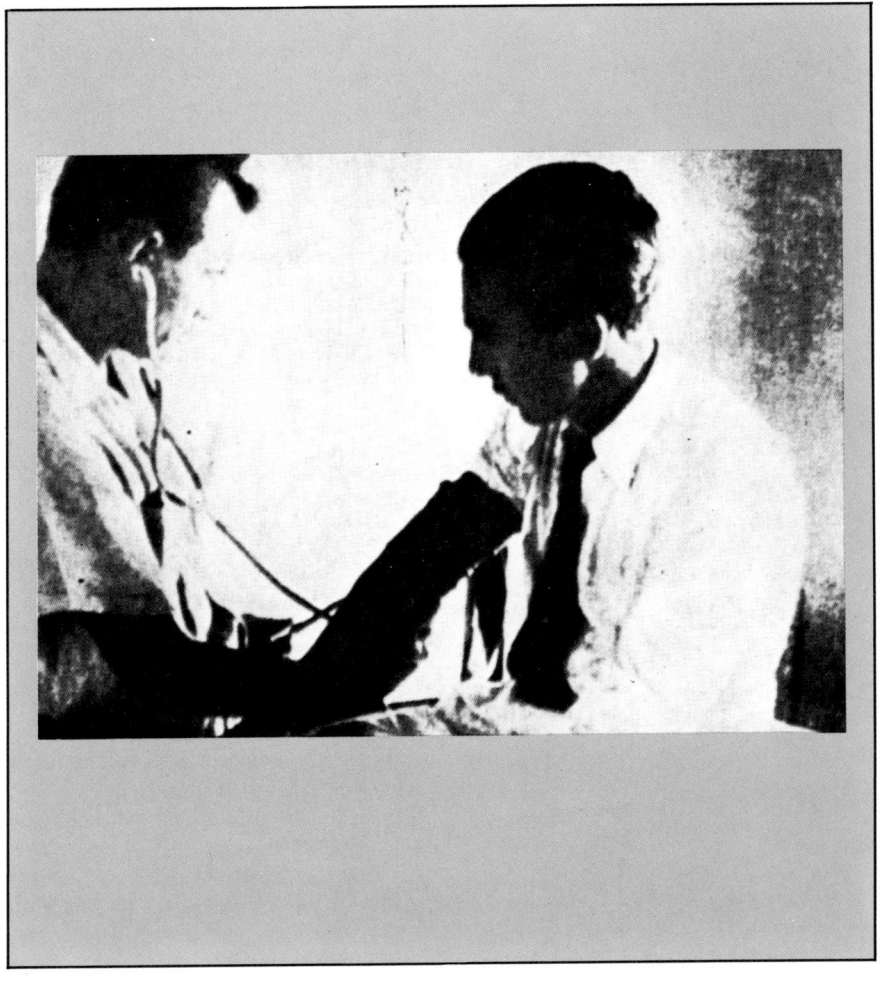

UFO-Erscheinungen und ihre Auswirkungen

UFO-Erscheinungen können physische Reaktionen bei Menschen und Tieren hervorrufen und auch Spuren in der Landschaft hinterlassen.

Ob UFOs „wirklich" existieren, sei es in Form materieller Flugobjekte oder als visionsartige Projektionen, ist Gegenstand hitziger Debatten. Oft kommt es vor, daß nach UFO-Begegnungen von den Betroffenen über heftige Kopfschmerzen, Weinkrämpfe oder Ohrensausen geklagt wird.

Hier drei Berichte von Zootieren, die in Panik gerieten, Soldaten, bei denen Lähmungserscheinungen auftraten und schließlich von einem argentinischen Mädchen, das tagelang von Weinkrämpfen geschüttelt wurde. – Läßt sich da noch an der „Realität" von UFO-Erscheinungen zweifeln?

„Ein leuchtend grüner Ball"

Eine der wohl spektakulärsten Lichterscheinungen wurde an einem Augusttag 1954 über Tananarive, der Hauptstadt von Madagaskar, beobachtet.

Edmond Campagnac, Chef des technischen Dienstes der Air France, wartete vor dem Air France Büro auf die Ankunft der Luftpost aus Paris.

Plötzlich erblickte er einen grünlichen Lichtball am Himmel, der beinahe senkrecht wie ein Meteorit herabstürzte. Auch die ande-

Nahbegegnung der zweiten Art über Tananarive in Madagaskar im August 1954

ren bei ihm stehenden Leute bemerkten die Erscheinung, die schließlich hinter den Bergen südlich der Stadt verschwand.

Es war 17.45 Uhr und schon dämmrig. Die Augenzeugen starrten noch immer fassungslos zum Himmel, als ein zweites Objekt von gleicher Farbe und Form über den Hügeln in der Nähe des alten Königinnenpalastes auftauchte. Es „flog" waagerecht zur Bodenfläche, langsamer als das erste und beschrieb einen Bogen um die Regierungsgebäude. Kurz darauf kam es bis fast auf Höhe der Dächer herunter und überquerte das dem Air France gegenüberliegende Gebäude.

Als es mit den Schaulustigen auf gleicher Höhe war, wurde erkennbar, daß es sich um zwei Objekte handelte. Das erste linsenförmige schien aus „phosphoreszierendem grünen Gas" zu bestehen. Das zweite, ein metallen wirkender Zylinder von etwa 40 Meter Länge, folgte ihm in 30 Meter Entfernung. Während einige es als „Zigarre" beschrieben, sagten andere, es habe eher dem nackten Rumpf eines modernen Constellation Flugzeugs geglichen. Seine Oberfläche reflektierte das letzte Sonnenlicht und zog einen orangeroten Feuerstrahl hinter sich her. Schätzungen seiner Geschwindigkeit lagen bei etwa 300 km/h.

Die Objekte bewegten sich vollkommen lautlos. Zum Entsetzen der Zeugen gingen alle elektrischen Lichter in der Umgebung aus, als die beiden Flugkörper die Gebäude passiert hatten.

Das seltsame Gespann flog über die Stadt in Richtung des Flughafens von Tananarive und bog dann in westlicher Richtung ab. Ehe die Objekte außer Sicht waren, schwebten sie noch über den Zoologischen Garten hinweg. Die Tiere, die sich normalerweise von den startenden und landenden Flugzeugen nicht stören ließen, gerieten in Panik und trampelten Zäune nieder. Erst nach Stunden gelang es Soldaten und Polizei, sie wieder einzufangen.

Natürlich gab es in Tananarive große Aufregung über diese Invasion, und General Fleurquin, Oberbefehlshaber der Luftwaffe, ordnete eine offizielle Untersuchung an. Diese erfolgte unter der Leitung von Pater Coze, Direktor des Observatoriums von Tananarive, der in der Sternwarte die Erscheinung beobachtet hatte. Seiner Schätzung nach mußten mindestens 20 000 Menschen die UFOs gesehen haben. Es wurden allein über 5000 Zeugen befragt. Der Bericht gelangte aber erst 1966 zu der *Flying Saucer Review*. Die französische Öffentlichkeit bemerkte von dem Geschehen überhaupt nichts, bis 1974 Jean-Claude Bourret über den Rundfunksender France-Inter seine berühmte Serie startete. Der Text erschien drei Jahre später als Buch unter dem Titel *Der Ausbruch aus dem All*.

„Ein glänzendes Ei"

Auf Madagaska soll sich noch eine zweite UFO-Erscheinung, und zwar im Mai 1967, ereignet haben. Doch erst 10 Jahre später erreichte die Nachricht von diesem Vorfall über die französische Ufologengruppe *Lumieres dans la nuit* die *Flying Saucer Review*. Die lange Verzögerung lag daran, daß es sich bei den Augenzeugen um 28 Angehörige der französischen Fremdenlegion handelte, denen verboten war, über ihre Beobachtungen zu sprechen. Der Informant war schließlich ein Legionär namens Wolff.

Nahbegegnung der zweiten Art in Madagaskar im Mai 1967

Seine Einheit hatte während einer Geländeübung um die Mittagszeit auf einer Lichtung im Buschland haltgemacht. Die Legionäre verputzten gerade ihr Essen, als auf einmal ein helles, metallisches Objekt am Himmel erschien, das einem „glänzenden Ei" ähnelte und mit einem grellen, pfeifenden Geräusch rasch zur Erde ging. Alle waren „wie gelähmt". Ihrem Gefühl nach vergingen nur Sekunden, bis sie das „Ei" wieder aufsteigen sahen. Mittlerweile waren aber tatsächlich drei Stunden vergangen.

Nach Wolffs Aussage war das Objekt etwa 7 Meter hoch und an der stärksten Stelle 3 bis 4 Meter breit. Es erhob sich zunächst langsam, schoß dann aber mit sehr großer Geschwindigkeit in die Höhe und verschwand, als „hätte es der Himmel aufgesogen". An der Landestelle fanden sich drei Eindrücke im Boden, die aussahen, als stammten sie von Stützbeinen einer Sonde, sowie ein 3 Meter tiefer Krater, auf dessen Grund ein Ring aus bunten Kristallen entdeckt wurde.

Keiner der Soldaten konnte sich erinnern, was während der drei Stunden eigentlich geschehen war, zwei Tage später litten sie alle unter heftigen Kopfschmerzen, einem ständigen „Pochen" in der Schläfengegend, Ohrensausen und zum Teil an Lähmungserscheinungen.

Nahbegegnung der dritten Art in Córdoba/Argentinien im Juni 1968

„Eine Aura von Güte und Freundlichkeit"

Das Motel La Cuesta liegt am High Way 20, der die kleine 800 Kilometer westlich von Buenos Aires gelegene Stadt Villa Carlos Paz in der argentinischen Provinz Córdoba mit dem Osten des Landes verbindet.

Hier wohnten der Besitzer, Señor Pedro Pretzel, 39, seine Ehefrau und die 19jährige Tochter Maria Eladia.

In der Nacht des 13. Juni 1968 gegen 0.50 Uhr befand sich Pretzel gerade auf dem Heimweg, als er etwa 50 Meter hinter dem Motel, wahrscheinlich auf dem High Way, ein Objekt erblickte, das er nicht identifizieren konnte. Es besaß zwei helle, rote Lampen, konnte jedoch kaum ein Auto sein, weil es ungewöhnlich starke Lichtstrahlen auf das Motel warf. Die „Maschine" war nur wenige Sekunden lang zu sehen. Verblüfft und beunruhigt lief Pretzel rasch in sein Motel, wo er Maria Eladia bewußtlos neben der Küchentür liegend fand. Nachdem sie wieder zu sich gekommen war, erzählte sie eine verwirrende Geschichte.

Wenige Minuten zuvor hatte sie ihrem Verlobten gute Nacht gesagt und Gäste zur Tür begleitet. Danach war sie in die Küche zurückgekehrt. Dort bemerkte sie, daß die Diele hell erleuchtet war. Da sie gerade das Licht ausgeschaltet hatte, ging sie hinaus, um nach dem Rechten zu sehen. Entsetzt erblickte sie einen „Mann" von etwa 2 Meter Größe, der eine Art Taucheranzug mit glänzenden himmelblauen Schuppen trug. Er hatte blondes Haar und hielt in der linken Hand eine tanzende himmelblaue Kugel.

Maria sagte später aus, das unheimliche Wesen habe am 4. Finger der rechten Hand einen riesigen Ring getragen und ihn vor ihr auf und ab bewegt. Darauf sei sie müde geworden, als ob alle Kräfte ihren Körper verlassen hätten. Aus den Fingerspitzen und Füßen der Gestalt gleißten Lichtstrahlen, und Maria hatte das Gefühl, daß die lähmende Wirkung am stärksten war, wenn sie genau auf sie gerichtet

waren. Sonst zeigte das Wesen keine aggressive Haltung. Maria erinnert sich sogar an eine gewisse „Güte und Freundlichkeit", die von ihm ausgegangen sei; er habe die ganze Zeit gelächelt. Weiter versuchte er, mit ihr zu kommunizieren, denn obgleich sich seine Lippen nicht bewegten, vernahm sie ein unverständliches Murmeln, das „wie chinesisch" klang.

Nach einigen Minuten ging der Geistermann mit langsamen und exakten Bewegungen zur geöffneten Seitentür und durchschritt sie. Die Tür schloß sich hinter ihm von selbst. In diesem Moment verlor Maria das Bewußtsein. Kurz darauf fand ihr Vater sie auf dem Boden.

Pretzel meldete den Vorfall der Polizei, die versprach, Nachforschungen anzustellen. Maria litt noch tagelang unter extremer Nervosität und Weinkrämpfen.

Hat Maria Pretzel ein, womöglich mit Hilfe von Laserstrahlen, auf die Scheibe des Dielenfensters projeziertes Bild gesehen, das von dem gesichteten UFO stammte? Doch gleichgültig, wie dieses Phänomen erzeugt wurde, es bleibt doch die Frage, warum und von wem?

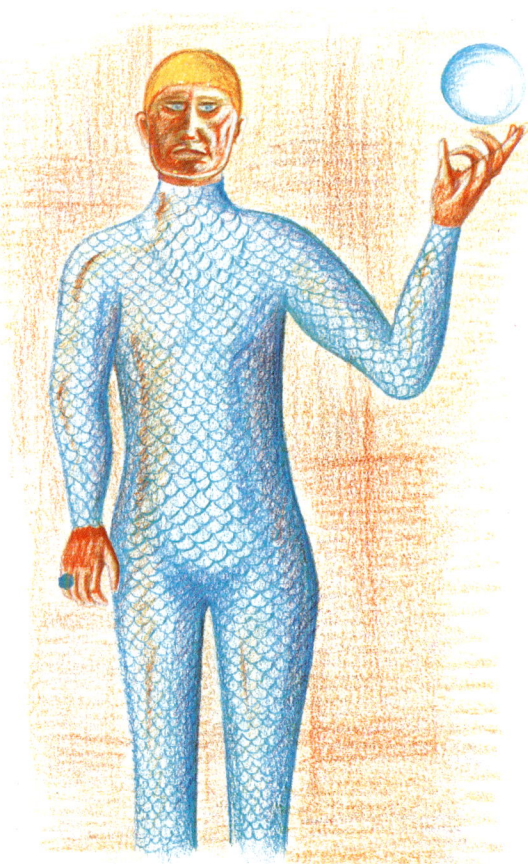

Fremde in der Nacht

UFOs hinterlassen oft so markante Spuren, daß man sie einfach nicht übersehen kann, besonders, wenn sie physikalischer Art sind.

Das UFO-Phänomen scheint häufig mit dem Bereich des Übersinnlichen zu verschwimmen und somit überhaupt einer anderen Dimension anzugehören. Problematisch wird die Theorie allerdings, wenn UFOs auf Radarschirmen auftauchen, tiefe Kerben in Eisenbahnschwellen oder verglühte Steine hinterlassen, wie dies aus England, Frankreich und Spanien berichtet wurde.

Angehöriger des Tower-Personals entdeckte am Himmel ein „wegen seiner hohen Geschwindigkeit nur undeutlich sichtbares" Licht, und ein Air-Force-Pilot, der mit einer C–47 in 12000 Meter Höhe Bentwaters überflog und von der Bodenstation alarmiert worden war, sah unter sich ebenfalls ein verschwommenes Licht dahinrasen. Das UFO flog genau auf Kurs Lakenheath, einem weite-

Radarortungen und Zeugenaussagen in Bentwaters bei Ipswich in England am 13. August 1956

„Irgend etwas schwirrt durch unseren Luftraum"

In der Nacht des 13. August 1956 war in den Radarstationen der Royal Air Force und der US Air Force in Ostengland der Teufel los. Auch wenn ein Teil der unerklärlichen Lichtpunkte auf dem Schirm vermutlich Falschmeldungen waren, stammten andere doch zweifellos von unbekannten Flugobjekten.

Es begann um 22.55 Uhr in dem bei Ipswich gelegenen Stützpunkt Bentwaters, den die Royal Air Force der amerikanischen Luftwaffe zur Verfügung gestellt hatte. Auf einem Radarschirm erschien ein Objekt, das sich etwa 50 Kilometer weiter östlich mit einer Geschwindigkeit von 3000 bis 6000 km/h von der See dem Landesinnern näherte. Es zog direkt über Bentwaters hinweg und verschwand 50 Kilometer weiter westlich. Doch auch mit bloßem Auge wurde die Erscheinung beobachtet. Ein

ren von der US-Luftwaffe benutzten Stützpunkt, der sofort gewarnt wurde.

Den Berichten aus Bentwaters zufolge war von dem Objekt kein Geräusch zu hören. Augenzeugen in Lakenheath sahen das Licht auf sich zukommen, dann plötzlich innehalten und rasch in östlicher Richtung entschwinden. Einige Zeit darauf beobachtete man zwei weiße Lichter, die sich zueinander gesellten und im Formationsflug entfernten.

Das Radarpersonal von Lakenheath bestätigte, auf den Radarschirmen Objekte wahrgenommen zu haben, die sich mit unglaublicher Geschwindigkeit bewegten, plötzlich verharrten und jäh den Kurs wechselten. Nach kurzem Zögern informierten die Amerikaner in Lakenheath telefonisch die Royal Air Force.

Der Leiter der Station in Bentwater forderte einen Venom-Nachtaufklärer vom Stützpunkt Waterbeach an. Der Pilot des Jägers meldete „Contact", als er das Objekt sehen konnte und

„Judy", als sein Navigator es auf dem Radarschirm der Maschine erfaßt hatte. Die Venom näherte sich dem Objekt, doch wenige Sekunden später tauchte das UFO hinter der Maschine auf.

In der Zwischenzeit war noch ein zweiter Venom-Jäger gestartet. Nach Aussagen der amerikanischen Beobachter am Radarschirm setzte sich das UFO sofort wieder hinter die Air-Force-Maschine, die vergebens versuchte, durch waghalsige Manöver das Objekt abzuschütteln. Der Vorfall blieb geheim, bis 1969 der *Condon Report* erschien. Dr. James McDonald, ein Atmosphärenphysiker der Universität Arizona, hatte nämlich den Fall eingehend untersucht und beschrieben. Diese wissenschaftliche Arbeit konnte der *Condon Report* nicht einfach abtun. Er mußte eingestehen, daß „das ganz offensichtlich rationale und intelligente Verhalten des UFOs wohl am ehesten auf ein mechanisches Fluggerät unbekannten Ursprungs schließen läßt".

„Zwei sehr seltsame Geschöpfe"

Für das kleine französische Dorf Quarouble, nicht weit von Valoncienne, in der Nähe der belgischen Grenze, war die Nacht des 10. September 1954 voller Aufregung.

Gegen 22.30 Uhr saß der 34jährige Marius Dewilde lesend in der Küche seines kleinen Hauses. Ehefrau und Sohn waren bereits im Bett. Das Haus lag zwischen Wäldern und Feldern, etwa anderthalb Kilometer vom Dorf entfernt. Ganz in der Nähe führte ein Schie-

Nahbegegnung der dritten Art bei Quarouble bei Valencienne in Frankreich am 10. September 1954

nenstrang vorbei, der St. Armand-les-Eaux mit dem riesigen Stahlwerk Blanc Misserons, Dewildes Arbeitsstätte, verband.

Auf einmal begann der Hund zu bellen und zu heulen. Dewilde, der Einbrecher oder Schmuggler befürchtete, nahm seine Taschenlampe und ging hinaus in die Dunkelheit. Er bemerkte zu seiner Linken, in der Nähe der Eisenbahnstrecke, schemenhaft einen größeren Gegenstand, den er zunächst für einen Lastwagen hielt. Dann kam die Hündin auf dem Bauch zu ihm herangekrochen, gleichzeitig hörte er ein leises Geräusch zu seiner Rechten. Er fuhr herum, und der Lichtstrahl seiner Taschenlampe fiel auf zwei merkwürdige Gestalten von etwa einem Meter Größe, die eine Art Taucheranzug trugen. Sie bewegten sich auf sehr kurzen Beinen, hatten sehr breite Schultern, aber keine Arme, und trugen gewaltige Helme. Überstürzt hasteten sie zu dem dunklen Objekt, das Dewilde bei den Gleisen gesehen hatte.

Nachdem er sich von der ersten Überraschung erholt hatte, lief der hartgesottene Stahlarbeiter rasch zu seiner Gartentür, um den Eindringlingen den Weg abzuschneiden. Er war noch etwa 2 Meter vom Tor entfernt, als ein greller Lichtstrahl, wie von einer Magnesiumleuchtkugel, aus einer Öffnung an der Flanke des dunklen Objekts drang. Der Kegel erfaßte ihn, und er blieb reglos stehen, unfähig, sich zu bewegen oder zu schreien. Er war wie gelähmt. Voller Entsetzen sah er die beiden Wesen etwa einen Meter entfernt vorüberhuschen und auf das noch immer nicht deutlich erkennbare Objekt zueilen.

Plötzlich erlosch das Licht und Dewilde, der sich wieder bewegen konnte, rannte den kleinen Geschöpfen nach. Er sah jedoch nur noch, wie sich eine Luke des Objekts schloß und dieses sich wie ein Hubschrauber mit einem pfeifenden Geräusch langsam in die Luft erhob. Es flog ostwärts davon, wobei es ständig an Höhe gewann und zu glühen begann.

Der schockierte Dewilde weckte aufgeregt seine Frau und lief dann zur Polizeiwache des Dorfes. Die Gendarmen glaubten, er habe den Verstand verloren und wollten ihn wieder nach Hause schicken. Es gelang ihm jedoch, zu einem Vorgesetzten durchzudringen, dem klar wurde, daß dieser Mann, der mittlerweile völlig die Herrschaft über sich verloren hatte, weder verrückt noch ein Witzbold war.

Die Polizei und die Sicherheitsbehörden setzten eingehende Nachforschungen in Gang und gelangten zu der Überzeugung, daß Dewilde nicht log. Außerdem konnte ausgeschlossen werden, daß es sich bei dem Objekt um einen (etwa von Schmugglern benutzten) Hubschrauber gehandelt hatte, da die vielen Telefonleitungen jedes Landen verhindert hätten.

Ein Journalist stellte die These auf, daß Dewilde unter den Nachwirkungen einer Kopfverletzung litte und eine Halluzination gehabt hätte. Diese Theorie war jedoch nicht mehr länger haltbar, als an der Stelle, wo das Objekt

nach Dewildes Aussage gestanden haben sollte, deutliche und tiefe Spuren im eisenharten Holz der Bahnschienen gefunden wurden. Ein Eisenbahningenieur rechnete aus, daß ein Gewicht von 30 Tonnen notwendig war, um solche Abdrücke zu hinterlassen. Weiter fanden sich zwischen den deformierten Schwellen unter großer Hitzeeinwirkung verglühte Steine.

„So groß wie ein Jumbo-Jet"

Am Abend des 11. November 1979, eines Sonntags, landete eine Supercaravelle der spanischen Luftfahrtgesellschaft TAE während eines Charterflugs von Salzburg nach Teneriffa unerwartet in Valencia. Schon der Start hatte sich um 4 Stunden verzögert und für viele der an Bord befindlichen Touristen war nunmehr das Maß voll. Glücklicherweise hatten die meisten von ihnen nicht gemerkt, was ihnen unterwegs widerfahren war – 7000 Meter über dem Mittelmeer.

Das ganze begann, nachdem das Flugzeug Ibiza überflogen hatte. In einem Interview mit dem Reporter Juan J. Benitez sagte der Kapitän der Maschine, Commandante Lerdo de Tejada, er sei wenige Minuten vor 23 Uhr vom Tower in Barcelona aufgefordert worden, auf die Frequenz 121.5 Megahertz zu gehen, die für Notfälle reserviert ist. Auf dieser Welle erhielt er jedoch keine weiteren Instruktionen.

Radarortung und Zeugenaussage in Valencia in Spanien am 11. November 1979

Noch ehe er rückfragen konnte, sah er auf der Steuerbordseite der Maschine ein Objekt mit zwei intensiven roten Lichtern auf sich zukommen.

Tejada berichtete:

„Als wir es zum ersten Mal sahen, waren es etwa 16 Kilometer entfernt. Dann schoß es auf uns zu und fing an, regelrecht mit uns ‚zu spielen' … Das Objekt bewegte sich nach Lust und Laune auf und abwärts, um uns herum und führte Manöver aus, zu denen kein konventioneller Flugapparat in der Lage wäre."

Nach Aussage des Flugkapitäns schien das Objekt so groß wie ein Jumbo-Jet zu sein. „Schließlich", sagte er, „kam das monströse Ding mit großer Geschwindigkeit so dicht an die Maschine heran, daß ich gezwungen war, etwa 100 Kilometer vor Valencia eine scharfe Kehre zu fliegen, um einer Kollision auszuweichen." Er informierte den Tower in Barcelona, daß sich ein unidentifiziertes Flugobjekt in seiner Nähe befinde und 8 Minuten lang dicht um ihn herum geflogen sei. Nach dem Ausweichmanöver folgte das UFO der Düsenmaschine noch weitere 50 Kilometer.

Während des ganzen Vorfalls blieben die Instrumente der Supercaravelle unbeeinträchtigt. Zwar versagte der „automatische Pilot", aber das lag nach Auskunft des Kapitäns nicht an dem UFO. Schließlich erteilte der Manises Flughafen in Valencia dem Piloten Notlandeerlaubnis. Wenige Minuten vor Mitternacht setzte die Supercaravelle auf.

Señor Morlan, Direktor des Flughafens, der Flugüberwachungsleiter und weitere Bedienstete des Flughafens bestätigten ein ungewöhnliches Objekt mit roten Lichtern über dem Rollfeld gesehen zu haben.

Der Journalist Benitez fand weiterhin heraus, daß auf Radarschirmen der spanischen Luftwaffe in der fraglichen Zone ebenfalls unidentifizierte Objekte geortet worden waren. Fünf Minuten nach der Landung der Supercaravelle starteten zwei F-1-Jäger von Los Llanos zu einer Suchaktion. Es ist nahezu sicher, daß sie das Objekt ebenfalls beobachtet haben und eine der Maschinen mehrfach unmittelbar in seine Nähe geriet.

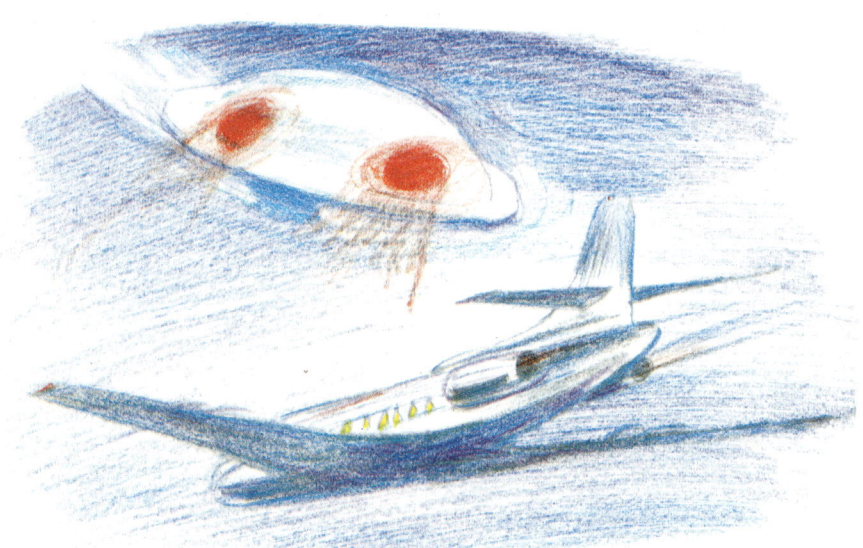

Aus dem UFO-Fotoarchiv

Nachdem mit Hilfe des Computers raffinierte Tricks, Flecken auf dem Foto-Objektiv und Linsenspiegelungen ausgemustert wurden, bleibt doch immer noch eine eindrucksvolle Sammlung von Fotos übrig, die Objekte am Himmel zeigen, für die sich noch keine überzeugende Erklärung gefunden hat.

Wer sind die seltsamen Wesen?

Es gibt eine verhältnismäßig große Anzahl von Berichten über Begegnungen von Menschen mit UFO-Besatzungen, die allerdings stark voneinander abweichen. Charles Bowen hat die unterschiedlichen Angaben analysiert.

Den Beginn der Publizitätswelle über Fliegende Untertassen markierte die Sichtung von 9 ungewöhnlichen Flugobjekten über dem Bundesstaat Washington durch den amerikanischen Piloten Kenneth Arnold. Die ungeheuren Geschwindigkeiten und die immense Manövrierfähigkeit, die bei diesen Objekten beobachtet wurde, führten zu dem Schluß, daß es sich um Raumschiffe aus dem Weltall handeln würde, die technisch sehr hoch entwickelt waren und gezielt gesteuert wurden. Große Frage: Wer oder was lenkte diese?

Die Antwort zu finden ist nicht leicht, da die offiziellen Stellen nicht mitzogen. Zwar hatte die US-Luftwaffe eigens den Ausschuß *Project Blue Book* mit der Erforschung des Phänomens betraut, aber dieser ignorierte einfach die Berichte über UFO-Landungen.

Zum Glück gibt es immer Menschen, die sich von einer solchen Vertuschungsstrategie

Oben:
Das Bild zeigt ein menschenähnliches Wesen neben einem gelandeten UFO im italienischen Berninamassiv am 31. Juli 1952.

Oben rechts:
Dieses umstrittene Bild soll die Leiche eines Besatzungsmitgliedes aus einem in den fünfziger Jahren in der Nähe von Mexico City abgestürzten UFO zeigen. Das Wesen wurde offenbar nach Deutschland verbracht, um dort untersucht zu werden. Man hörte nie wieder etwas von der Sache.

nicht beeinflussen lassen. Nach und nach fanden sich Gruppen ziviler Ufologen, die Daten aus der ganzen Welt sammelten und aufzeichneten.

Aus der eindrucksvollen Materialfülle geht eindeutig hervor, daß es innerhalb der ganzen UFO-Problematik ein besonderes Phänomen gibt: die Wesen an Bord von Fliegenden Untertassen. Es ist immer wieder die Rede von ganz erstaunlichen Körperformen, äußeren Merkmalen und Verhaltensweisen solcher „UFO-Piloten". Aus den tausenden von einschlägigen Berichten ergibt sich kein übereinstimmendes Bild von ihrer Eigenart und ihren Absichten. Die Aktionen scheinen nicht Ziel einer organisierten Überwachung unseres Planeten zu sein. Manchmal wurden sogar „Außerirdische" beobachtet, ohne daß ein UFO sichtbar war.

In den Jahren 1947 bis 1952, als in der Öffentlichkeit heftig darüber debattiert wurde, ob UFOs und ihre Lenker überhaupt reale Erscheinungen sind, waren schon in vielen weit auseinanderliegenden Orten der Erde menschenähnliche Wesen beobachtet worden.

So sahen etwa in Bauru, in der Region um São Paulo, am 23. Juli 1947, als Kenneth Arnolds Erlebnis beim Mount Rainier noch keinen Monat zurücklag, der Landvermesser José Higgins und mehrere seiner Arbeitskollegen eine große metallene Scheibe auf die Erde herabfliegen und landen.

Higgins blieb vor Ort, während seine Mitarbeiter in Panik flohen. Unversehens standen vor ihm 3 etwa 2 Meter große Wesen in durchsichtigen Anzügen und mit metallenen Kästen auf dem Rücken. Eines der Geschöpfe richtete ein Rohr auf ihn und schien ihn angreifen zu wollen. Higgins gelang es jedoch auszuweichen; offenbar scheute sich das Wesen, ihm ins Sonnenlicht zu folgen.

Die Geschöpfe hatten große, kahle Köpfe mit riesigen, runden Augen. Ihre Beine waren lang. Sie hüpften herum und hantierten mit großen Steinen. Außerdem gruben sie Löcher in den Boden, vermutlich um die Konstellation der Planeten zur Sonne darzustellen. Sie zeigten immer wieder auf das, vom Zentrum aus gesehen, siebente Loch. Meinten sie mit diesem siebenten „Planeten" den Uranus? Dann stiegen die merkwürdigen Gestalten wieder in ihr Raumschiff, das sich laut pfeifend in die Luft erhob.

Drei Wochen später, am 14. August 1947, befand sich in einem ganz anderen Winkel der Welt, nämlich in Nordostitalien, ein Professor namens Johannis auf einer Bergwanderung, in der Nähe von Villa Santina Carni in der Provinz Friuli. Plötzlich entdeckte er in einer felsigen Bergspalte eine rote, metallische Scheibe.

Ganz oben:
Captain Edward J. Ruppelt, Leiter des vielkritisierten Project Blue Book.

Mitte:
Aime Michel, der berühmte französische Ufologe.

Oben:
Major Donald E. Keyhoe, Leiter des in Washington ansässigen National Investigations Committee on Aerial Phenomena *(NICAP).*

Links und rechts oben:
Künstlerische Umsetzung der Beschreibung menschenähnlicher Wesen aus dem Jahr 1947, die José Higgins in Brasilien und Professor Johannis in Italien gesehen haben wollen.

Als er sich den ungewöhnlichen Gegenstand näher ansehen wollte, bemerkte er, daß ihm zwei zwergenhafte Wesen folgten. In starrer Körperhaltung bewegten sie sich mit winzigen Schritten vorwärts.

Die kleinen Wesen maßen kaum einen Meter, hatten gerade Nasen, schlitzförmige, wie Fischmäuler schnappende Münder, große runde, hervortretende Augen und trugen durchscheinende blaue Anzüge.

Johannis berichtet, daß er die Verfolger voller Angst anschrie und mit seinem Eispickel herumfuchtelte, worauf einer der Zwerge mit der Hand an seinen Gürtel fuhr, aus dem daraufhin eine Rauchwolke entwich. Der Eispickel fiel zur Erde, und Johannis stürzte nieder. Einer der Gestalten hob den Pickel auf, und das seltsame Paar zog sich zu dem scheibenförmigen Objekt zurück, das gleich darauf emporschoß, kurz über dem schreckensbleichen

Professor verharrte, dann seinen Weg fortsetzte und verschwand.

Am 18. März 1950 sah der argentinische Viehzüchter Wilfredo Arevalo eine „Aluminiumscheibe" zur Erde niedergehen, während ein zweites Objekt gleicher Art über der Landestelle schwebte. Das sich am Boden befindende UFO war von grünlichblauem Dampf umgeben. In einer durchsichtigen Kabine entdeckte Arevalo „vier große, wohlgestaltete Männer in zellophanähnlichen Anzügen". Sie richteten einen Lichtstrahl auf den Rancher; die Scheibe begann daraufhin in einem intensiven Blau zu leuchten, an ihrer Unterseite schossen Flammen heraus. Sie hob sich und glitt rasch Richtung der chilenischen Grenze.

Berichte dieser Art lieferten zwar interessantes Material für künftige Forschungen, boten jedoch keine Hinweise dafür, daß eine Invasion durch außerirdische Wesen drohte. Vielleicht kümmerten sich die offiziellen Stellen deshalb so wenig um derartige Landungsberichte, weil sie befürchteten, von wirren Geschichten über „kleine grüne Männchen", über die sich die Presse ohnehin schon lustig machte, überschwemmt zu werden. Die Ufologen prägten für diese Art von Geschöpfen schließlich die Bezeichung „Humanoiden".

Das Jahr 1953 brachte ein schockierendes Ereignis. George Adamski veröffentlichte in Zusammenarbeit mit Desmond Leslie ein Buch mit dem Titel *Flying Saucers have landed* (Die Fliegenden Untertassen sind gelandet), in dem er behauptete, mit einem Wesen aus einer Fliegenden Untertasse gesprochen und dessen Raumschiff fotografiert zu haben. Das Werk wurde rasch ein Bestseller und machte tausende von Lesern zu begeisterten Hobby-Ufologen.

George Adamski (1891 – 1965) war Amateurastronom, der von seinem Haus in Palo-

Oben:
Adamskis Bild eines „interplanetaren Träger-Raumschiffs" in Begleitung von „Kundschafter-Objekten".

Links:
Angebliches „Kundschafter-Raumschiff von der Venus", fotografiert von George Adamski am 13. Dezember 1952 im kalifornischen Palomar Gardens.

Unten:
George Adamski mit seinem Teleskop, durch das er seine umstrittenen UFO-Aufnahmen machte.

er tatsächlich ein Objekt entdeckte, das zwischen den vor ihm liegenden Hügeln landete. Ehe es wieder entschwand, gelang ihm ein Foto-Schnappschuß.

Da tauchte, wie aus dem Boden gestampft, ein Wesen auf. Etwa 1,70 Meter groß, trug es eine Art Skianzug und hatte lange, bis auf die Schultern fallende Haare. Es verbreitete eine Aura der Freundlichkeit und Adamski beteuerte, er habe sich mit ihm telepathisch verständigen können. Dabei erfuhr er, daß der Erdbesucher von der Venus gekommen wäre.

Kurz darauf erschien das „Kundschafter-Raumschiff", um den Fremden wieder abzuholen. Adamski bat vergeblich, auf einen Flug mitgenommen zu werden. Der „Venusbewohner" entschwand und mit ihm einer von Adamskis Filmbehältern. Der Ufonaut hinterließ Fußstapfen im Sand, die sofort mit Gips ausgegossen wurden.

Am 13. Dezember 1952 kehrte der Venusbewohner noch einmal auf die Erde zurück, um Adamski den Filmbehälter wiederzubringen. Bei dieser Gelegenheit, so behauptet Adamski, fotografierte er das Raumschiff ganz aus der Nähe.

In seinem zweiten Buch *Inside the space ships* (In den Raumschiffen) behauptete Adamski, schließlich doch noch von dem Raumschiff auf einen Flug um den Mond mitgenommen worden zu sein, wobei ihm einer der Außerirdischen die *Flüsse* und *Seen* auf der erdabgewandten Seite des Trabanten gezeigt habe. Die ganze Geschichte deutet daraufhin, daß Adamski entweder log oder absichtlich von irgendwelchen Wesen in die Irre geführt wurde, die ein Interesse daran hatten, Verwirrung auf der Erde zu stiften. Vielleicht war die ganze Sache ja auch für Adamski Realität. Daß er später möglicherweise die Geschichte ein wenig ausgesponnen hat, ist ein anderes Kapitel. Im Lauf der Jahre sind die Berichte über Begegnungen mit Humanoiden, die an Bord von UFOs auf der Erde landeten, immer zahlreicher geworden, so daß es mittlerweile ein sehr interessantes Spektrum an Informationen gibt.

mar Gardens in Kalifornien durch ein Spiegelteleskop den Himmel beobachtete. Er interessierte sich für UFOs und behauptete, die Objekte gesichtet und durch sein Teleskop fotografiert zu haben. So bannte er am 5. März 1951 ein riesiges zigarrenförmiges Objekt in Begleitung kleiner Kundschafter-„Untertassen" auf seinen Film. Und am 1. Mai 1952 nahm er ein weiteres riesiges zigarrenförmiges „Mutterschiff" auf. Sieben Monate später, am 20. November, fuhr er mit mehreren Freunden zu einer Beobachtungsstelle an der Straße nach Parker/Arizona. Zweck dieses Ausflugs war, Ausschau nach UFOs zu halten und sie gegebenenfalls zu fotografieren.

Adamski und der Venusbewohner

Adamski bezog vor einem transportablen 15-cm-Teleskop Stellung, während seine Begleiter sich ein Stück zurückzogen, um aus der Entfernung zuzusehen. Es dauerte nicht lange, bis

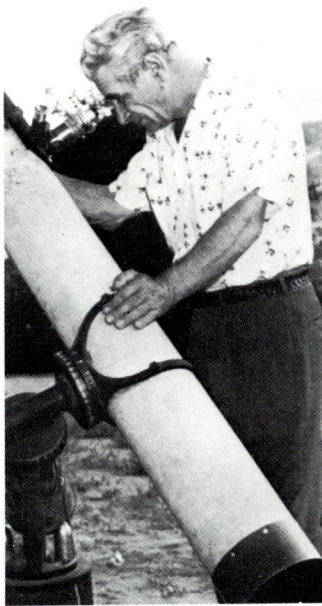

Ein UFO über London

Man sollte eigentlich annehmen, daß Fotos stichhaltige Beweise für die Echtheit von UFO-Beobachtungen sind. Aber das ist nicht immer der Fall. Es kommt vor, daß UFOs auf Fotos erscheinen, ohne daß der Urheber der Bilder überhaupt ein derartiges Objekt gesehen oder es ganz anders in Erinnerung hat. Selbst verbürgte Aufnahmen sind daher nur bedingt aussagekräftig.

Im geschilderten Fall wich die Beschreibung des UFO-Fotografen von der später vorliegenden Aufnahme wesentlich ab und überdies: Wenn das UFO eine so dicht besiedelte Gegend wie Süd-London überflog, weshalb gab es dann nur einen Augenzeugen?

Nahbegegnung der ersten Art in Streatham, London, am 15. Dezember 1966

„Sonderbare Schatteneffekte"

Echte UFO-Sichtungen über London sind eine Rarität. Zwar werden viele UFOs gemeldet, aber meist entpuppen sie sich doch als mißgedeutete Lichter herkömmlicher Flugobjekte. Das ist in Anbetracht des dichten Flugverkehrs um den Londoner Flughafen Heathrow kein Wunder, außerdem überqueren noch zahlreiche andere Maschinen die Stadt in großer Höhe. Bei Nacht können auch Satelliten die Strahlen der bereits hinter dem westlichen Horizont befindlichen Sonne reflektieren. Nur wenige Zeugenaussagen lassen auf wirkliche UFO-Begegnungen schließen.

Eine UFO-Sichtung gegen Ende 1966 erfüllte jedoch alle entscheidenden Kriterien, überdies war es durch Fotos gestützt. Die Aufnahmen zeigen ein Objekt, das seine Form in bemerkenswerter Weise verändert, und zwar in einer Art und Weise, die nicht allein durch den Wechsel der Perspektive erklärbar ist.

Der Vorfall ereignete sich am Donnerstag, dem 15. Dezember 1966. Es war einer der kürzesten Tage des Jahres, die Sonne ging bereits um 15.53 Uhr unter. Das Wetter war unangenehm neblig, trüb und feucht, zeitweilig nieselte es, und die Wolken hingen tief. Die maximale Sicht betrug 3 Kilometer.

Etwa um 2.30 Uhr an jenem Nachmittag stand Anthony Russell am offenen Fenster seiner Wohnung in der Lewin Road in Strestham, südwestlich von London. Das Fenster lag nach Nord-Nordwest. Russell, ein begeisterter Fotoamateur, testete gerade zwei neue Konverter für seine Kamera. Dazu richtete er den Apparat auf den Giebel eines Hauses auf der anderen Seite der Lewin Road, etwa 26 Meter entfernt. In der Kamera befand sich ein 45-mm-Farbfilm.

Plötzlich bemerkte Russell ein Objekt am Himmel, das jäh herabstürzte, dann einen Augenblick innehielt und in einer Art Pendelbewegung langsam weiter abwärts sank. Als er sich nach der ersten Verblüffung wieder gesammelt· hatte, stellte er die Kamera auf

Rechts:
Das erste Bild der UFO-Fotoserie, die Antony Russell aus seinem Wohnungsfenster heraus gelang. An der Unterseite des Objekts ist andeutungsweise eine Rauchwolke erkennbar, die sich nach rechts zieht. Die vom Giebel des Hauses über die Straße abgehende Stange dient der Stützung eines nicht im Bild befindlichen Kamins.

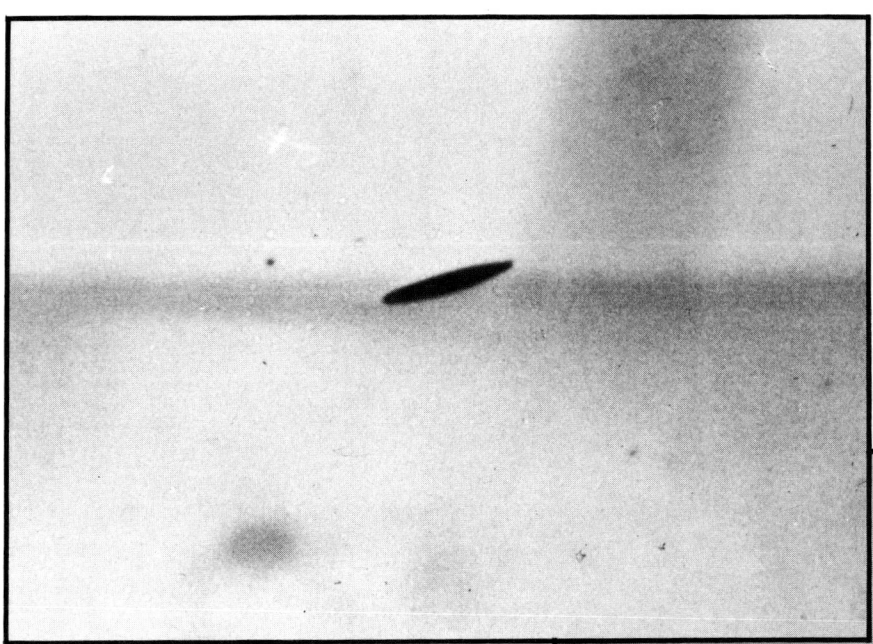

Es wäre möglich, daß die mißlungenen Aufnahmen darauf zurückzuführen sind, daß der Zeuge in seiner Aufregung den Film zu hastig transportierte. Der ganze Vorfall dauerte höchstens zwei Minuten. Hier eine Rekonstruktion dieser Zeitspanne:

Nachdem das Objekt in rasender Fahrt herunterstürzte und dann abrupt zum Stillstand gekommen war, schoß Russel die ersten beiden Bilder. Er benutzte dabei den einfachen Konverter, den er gerade testen wollte, sowie eine Belichtungszeit von 1/125 Sekunden und eine Blende von 5.8. Dann montierte er den zweiten Konverter; bei einer Brennweite von nunmehr 100 mm stellte er die Belichtungszeit

„unendlich" ein und machte 12 Fotos. Die beiden letzten entstanden, als das Objekt sich bereits wieder davonbewegte, zunächst langsam, dann mit großer Geschwindigkeit.

Der Augenzeuge war zuvor flüchtig mit UFO-Literatur in Berührung gekommen, da sein Vater den Einband für das Buch *Flying Saucers have landed* (Die Fliegenden Untertassen sind gelandet) von George Adamski und Desmond Leslie entworfen hatte. Russell hielt nicht viel von dem Buch, und nachdem er Adamski kennengelernt hatte, war ihm die ganze Angelegenheit erst recht suspekt. Doch seine skeptische Einstellung wurde erschüttert, als er selbst das sonderbare Objekt am Himmel fotografierte.

Russell ließ den Film noch in der Kamera, um Weihnachten noch einige Aufnahmen zu machen und schickte ihn erst nach den Feiertagen zum Entwickeln ein. In der Zwischenzeit erzählte er einigen Freunden, was ihm passiert war. Sie wiesen die Geschichte lachend ins Land der Märchen, er aber wollte die Sache näher untersuchen. Er sah im Telefonbuch unter dem Stichwort „flying" nach und geriet so an die *Flying Saucer Review*. Er beschrieb der Redaktion, was seiner Meinung nach auf den Aufnahmen zu sehen sein müsse, sobald der Film zurückkäme. Die *Flying Saucer Review* leitete alles in die Wege, damit R. H. B. Winder, ein Ingenieur und Gordon Creighton die Fotos analysieren könnten.

Die Untersuchung der Bilder begann gleich mit einer Enttäuschung für den Fotografen, da nur drei der Aufnahmen gelungen waren. Auf einer vierten, der letzten der Serie, war nur ein verschwommener Umriß zu erkennen. Russell war sehr verblüfft darüber, daß das Objekt seine Form gewandelt hatte, da er sich nicht erinnern konnte, jemals dergleichen wahrgenommen zu haben. Seiner Meinung nach hatte er das Objekt nur unter verschiedenen Blickwinkeln fotografiert.

Ganz oben:
Das zweite Foto der gleichen Serie zeigt das UFO von der Seite, wobei die Scheibenform deutlich hervortritt. Der seltsame Schatteneffekt auf dieser Aufnahme war auch von Experten nicht zu erklären.

Oben:
Auf dem dritten Foto befindet sich das UFO in einer geneigten Position, möglicherweise ist es bereits im Aufstieg begriffen, da es gleich darauf davonraste. Die Vergrößerung enthüllt deutlich wiederum eine dünne Rauchwolke auf der linken Seite des Objekts.

von 1/25 Sekunden und Blende 11 ein. Wieder am Fenster, sah er das Objekt „auf der Kante stehen" und ihm seine volle Kreisform darbieten. Nun drehte es sich 90 Grad um eine vertikale Achse, bis er es genau von der Seite sah. Dann bewegte es sich nach rechts. In dieser Phase gelangen Russell nur zwei Aufnahmen. Im Augenblick der Bewegung nach rechts bannte er es zum dritten Mal auf den Film. Die vierte Aufnahme folgte, als das UFO beschleunigte und davonflog. Bis Russell weiter gespult hatte, war das Objekt verschwunden.

Nach einer ersten Prüfung übergaben die Ufologen die Dias dem beratenden Fotoexperten des Magazins, Percy Hennell. Er untersuchte sie und stellte von den ersten drei Bildern Negative her. Seiner Meinung nach handelte es sich um „echte Fotos eines Objekts in der Luft, das sich auf der ersten Aufnahme in einiger Entfernung hinter dem der Position des Fotografen gegenüber liegenden Haus befand". Er konnte keine Hinweise entdecken, daß an den Diapositiven manipuliert worden wäre. Später wurden die Dias auf eine große Leinwand projiziert.

Die Ufologen stellten dabei eindeutig fest, daß das Objekt kein Licht ausgestrahlt und es sich dem Zeugen als dunkler Schatten vor einem hellen Hintergrund dargeboten hatte, weshalb es unmöglich war, Farben zu erkennen. Russell äußerte lediglich die Vermutung, daß es rötlichbraun gewesen sein könnte.

Das erste Foto zeigt den Giebel des Russells Wohnung gegenüber liegenden Hauses, aus dem nach rechts eine beinahe horizontale Stange hervorragt, die einen nicht mehr im Bild befindlichen Kamin stützt. Nach Schätzungen Winders hatte die Stange einen Neigungswinkel von 10 Grad zur Kamera. Nach Russells Vorstellung war das Objekt etwa 1,6 Kilometer entfernt. Auf dem Foto erkennt man andeutungsweise eine Auspuffwolke, die sich von der Unterseite des UFOs nach rechts zieht und nach der Vergrößerung und Projektion des Dias deutlicher ins Auge fiel.

Winder wies darauf hin, daß die Silhouette des UFOs auf dem ersten Bild bemerkenswerte Ähnlichkeit mit der Form aufwies, die der Polizeiwachtmeister Colin Perks für das von ihm am 7. Januar 1966 um 4.10 Uhr in Wilmslow in der Grafschaft Cheshire gesichtete UFO nachzeichnete. Perks kontrollierte damals gerade einen Laden, da hörte er ein hohes heulendes Geräusch. Über dem hinter dem Geschäft gelegenen Parkplatz sah er ein unbewegt in der Luft stehendes Objekt in etwa 10 Meter Höhe, ungefähr 100 Meter von ihm entfernt. Nach Perks Aussage glühte die Oberseite des UFOs grünlichgrau, trotzdem war die Form des sonderbaren Flugkörpers klar zu erkennen. Die Linien auf seiner Skizze, so Perks, markierten deutliche Einbuchtungen im Profil, denen unterschiedliche Schattierungen des grünlichgrauen Scheins entsprachen. Luken oder Türöffnungen waren nirgends zu sehen. Er verglich die Form des Flugkörpers mit einem etwa 9 Meter langen Bus. Nach kurzer Zeit zog das Objekt nach Ost-Südost davon.

Russells restliche Fotografien weckten keine Assoziationen mehr an andere Objekte. Auf

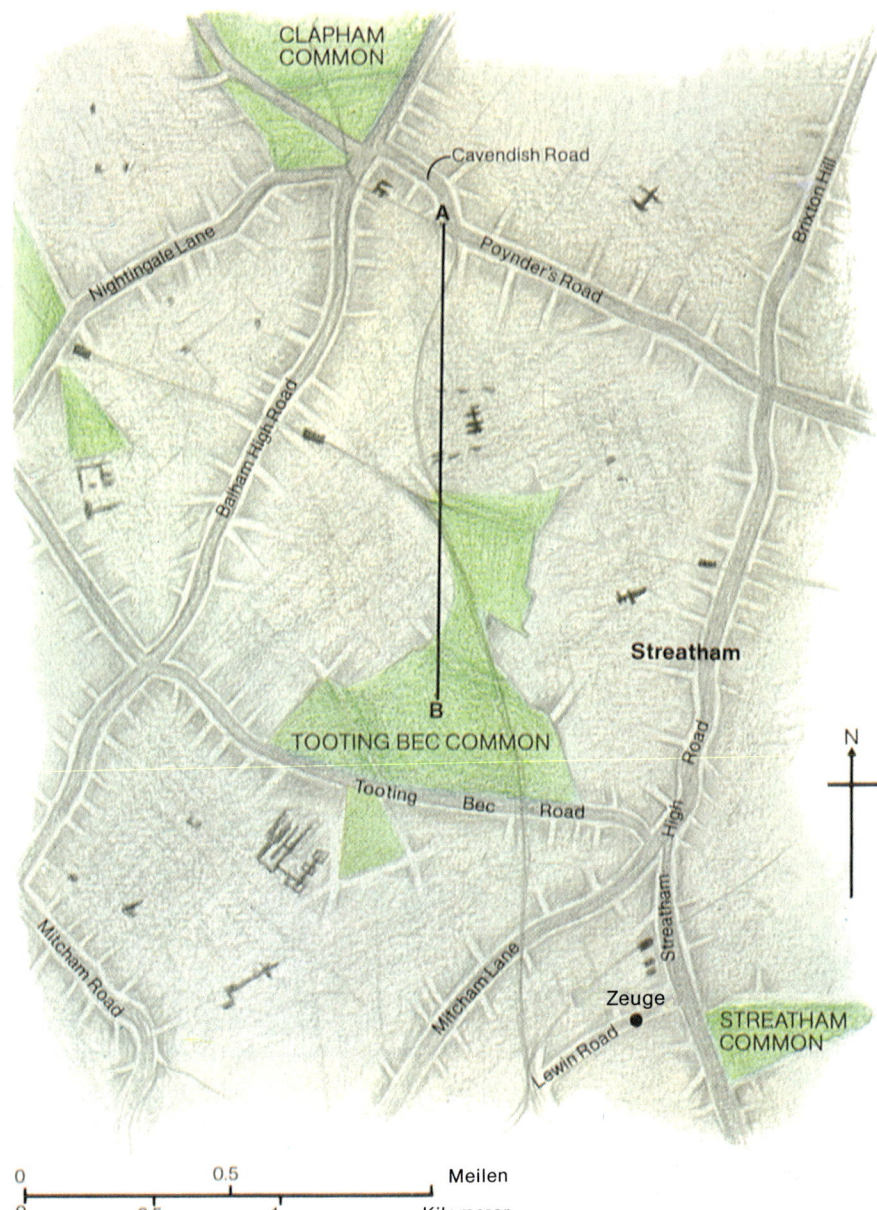

dem zweiten Bild fallen sonderbare Schatteneffekte auf, besonders in Richtung der 7 auf der Uhr. Hierfür fand Hennell keine Erklärung.

Das dritte Foto ist verwackelt, wahrscheinlich durch die Bewegung des Objekts, das sich gerade anschickte, davonzufliegen.

Wenn man Russells Standort und die bei 3 Kilometer liegende Sichtgrenze zugrunde legt, muß sich das Objekt irgendwo auf einer Linie zwischen der Wohnung des Zeugen und den Punkten Tooting Bec Common und Cavendish Road befunden haben.

Ganz oben:
Stadtplanausschnitt der Sichtungszone. Das UFO muß sich offenbar irgendwo auf der Verbindungslinie A – B befunden haben.

Oben:
Eine Skizze des Wachtmeisters Collin Perks von dem UFO, das dieser ungefähr ein Jahr vor Russells Beobachtung in Cheshire sichtete. Die beiden Berichte wiesen bemerkenswerte Parallelen auf.

Aus dem UFO-Fotoarchiv

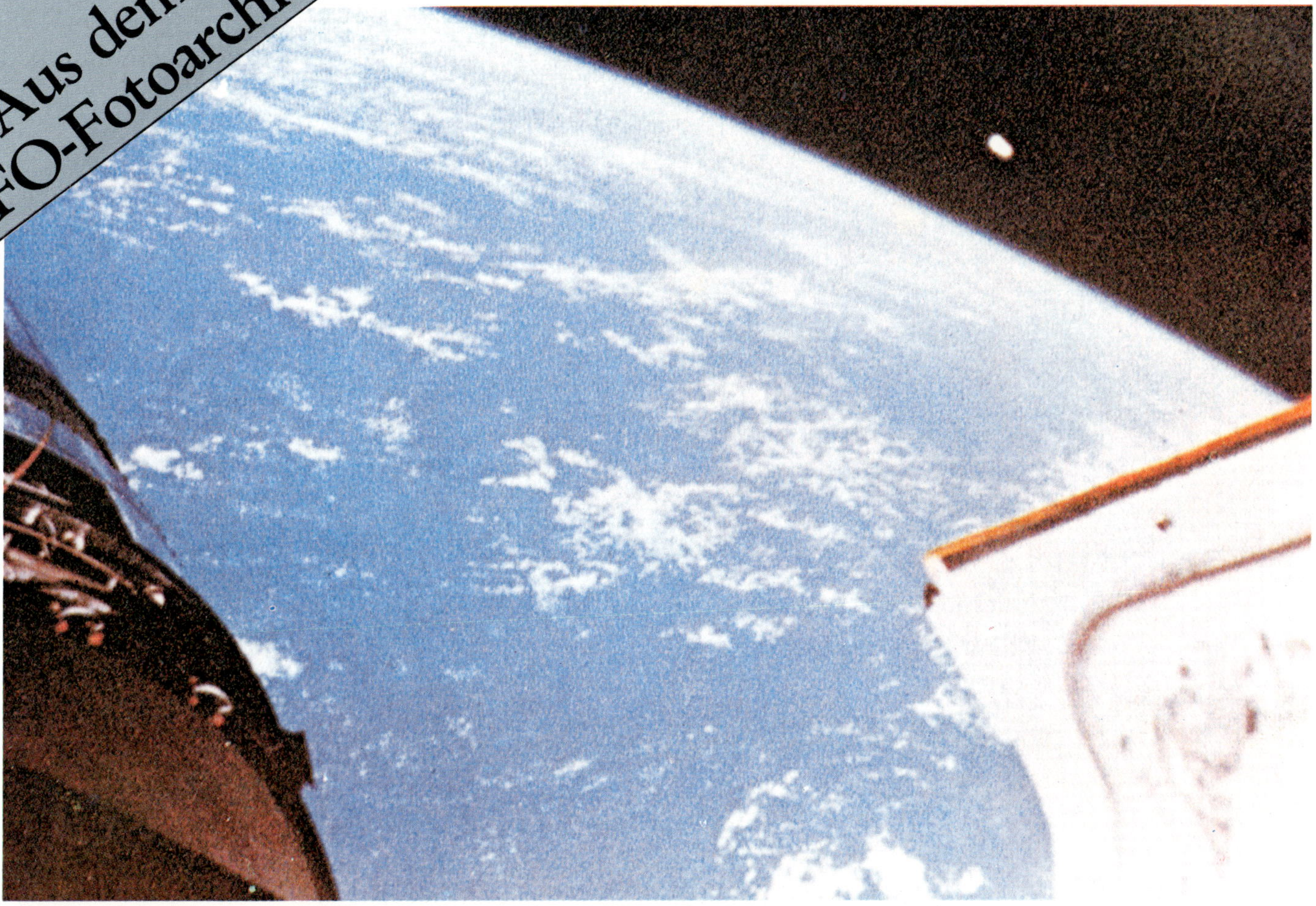

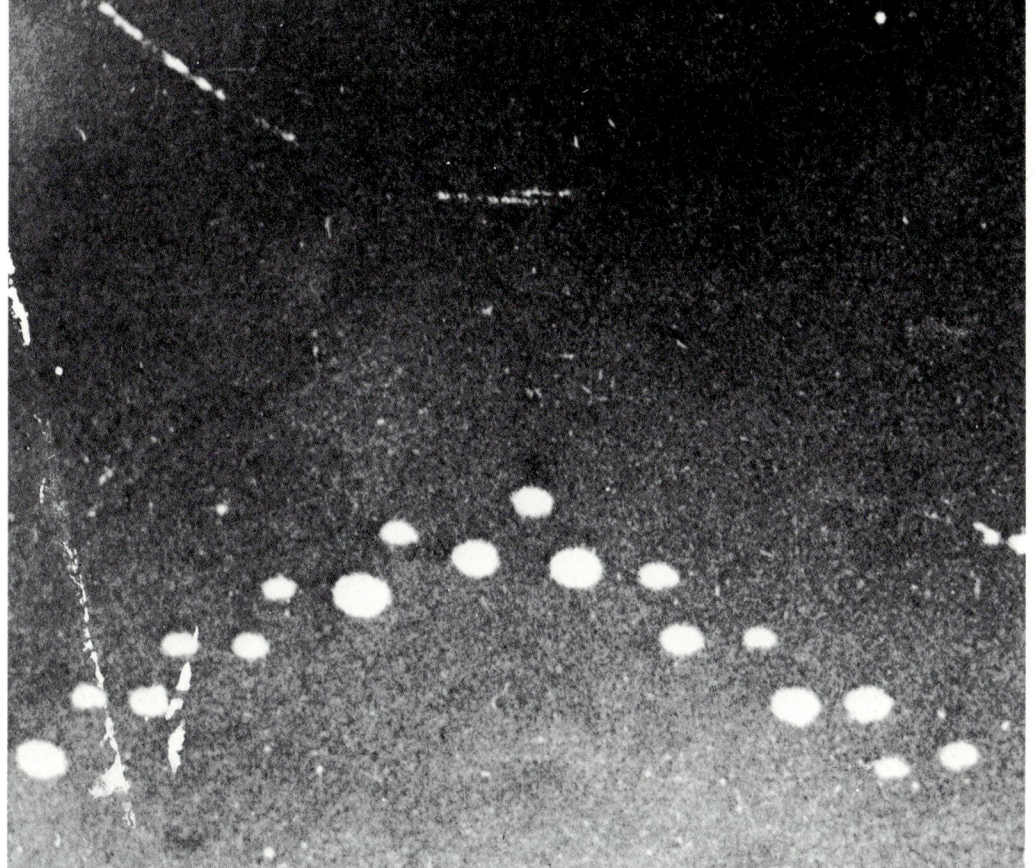

Oben:
Dieses eindrucksvolle Foto entstand während des Raumflugs der Gemini 12 am 12. November 1966. Analysen ergaben, daß es sich bei dem scheinbaren UFO auf der rechten Seite um ein weit entferntes Objekt handelt – aber das NASA-Bildauswertungslabor behauptet, es sei von dem Raumschiff abgeworfener Abfall.

Links:
Am 25. August 1951 gegen 21.00 Uhr saß eine aus fünf Wissenschaftlern und einem Diplomaten bestehende Gruppe gemütlich vor dem Haus des Professors W. I. Robinson im texanischen Lubbock, als eine Formation heller Lichterscheinungen mit großer Geschwindigkeit über ihnen hinwegzog, und zwar nach Schätzung Robinson mit fast 3000 km/h und in etwa 1500 Metern Höhe. Vielleicht waren es aber nur die reflektierenden Unterseiten fliegender Enten, aber diesen wäre ein so hohes Tempo nicht zuzutrauen!

Aus dem UFO-Fotoarchiv

Oben:

Dieses Foto nahm der Küstenwachtposten R. Alpert am 16. Juli 1952 um 9.35 Uhr vom Kontrollturm bei der Luftwaffenbasis Salem im amerikanischen Massachusetts auf. Die Objekte bewegten sich sehr schnell, erscheinen allerdings auf dem Foto wesentlich heller als sie in Wirklichkeit waren, da die Blende der Kamera auf die Lichtwerte der Landschaft eingestellt war und die UFOs demzufolge überbelichtet wurden.

Aber ist das Foto echt? Linsenspiegelungen kommen wohl kaum in Frage, da diese fast immer in gerader Linie auftreten. Es steht jedoch fest, daß das Bild durch ein Laborfenster aufgenommen wurde, deshalb wären Spiegelungen auf der Scheibe durchaus denkbar. Gegen diese Annahme spricht wiederum, daß Lichtreflexe nicht so kompakt wirken.

Rechts:

Das hier zum ersten Mal veröffentlichte Bild wurde von dem Londoner Fotografen Anwar Hussein im Juli 1978 in den spanischen Pyrenäen gemacht. Eines Abends bemerkte er, daß er ein Objektiv bei einer Rast auf einer Bergtour liegen gelassen hatte. Am nächsten Morgen fand er es wieder und schoß an Ort und Stelle einige Fotos; die Kamera war auf Automatik gestellt. Sonst entdeckte er nichts Besonderes, außer der ungewöhnlich hellen Lichtverhältnisse und einer unheimlichen Stille. Wieder zurück in London, schickte er den Film zum Entwickeln ein. Kurz darauf erhielt er einen Telefonanruf aus dem Labor. Man hatte zunächst das „Objekt" für einen Fehler beim Entwickeln gehalten, dann aber festgestellt, daß technisch alles in Ordnung war. Typisch für viele der besten UFOBilder ist, daß die „Objekte" vom Fotografen gar nicht bemerkt werden.

Oben und links:

Anfang Januar 1958 war ein Aufklärungsschiff der brasilianischen Marine, die Almirante Saldanha, *unterwegs von Rio de Janeiro zu einer ozeanographischen Station auf der Felseninsel Trinidad. Mit an Bord befand sich Almiro Barauna, ein Spezialist für Unterwasserfotografien.*

Unmittelbar, ehe das Schiff von dort wieder auslief, am 16. Januar 1958 um 12.15 Uhr, machte der pensionierte Luftwaffenoffizier Captain Viegas, der sich mit anderen Offizieren und Wissenschaftlern an Deck befand, Barauna auf ein am Himmel fliegendes helles Objekt aufmerksam. Als dieses sich deutlich gegen eine Wolke abhob, drückte der Fotograf zweimal auf den Auslöser. Das UFO verschwand gleich darauf für einige Sekunden hinter dem höchsten Gipfel der Insel, um nach Wiederauftauchen eine Kehrtwendung zu machen. Barauna schoß ein drittes Foto, danach ein viertes und fünftes. Leider verunglückten die beiden letzten Aufnahmen, da Barauna von den mittlerweile sehr aufgeregten Menschen an Bord behindert wurde. Schließlich gelang noch ein letztes Bild von dem rasch davonfliegenden Objekt, das als lautlos, dunkelgrau und von einem grünlichen Dunstschleier umgeben beschrieben wurde.

Barauna entwickelte seinen Film noch an Bord in Gegenwart des Kapitäns, Commander Bacellar. Er sagte später, daß er in der Aufregung nicht daran gedacht habe, die Kameraeinstellung zu überprüfen; deshalb seien die Bilder alle überbelichtet.

In Rio untersuchte die brasilianische Marine die Negative: Sie waren nicht manipuliert. Eine Nachstellung des Vorfalls ergab für das Objekt eine Geschwindigkeit von 900 - 1000 km/h. Sein Durchmesser wurde auf etwa 37 Meter geschätzt. Mindestens 100 Personen hatten das UFO gesehen, und der Fotograf war über jeden Verdacht erhaben.

Aus dem UFO-Fotoarchiv

Am 11. Mai 1950, gegen 19.45 Uhr, sahen die Eheleute Trent auf ihrer Farm bei Salmon River, knapp 20 Kilometer südwestlich von McMinneville im amerikanischen Bundesstaat Oregon, ein UFO. Mrs. Trent befand sich gerade im Garten, um die Kaninchen zu füttern, als sie ein in westlicher Richtung fliegendes scheibenförmiges Objekt sah. Sie rief ihren Mann, der schnell seine Kamera holte. Der eingelegte Film war bereits zum Teil belichtet.

Das sich nähernde Objekt lag leicht schräg in der Luft und glänzte silbrig hell. Es glitt lautlos dahin, und die Trents nahmen weder Rauch noch Gase wahr. Mr. Trent machte eine Aufnahme (ganz oben), spulte den Film weiter, trat ein Stück nach rechts, um das Objekt im Sucher zu behalten, und

schoß nach etwa 30 Sekunden ein zweites Foto.

Als das UFO über sie flog, wollten die Trents einen „Luftzug" gespürt haben. Nach Schätzung des Augenzeugen betrug der Durchmesser der Scheibe 6-9 Meter.

Nachdem Mr. Trent innerhalb von ein paar Tagen die restlichen Bilder „verknipst" hatte, ließ er den Film am Ort entwickeln. Lediglich einigen Freunden gegenüber erwähnte er sein Erlebnis. Er mied die Publicity, da er sich, wie er sagte, „keine Scherereien mit der Regierung" einhandeln wollte. Dennoch erfuhr ein Reporter des lokalen Telephone Register von

der Angelegenheit und fand schließlich die kostbaren Negative im Haus der Trents auf dem Fußboden unter dem Schreibtisch, wo die Kinder damit gespielt hatten! Die Geschichte erschien am 8. Juni 1950 im Telephone Register. Am nächsten Tag griffen Zeitungen in Portland und Los Angeles die Story auf, und eine Woche später brachte LIFE die Fotos.

Als 17 Jahre später ein Mitglied der Forschungskommission, die später den Condon Report veröffentlichte, die Eheleute aufsuchte, fand er sie gegenüber früher unverändert. Sie waren in der Gegend nach wie vor beliebt und hatten einen guten Leumund.

Bemerkenswert an dem UFO von McMinneville (oben links) ist dessen starke Ähnlichkeit mit einem Objekt (oben rechts), das im

März 1954 bei Rouen in Frankreich von einem Flugzeug aus fotografiert wurde.

Nachdem die Condon Comission die Fotos eingehend wissenschaftlich analysiert hatte, mußte sie zugeben, daß sie durchaus echt sein könnten. Im offiziellen Bericht heißt es: „Dies ist einer der wenigen UFO-Fälle, bei dem sämtliche untersuchten Faktoren, geometrischer, psychologischer und physikalischer Art, übereinzustimmen scheinen."

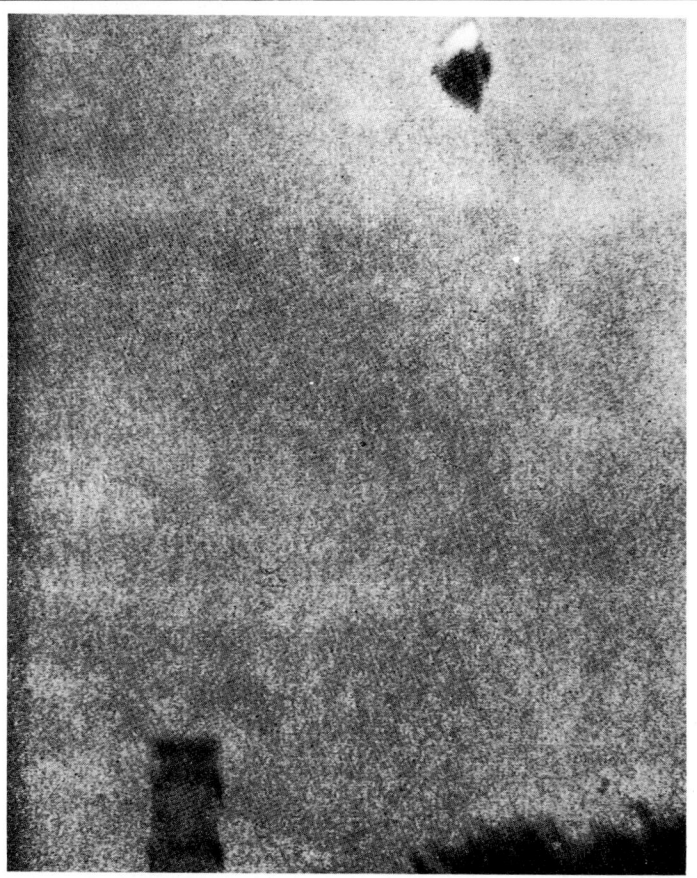

An einem warmen, klaren Nachmittag Anfang April 1966 befand sich Mr. Brown (Pseudonym) in seinem Garten in Balwyn in der Nähe der australischen Stadt Melbourne. Plötzlich „wurde der Himmel hell", und er sah ein leuchtendes, pilzförmiges Objekt (links) von etwa 6-10 Meter Durchmesser in etwa 50 Meter Höhe langsam auf sich zuschweben, wobei es um seine senkrechte Achse rotierte. Es gelang ihm ein Foto von dem Objekt, das gleich darauf mit großer Geschwindigkeit nach Norden davonschoß. Ein im Haus arbeitender Zimmermann sah die Erscheinung ebenfalls und beobachtete Brown beim Fotografieren.

Bei Mr. Brown, einem hochqualifizierten Ingenieur und Leiter eines großen Familienunternehmens, fällt es schwer, sich ihn als Schwindler vorzustellen. Und dennoch hat die Ground Saucer Watch kürzlich die Authentizität des Fotos in Zweifel gezogen. Computeranalysen hatten die Bedenken ausgelöst. Doch die GSW hat sich schon oft getäuscht. Auch in diesem Falle?

Committee on Aerial Phenomena (Nationaler Untersuchungsausschuß für Himmelsphänomene) zum Verkauf angeboten wurden. In der rechten oberen Ecke ist ein unbekanntes Objekt zu erkennen, das nach Meinung des Ufologen Robert Schmidt mit dunklen „Luken" am unteren Rand ausgestattet ist.

Schmidt schrieb der Herstellerfirma des Flugzeugs und bat um eine Vergrößerung (kleines Foto links). Die Firma erklärte, bei dem „Objekt" müsse es sich vielleicht um eine Träne oder einen Kratzer handeln. Analysen ergaben jedoch dafür keine Anhaltspunkte.

Außerdem erklärte die Herstellerfirma, man habe versucht, das Phänomen nachzustellen, um die Ergebnisse zu vergleichen. Seltsam, wenn man der festen Überzeugung war, es habe sich um eine Beschädigung des Negativs gehandelt.

Ein Werbefoto einer im Einsatz befindlichen B-57 (unten) gelangte in eine Sammlung von UFO-Fotos, die von der Organisation NICAP National investigations

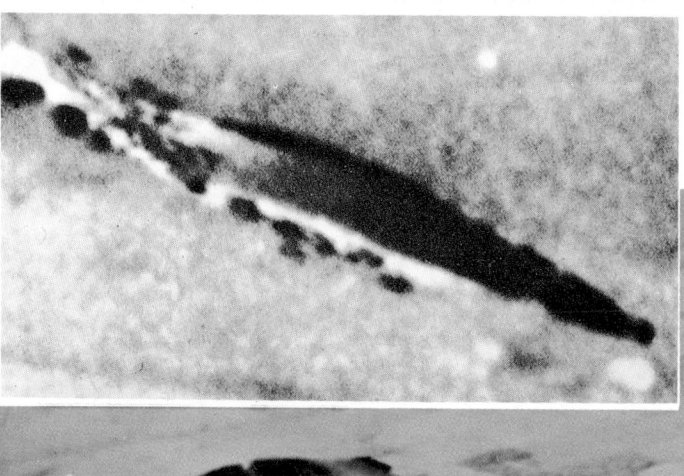

Bei Fotoaufnahmen auf Gran Canaria entdeckte am Abend des 5. März 1979 der 26-jährige Antonio Gonzales Llopis ein seltsames, spiralförmiges Licht über dem Meer. Einen Augenblick später sauste ein riesiges dunkles Objekt gen Himmel, das auf einer Feuerkugel zu schweben schien (1, 2 und 3). Gonzales überprüfte die Einstellung seiner Kamera und schoß Bild um Bild, solange die Erscheinung anhielt – seiner Schätzung nach etwa 3 Minuten, was später auch von anderen Augenzeugen bestätigt wurde.

Wegen des ihn umgebenen hellen Lichts war das Objekt nicht in Einzelheiten erkennbar, aber es schien rasch zu beschleunigen und durch das Licht am Himmel „hindurchzuschießen". Nachdem es verschwunden war, erhellten noch etwa eine halbe Stunde lang ein leuchtender Schweif und eine goldene Wolke den Himmel (4 und 5). Tausende von Menschen auf Gran Canaria beobachteten das spektakuläre Ereignis, und viele machten ebenfalls Fotos. Einige dieser Aufnahmen gelangten in das Archiv der spanischen Regierungsbehörden, die der ernsthaften UFO-Forschung aufgeschlossen gegenüberstehen.

Rechts:
Helle Lichter am Himmel in der Nähe des Hauptflugha-
fens von Barajas, 10 Kilometer von der spanischen
Hauptstadt Madrid entfernt, in einer Dezembernacht
1979. Etwa 10 solcher Lichter erschienen plötzlich über
Madrid, wo sie eine Art Luftballett aufführten, um
dann rasch in Richtung Barajas zu verschwinden. Gene-
rell scheinen Flughäfen und Flugzeuge, Marinestütz-
punkte und Schiffe, Kernkraftwerke und militärische
Anlagen eine besondere Anziehungskraft auf UFOs aus-
zuüben. Wahrscheinlich interessieren sich die Außerir-
dischen besonders für den Stand unserer Technologie.
Einer realistischeren Theorie zufolge sind UFOs in
Wirklichkeit geheime militärische Objekte, die ver-
sehentlich während ihrer Erprobung in der Nähe von
Militärstützpunkten beobachtet wurden.

Links:
Fotos eines in der Nacht des 23. Ja-
nuar 1967 in der Nähe von Lake-
ville im amerikanischen Bundes-
staat Connecticut gesichteten und
von einem 17-jährigen Schüler auf-
genommenen UFOs. Diese Er-
scheinung fällt in eine ganze Reihe
ähnlicher Phänomene, die über
einen Zeitraum von vier Monaten
vorwiegend von Schülern eines In-
ternats gesichtet wurden. Doch
auch ein Lehrer und ein 12jähriger
Junge aus der Umgebung steuerten
Beobachtungen bei. Die Mitglieder
des Condon-Ausschusses, Ayer
und Wadsworth, analysierten das
Foto des Schülers. Der junge Mann
beschrieb das UFO als „einen blin-
kenden oder pulsierenden hellen
Lichtpunkt". Nach „zweimaligem
Aufblinken" sei es hinter den
Indian Mountain verschwunden.
Der Ausschuß mußte den Fall
offen lassen.